PILZE

UND MENSCHEN

Christian Rätsch

PILZE UND MENSCHEN

Gebrauch, Wirkung und Bedeutung der Pilze in der Kultur

Mit zwei kunsthistorischen Beiträgen von Claudia Müller-Ebeling

NACHTSCHATTEN VERLAG

Dieses Buch ist Wolfgang Bauer gewidmet

Abkürzungen:

cme	Claudia Müller-Ebeling
TCM	Traditionelle chinesische Medizin
sp.	nicht definierte Art; nicht beschrieben oder unbekannt
spp.	nicht definierte Arten; verschiedene Arten einer Gattung
ssp.	Unterart (Subspezies)

Seite 2: Der aztekische Gott Xochipilli, der »Blumenprinz«, in ekstatischer Verzückung. Auf seinem Körper oder Gewand sind die »heiligen Blumen«, psychoaktive Pflanzen und Zauberpilze, dargestellt. (Fundort: Tlalmanalco, 14.–15. Jh., Museo Nacional de Antropología e Historia in Mexiko Stadt, Foto: C. Rätsch)

Seite 3: Der Fliegenpilz *(Amanita muscaria* ssp. *flavivolvata),* der »Pilz aller Pilze« (Washington, USA, 1998). Der Fliegenpilz ist der vom Menschen meistbeachtete Pilz. Die einen sehen darin die Götterspeise (Soma, Ambrosia), die anderen das »Teufelsbrot«. Am Fliegenpilz scheiden sich die Geister in Mykophobie, das heißt in den Hass auf Pilze beziehungsweise die Furcht vor Pilzen, und in die Liebe zu Pilzen, die Mykophilie.

Seiten 4/5: Riesen-Rötling *(Rhodophyllus sinuatus, lividus)*

Vorwort

In diesem Buch werden Pilze bezüglich ihrer mannigfaltigen Bedeutung und vielseitigen Nutzung für die menschliche Kultur betrachtet. Was bedeuten Pilze für den Menschen? Was machen die Menschen mit den Pilzen? Wie und warum? Was denken Menschen über Pilze? Wie haben Pilze die Kulturgeschichte beeinflusst?

Pilze sind seit eh und je faszinierende Lebensformen, mit denen uns viel verbindet. Pilze haben eine eigentümliche Anziehungskraft, eine geradezu magische Wirkung auf die Beziehungen und Symbiosen von Menschen und *mykoi*. Pilze sind Manifestationen des Lebens, genauso wie wir selbst. Wir teilen mit den Pilzen das Wunder des Lebens. Es sind lebendige Wesen, mit denen wir umgehen. Pilze sind ebenso Teil der Natur wie wir, das heißt Teil des Universums. Sie sind für das Universum genauso wichtig oder unwichtig wie wir. Aber wir verleihen ihnen einen Platz in unserer Kultur. Wir sind irgendwie mit ihnen verwachsen. Wir haben dem Reich der Pilze sehr vieles zu verdanken. Ihr Myzelium ist mit unserem Kulturgeflecht verschlungen.

Meine Liebe zu den Pilzen, und zwar zu allen Pilzen ganz gleich welcher Art, haben vor allem die Zauberpilze *(Psilocybe, Panaeolus)* entfacht. Sie schenkten mir unfassbare Einblicke in das Wunderreich der Pilze. Sie haben mir das Mysterium des Seins erleuchtet. Sie haben mir auch ihren Namen »Narrenschwammerl« erklärt: Der Narr ist der kabarettistische Spiegel der Gesellschaft. Er bringt einen zum Lachen. Aber er lacht zuletzt. Der Narr sagt immer die Wahrheit. Sein Witz, seine Narretei sind sein Schutz. Genauso sagt oder sieht derjenige, der »närrische Pilze« gegessen hat, die Wahrheit. Man muss diese nicht einfach nur glauben, man kann sich auf sie verlassen.

Dieses Buch hätte nie entstehen können, wenn es nicht die bahnbrechenden Werke von Robert Gordon Wasson (1898–1986), dem Begründer der Ethnomykologie, gäbe. Seine Bücher lieferten mir viele Erkenntnisse. Ebenso die Forschungen von Richard Evans Schultes (1915–2001), dem ehemaligen Direktor des Botanischen Museums der Universität Harvard (USA).

Vieles hier Formulierte verdanke ich meinen mykophilen Freunden und Kollegen. So stammen viele Informationen, Einsichten und Erkenntnisse von meinem Mentor Dr. Albert Hofmann (1906–2008), dem Entdecker der chemischen »Seele« der mexikanischen Zauberpilze. Viel Inspiration gab mir der leider viel zu früh verstorbene Terence McKenna (1949–2000), der mir immer ein Freund war.

Der Psychologe Ralph Metzner zeigte mir die Bedeutung von Dosis, Set und Setting. Der Naturstoffchemiker Jonathan Ott führte mich in die entheogene Chemie ein. Vom Mykologen Paul Stamets lernte ich vieles. Der Chemiker Jochen Gartz gab mir viele Informationen über die Narrenschwämme. Dem unermüdlich Forschenden Giorgio Samorini verdanke ich zahlreiche Hinweise und Illustrationen. Von Betty Eisner (1915–2004), der ersten *psychedelic nurse* (»psychedelischen Krankenschwester«) von Kalifornien, hörte ich wunderbare Geschichten von der Pilzschamanin María Sabina und dem therapeutischen Einsatz von Psilocybin, dem Wirkstoff der Zauberpilze in der Psychiatrie. Der Psychotherapeut Wolfgang Bauer hat mich mit seinen Geschichten fabulös inspiriert. Dem Fliegenpilzexperten Ralph Cosack verdanke ich Einblicke in die Zwergenwelt. Die Kunsthistorikerin Daniela Baumann vermittelte mir einen neuen Blickwinkel auf antike Altertümer. Tolle Geschichten hat mir der emeritierte Professor für Botanik an der Universität von Los Angeles, William Emboden, erzählt. Für homöopathische Beratung danke ich dem Heilpraktiker Olaf Rippe. Roger Liggenstorfer hat verlegerische Vorarbeit betrieben und sich für die Wahrung des Erbes der María Sabina stark gemacht.

Besonders bedanke ich mich bei meiner Frau, der Kunsthistorikerin Claudia Müller-Ebeling. Sie hat den Schamanenpilz, den »kosmischen Schirm« von Nepal, gefunden – auf einem Dungfladen eines Yaks auf dem Weg zur Spitze des 4000 Meter hohen Schamanenberges Kalinchok. Auch danke ich ihr für ihre kunsthistorischen Beiträge.

Und natürlich gebührt den Schamaninnen und Schamanen, denen ich in den letzten dreißig Jahren begegnet bin, ein besonders herzlicher Dank!

Ich hoffe, dass Sie ebenso Freude am Lesen dieses Buches haben, wie ich sie beim Schreiben hatte.

Christian Rätsch, im Frühjahr 2010

»FÜR UNS SCHREIBENDE IST
DAS SCHREIBEN IMMER WIEDER
EINE TOLLE, ERREGENDE SACHE, EINE FAHRT
IM KLEINSTEN KAHN AUF HOHER SEE,
EIN EINSAMER FLUG DURCHS ALL.«

HERMANN HESSE

Die kulturelle Bedeutung der Pilze weltweit

»Die großen Pilze sind es, die in anschaulicher Zahl und ausgezeichnet durch ihre oft leuchtenden Farben und durch ihre Erscheinungsformen, nicht zuletzt durch ihr plötzliches Auftauchen in Wald und Feld schon seit vielen Jahrhunderten das Interesse der Menschen erweckt haben …«
(Viola 1972: 9)

Pilze haben eine »kulturelle Aura«. Schon bei diesem Wort steigt ein ganzes Assoziationsfeld auf, gepaart mit deutlichen Gefühlen. Pilze lassen niemanden kalt. Sie werden heiß geliebt oder heftig gefürchtet. Pilze faszinieren, bannen die Aufmerksamkeit. Sie reizen die Fantasie, entweder durch ihre pure Erscheinung oder durch ihre manchmal vorhandene pharmakologisch bewusstseinserweiternde Wirkung.

Wir sehen in ihnen Dörfer von Feen, Kobolden oder Schlümpfen. Sie suggerieren Tore in die Anderswelt. Sie wachsen im wilden Hexenwald. Sie brodeln in den Kesseln der Zauberer. Pilze sind die Obelisken der Märchenwelt, Zeichen des Zauberischen, Symbole der unsichtbaren Welt.

Pilze dienen aber nicht nur unserer Fantasie. Pilze werden vielseitig genutzt. Sie werden gegessen, geräuchert, geraucht und geschnupft. Pilze können uns ernähren und heilen, das heißt am Leben erhalten; sie können uns aber auch schaden, das heißt unser Leben bedrohen, ja sogar beenden. Für viele Menschen sind alle Pilze »giftig«, zumindest potenziell gefährlich, bedrohlich. Andere Menschen lieben Pilze als Nahrungsmittel und Delikatesse, schätzen sie als Medizin, vergöttern sie geradewegs – auf die eine oder andere Weise.

Da es Pilze auf der ganzen Erde gibt, genauso wie es Menschen auf der ganzen Welt gibt, bestehen überall gewisse Beziehungen zwischen Pilzen und Menschen. Pilze sind überall gut bekannt, denn sie gehören zu den auffälligsten und eigentümlichsten Wesen unserer natürlichen Welt. Pilze haben neben ihren kulinarischen Aspekten kulturelle Bedeutungen als Heilmittel, Medikament, Zunder, Räucherstoff, Rauchware, Farbstoff, Schnupfpulver und Sakraldroge.

Wenn man gut mit Pilzen zusammenleben möchte, muss man sie kennen, und zwar sehr gut kennen. Trotz ihrer markanten Gestalten scheinen sie unsere Wahrnehmung zu überlisten. Manche Arten sehen sich so täuschend ähnlich, dass sie leicht verwechselt werden können. Es ist furchtbar, wenn sich ein vermeintlich essbarer Pilz als gefährlicher Giftpilz entpuppt! Und es ist frustrierend, wenn der als Zauberpilz geglaubte Düngerling keinerlei psychedelische Wirkung entfaltet!

Überall werden Geschichten von menschlichen Opfern einer Pilzvergiftung (durch Verwechslung der essbaren Art) und ihren

Gegenüber: In unserer Fantasie gehören Pilze und Wichtel zusammen, wie auf diesen Postkarten zu sehen ist. (© 2005 Brian Froud)

Links: *Mushroom Pattern,* Malerei des Schweizer Künstlers FRED WEIDMANN (*1938). Das Detail aus einem größeren Gemälde zeigt, wie die Menschenwelt und das Pilzreich zusammen eine schamanische Kultur bewirken.

Unten: Eine koreanische Skulptur, die den Wohnort der heiligen Pilze *(Ganoderma lucidum)* auf den Spitzen der südkoreanischen Berge thematisiert. (Seoul/Südkorea)

Entheogene sind echte, psychoaktive Pharmaka. Sie können die sonnenstrahlende Erkenntnisekstase des Apollon, die leidenschaftliche Raserei des Dionysos, die erotische Lustverzückung der Aphrodite, aber auch die wilden Schrecken der nachtfahrenden Hekate auslösen. Entheogene öffnen die Pforten für schamanische Reisen in die Himmel, die Unterwelten oder die Anderswelten. Sie sind der Treibstoff für das »Reisegefährt« des Schamanen, aber sie sind auch das Erkenntnisvehikel des Mystikers. Durch sie wird die Welt der Mythen Wirklichkeit, durch sie öffnet sich der prophetische Blick: Die Entheogene transzendieren die Zeit. Aus dieser eindrucksvollen Erfahrung entstand die Idee, mithilfe von Drogen unsterblich zu werden oder Zeitreisen in Vergangenheit und Zukunft zu unternehmen und heiliges Wissen zu erwerben. Durch die Entheogene erfährt der Myste die Einweihung in die Wunder des Universums. Diese Seelen- oder Bewusstseinszustände wurden als *Theophanie*, »Gotteserscheinung«, *Enthusiasmus*, »Gott-Trunkenheit«, *Ekstase*, »Außer-sich-Sein«, *Inspiration*, »Von-Geist-erfüllt-Sein«, *Trance*, »Hinübergewechselt-Sein«, *Mania*, »Wahnsinn/Raserei«, *Besessenheit*, *Verzückung* oder *Rausch* genannt. Da dieser Rausch als göttlich erlebt wurde, war er ein heiliger Rausch, ein Rausch der Götter.

grausamen Auswirkungen erzählt. Vielerorts sind Giftmorde mit Pilzen bekannt geworden. Manche sind legendär.

Auch manche Pilze sind legendär. So der Ling-shi, der Glanzlackporling *(Ganoderma lucidum)*, der chinesische »Pilz der Unsterblichkeit«. Ein Bissen von ihm soll das Leben verlängern, gar unsterblich machen. Das glaubten jedenfalls die chinesischen Kaiser. Nur ihnen war der Genuss des Unsterblichkeitselixiers, das man aus diesem Pilz braute, gestattet. Der Porling war eine Kostbarkeit, ein seltenes Spiel der als göttlich betrachteten Natur. Leider überlebte kein Kaiser – mit oder ohne Pilze – das normale Menschenalter.

Andere Pilze wie Düngerlinge *(Panaeolus)* und Kahlköpfe *(Psilocybe)* wurden und werden verspeist, um ihre göttliche Natur zu entdecken (Entheogene). Manche Pilze werden von Schamanen vieler Kulturen als psychotrope *Reise*mittel in die anderen Welten, in andere gewöhnlich unsichtbare Wirklichkeiten, in göttliche Gefilde genutzt.

Es gibt Pilzkundler oder Mykologen, Pilzgenießer oder Connaisseure, Heiler und Ärzte, Pilzschamanen und Pilzpropheten. Sie alle kennen und lieben ihre Pilze. Sie wollen die vielfältigen Eigenschaften der Pilze nutzen. Sie bringen das positive Potenzial der Pilze in die jeweilige Kultur ein. Sie enkulturieren das Pilzreich, integrieren es in das menschliche Leben, bestimmen dessen Position. Sie sind Teile unserer Kultur. Sie sind unverzichtbar für das kulturelle Erbe der Menschheit. Sie sind Weltkulturerbe.

Den vielfältigen Beziehungen zwischen Pilzen und Menschen, zwischen dem Pilzreich und den Kulturen ist dieses Buch gewidmet. Der geneigte Leser möge durch die Pforten im Stiel eines Zauberpilzes in das magische Reich der Mykologie eintreten.

Mykologie und Ethnomykologie

»Eine vernetzte Welt.«

Volker Arzt, *Die wunderbare Welt der Pilze*

Die Lehre von den Pilzen heißt in der Wissenschaftssprache »Mykologie«. Das Wort stammt aus dem Griechischen: *mykoi* sind Pilze, der *logos,* die -logie, heißt Lehre. Die Mykologie gehört zu den Naturwissenschaften, zur Biologie, zur Lehre vom Leben. Sie erforscht die Pilze mit naturwissenschaftlichen Methoden und schafft ein naturwissenschaftliches Modell vom Reich der Pilze. – Mehr nicht. Aber dies ist auch schon faszinierend genug.

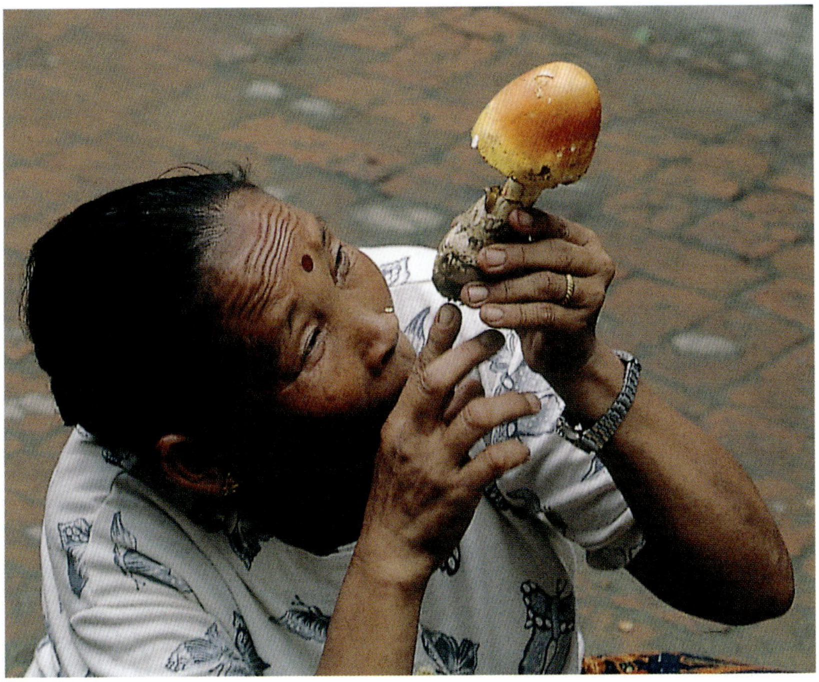

Eine Kiratifrau betrachtet einen Pilz *(Amanita* sp.), den sie als »Phallus des Gottes« erkennt. (Nepal, 1998)

Die Mykologie erforscht die Pilze, beschreibt sie, kategorisiert sie, stellt Verwandtschaften zwischen deren Arten, Gattungen und Familien her. Sie versieht das Reich der Pilze mit einer genau definierten Taxonomie. Die Mykologie beschäftigt sich mit dem biologischen Leben der Pilze. Sie untersucht ihre Morphologie, ihr Wachstumsverhalten, ihre Vermehrung, ihre Verbreitung, ihre Ökologie.

Die kulturelle Bedeutung und Nutzung der Pilze dagegen erforscht die »Ethnomykologie«, eine Geisteswissenschaft aus dem Bereich der Ethnologie oder Völkerkunde, die zur kognitiven Anthropologie gehört.

Die Ethnomykologie erforscht, wie in den verschiedenen Kulturen Pilze betrachtet und genutzt werden. Die Fragen der Ethnomykologie sind: Welche Pilze (bzw. welche Pilzarten) sind kulturell relevant, wie werden sie betrachtet und wie werden sie genutzt? Was denken wir über die Pilze im Allgemeinen und im Speziellen, welche Handlungen sind mit den Pilzen verbunden und welche kulturellen Produkte entstehen dabei?

Der Ethnomykologe versucht, die von ihm erforschten Kulturen zu verstehen. Er versucht, die Welt mit den Augen der »Anderen« zu sehen. Er untersucht ihr kognitives System. Er betrachtet eine Pilzart nicht mit dem naturwissenschaftlichen Blick und Ansatz, sondern lernt, den Pilz durch die kulturelle Brille zu sehen – und zu verstehen. Denn Menschen haben sehr unterschiedliche Ansichten und Meinungen. Diese sind weder richtig noch falsch, sie sind für die jeweiligen Betrachter richtig und relevant.

Da der Fliegenpilz *(Amanita muscaria) der Symbolpilz aller Pilze* ist, wird er den geneigten Leser als roter (weißgepunkteter) Faden durch dieses Buch führen. Der Fliegenpilz hat eine wundersame Naturgeschichte, die mit unserer Kulturgeschichte eigentümlich und hartnäckig verwoben ist. Sein Myzelium ist das Nornenseil, an dem wir uns durch das Wunderreich der Pilze hangeln.

Unten: Der Fliegenpilz ist der eigentliche König der Pilze; er ist der Pilz aller Pilze. (Kinderbuchillustration von Emrich Huber, *Bei Tüddelwitt im Zwergenwald,* München: Obpacher Buch- und Kunstverlag, 1958)

Rechts: Die Mykologie erforscht Pilze lediglich als biologische Wesenheiten. In schamanischen Kulturen sind die Pilze jedoch ein Geschenk des Himmels, wie auf dieser koreanischen Malerei dargestellt ist. Der mysteriöse Pilz (hier: *Ganoderma lucidum)* wuchs ursprünglich nur im Himmel, bis ihn eine Göttin auf die Erde gebracht und den ersten Schamanen erklärt hat, wie sie diesen Pilz ehren und nutzen sollen. Diesen Bereich erforscht die Ethnomykologie. (Gemälde in einem Schamanenschrein bei Songlisan, Südkorea)

Der Autor bei der Erforschung des schamanischen Gebrauchs des Glanzporlings *(Ganoderma lucidum)* an einem koreanischen Schamanenstein (bei Songlisan, Südkorea). Darauf ist die Göttin zu sehen, die den Pilz aus dem Himmel geholt hat und ihn auf einem Tiger reitend zur Erde, zu den Menschen bringt. (Foto: cme)

Das Wunderreich der Pilze und Schwämme

Links: Manchmal erscheinen die Fruchtkörper massenhaft. Früher glaubte man, dass es sich bei solch gehäuftem Vorkommen um ein Feen- oder Zwergendorf handeln müsse.

Mitte: Pilze sollen vor über vierhundert Millionen Jahren entstanden sein. Auf dieser grafischen Rekonstruktion eines kreidezeitlichen (130–65 Millionen Jahre) Szenarios sucht ein Triceratops, der wahrscheinlich Vegetarier war, Pilze am Fuße eines Baumes.

Rechts: Der Beschleierte Zwitterling *(Asterophora parasitica = Nyctalis parasitica)* lebt auf faulenden Hüten von Täublingen. Fraktale Pilze in einem wundersamen Pilzreich.

Theophrast (370–287 v. Chr.), der altgriechische »Vater der Botanik«, rechnete die Pilze, auch wenn sie weder Spross, noch Blätter, noch Wurzeln besaßen, dennoch zu den Pflanzen. Aber Pilze sind keine Pflanzen – auch keine Tiere; sie sind Wesen der Zwischenwelt, der Welt zwischen Tieren und Pflanzen. Sie bilden ein eigenes Reich, das Pilzreich.

Auch die älteste Erwähnung von Pilzen in der botanischen Literatur stammt von Theophrast. Er nennt sie Gewächse, die »nicht alle Teile einer Pflanze haben« (I 1,11), die »glatte Stiele« (I 5,3) besitzen und die »an den Wurzeln von Bäumen wachsen« (III 7,6) μύκης *(mykes)*. Theophrast kannte bereits »die auf Mist wachsenden Schwämme«, die »nicht stinken«. Diese nannte er ebenfalls *mykes*. (Lenz 1966: 755)

Pilze sind Lebewesen, sie gehören zur organischen Natur. Pilze sind weder Pflanzen noch Tiere. Sie bilden ein eigenes Reich – im biologischen Sinne. Sie erinnern an Pflanzen, haben aber kein Chlorophyll und leben nicht wie Pflanzen von der Photosynthese. Sie sind aber auch keine Tiere, denn sie können sich nicht frei bewegen. Sie erscheinen uns so, als seien sie an einen Standort gebunden. Doch der Schein trügt. Denn Pilze wandern. Pilze haben kein für das Tierreich so charakteristisches Nervensystem. Und sie vermehren sich asexuell, durch Sporen, die vom Fruchtkörper (Fruktifikation) ausgeschieden werden.

Biologisch gesehen ist ein Pilz ein meist unterirdisches Geflecht, ein Myzelium, ein Netzwerk aus zahllosen Fäden. Manchmal bilden sich im Myzelium Knoten (Sklerotien), manchmal treiben aus diesem Geflecht Fruchtkörper aus, die für kurze Zeit an der Oberfläche oder im Erdreich wachsen, sich entfalten und Sporen aussenden. Diese Sporen sind extrem klein und werden von der Luft in alle

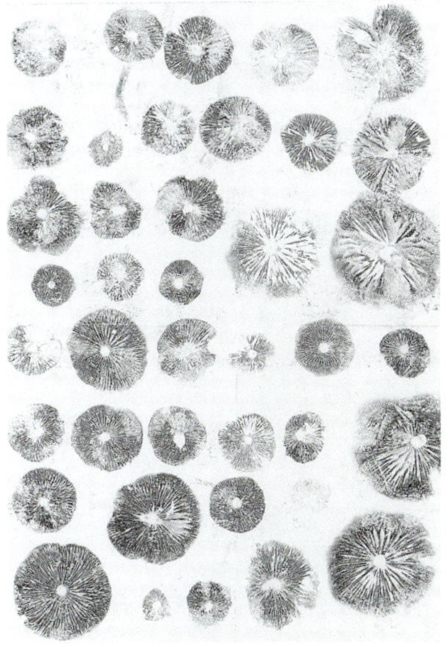

Links: Die Unterseite des Fliegenpilzhutes zeigt deutlich die Lamellen, zwischen denen die Sporen entstehen.

Mitte: Blätterpilze scheiden ihre Sporen aus den Lamellen ab. Wenn man einen entstielten Pilzhut auf Papier legt und ihn mit Zeitungspapier oder einer großen Schale abdeckt, versprühen die Pilzköpfe ihre Sporen und hinterlassen auf dem unteren Papier die Sporenabdrücke. Sporenabdrücke dienen Mykologen auch als Bestimmungsmerkmal einer Art. Hier die Sporenabdrücke von *Psilocybe azurescens.*

Rechts: Das Holzspäne fressende Myzelium (Pilzgeflecht) treibt unter geeigneten Bedingungen die Fruchtkörper (Fruktifikationen) aus, damit sie im reifen Zustand den Sporenstaub abstoßen. Hier junge Fruchtkörper von *Psilocybe cyanescens,* einem psychedelischen Zauberpilz.

»Die Pilze nehmen in besonderer Weise am Werden und Vergehen teil. Sie sind der Erde näher als die grünen Pflanzen, ganz ähnlich wie die Schlange ihr näher als die anderen Tiere ist. Hier wie dort ist der Körper in geringerem Maß gesondert; der Fuß dominiert. Dafür ist auch der Reichtum an heilenden und tödlichen Kräften stärker – und an Geheimnissen. Der alte Pulverkopf wusste, warum er die Schlange als das klügste Tier bezeichnete.«

ERNST JÜNGER ANNÄHERUNGEN (1980: 324)

»Die Welt und alles das, was man mit einem anderen Wort ›Himmel‹ zu nennen beliebte, in dessen Umfassung Jegliches sein Leben führt, betrachtet man zutreffend als ein göttliches Wesen, das ewig ist, unermesslich, weder erzeugt noch jemals vergehend ... Heilig ist diese Welt, ewig, unermesslich, ganz im Ganzen, vielmehr selbst das Ganze, unbegrenzt und doch einer begrenzten ähnlich, draußen und drinnen Jegliches in sich umfassend, gleicherweise ein Werk der Natur und die Natur selber.« (PLINIUS II, 1)

Himmelsrichtungen getragen. Wenn eine Spore auf einen geeigneten Platz trifft, entwickelt sich daraus wiederum ein Myzelium. Aber nur, wenn es Nahrung findet. Denn Pilze »fressen« wie Tiere und Menschen anderes organisches Material: meist Holz, Blätter, Wurzeln anderer Pflanzen, aber auch gerne von Menschen zubereitete Nahrungsmittel oder Speisen. Manchmal befallen Pilze auch lebende Organismen wie Pflanzen, Tiere und Menschen. Jeder Pilz benötigt einen Wirt.

Die Namen der Pilze

Homer (9.–8. Jh. v. Chr.), der altgriechische »Vater der Dichtkunst« hielt die Pilze (μύκης) für das Ergebnis der »Verbindung von Himmel und Erde«. Der griechische Philosoph und Neoplatonist Porphyrius (3.–4. Jh. n. Chr.) hatte die Pilze »der Götter Kinder« genannt. Die antiken Poeten sprachen liebevoll von den »Kindern der Erde«. (LONICERUS 1679: 160)

Oft werden die Pilze nach der Gestalt ihrer Fruchtkörper bezeichnet, wie hier der Geweihschwamm *(Chalina oculata)*, weil er wie das Geweih eines Hirsches aussieht, und das Judasohr *(Hirneola auricula judae)*, ein Pilzkörper, der wie ein Ohr aussieht. Ob der biblische Judas damit etwas zu tun hatte, ist unbekannt.

Gegenüber links: Verschiedene Pilze, die bis heute den alten römischen Namen *Boletus* tragen.

Alle Menschen beherrschen eine oder mehrere Sprachen. In diesen Sprachen gibt es Bezeichnungen und Namen für Wesen der Umwelt, die von kultureller Bedeutung sind. Diese Namen sind wichtig, um das Benannte wiedererkennen zu können. So ist es natürlich von großer Bedeutung, die Namen der Pilze, vor allem jener, die als Speise, Gift, Medizin oder Aphrodisiakum genutzt werden, zu kennen. Es reicht aber nicht, die Namen zu kennen, man muss auch das darzugehörige Objekt, den richtigen Pilz erkennen können.

Oft verrät ein Name mehr über eine Sache als jede ausführliche Beschreibung. Besonders bei Pilzen trifft man sehr häufig auf dieses Phänomen. Es gibt in vielen, aber nicht in allen Sprachen einen Überbegriff für Pilze, der sie als eigenes Naturreich taxonomisch von anderen Lebewesen trennt. Unser ursprüngliches germanisches Wort *Schwamm* für Pilz ist heute kaum noch bekannt. Wir nennen diese merkwürdigen Dinger *Pilze*. Das Wort *Pilz* ist nicht germanisch (es hat auch nichts mit Pils-[Bier] oder Piz [Berggipfel] zu tun), sondern eine germanisierte oder eingedeutschte Form des römischen Begriffes *boletus*. Daraus wurde *polts* und daraus entstand das Wort *Pilz*. Unser germanisches Wort *Schwamm* entspricht dem römisch-lateinischen *fungus*. Aus *fungus* wurde im Italienischen *funghi*. Das englische Wort *mushroom* deutet auf »Brei, Matsch« und »Raum, Gebilde« hin. Das französische Wort für Pilze allgemein ist *Champignon*, abgeleitet von *campaniolus* (»das auf dem Feld Wachsende«). Das altgriechische *mykoi* hat sich nur in Griechenland und in der akademischen Sprache erhalten. Davon ist *Mykologie*, die Lehre von den Pilzen/Schwämmen, als Begriff für eine sehr spezialisierte, biologische Naturwissenschaft entstanden.

Wir verleihen den Dingen, die wir wahrnehmen, Namen. Mit diesen Namen verbinden wir Vorstellungen, Konzepte, Ideen. Wir benutzen Namen in unserer Sprache, um über die Dinge kommunizieren zu können. In jeder Sprache gibt es Namen; wir benennen alles, was uns auffällt, was für uns von Bedeutung ist. Wir brauchen diese Namen, um uns verständigen zu können. Namen sind von kognitiver und sozialer Bedeutsamkeit. Wenn die Namen der Dinge miteinander in

»Namen sind also nicht immer, wie Goethe seinen Faust sagen lässt, ›Schall und Rauch‹; im Gegenteil, häufig trifft eher der altrömische Spruch nomen est omen zu, der besagt, dass die Benennung zugleich ein Vorzeichen ist …« (URMES 2004: 5)

Rechts: Im Niederländischen heißen Pilze *Paddenstoelen* (= »Krötenstühle«); ein Name, der sich nicht auf eine Art, sondern auf das ganze Reich bezieht. Auch in anderen Sprachen kennen wir Namen, die übersetzt »Krötenstuhl« bedeuten, aber nicht alle Pilze, sondern nur den Fliegenpilz *(Amanita muscaria)* bezeichnen. (Buchumschlag eines alten holländischen Pilzbuches, 1929)

Beziehung gebracht werden, entsteht eine Taxonomie (eine begriffliche Hierarchie). So werden Namen als Begriffe für einzelne Dinge sowie als Überbegriffe für Gruppierungen der Dinge verwendet. Es werden Kategorien gebildet, Mengen konkreter Dinge erfasst (Kognition). Es entstehen abstrahierte Begriffe.

So ist der Begriff *Pilz* ein Überbegriff, der Name einer Kategorie oder Menge. Darunter fallen die konkreten Namen der Pilzarten. Wenn wir den Namen einer Pilzart nicht kennen, so sagen wir nur, dass es ein Pilz ist. Wir erkennen in jeder namenlosen Pilzart ein Wesen der kognitiven Kategorie *Pilz*. Wir haben eine abstrakte Vorstellung, wie ein Pilz aussieht. Wir haben *die Idee vom Pilz an sich*. Aber wir kennen auch viele Namen bestimmter Pilze, die für uns von Bedeutung sind. In den Namen, die wir den Pilzen geben, drücken wir ihr Wesen aus.

»Sprachgeschichliche Untersuchungen erklären schließlich die Herkunft unserer Namen und ihre Verknüpfung mit den großen Sprachen der Welt.« (Carl 1995: V)

Der Pilz, der diesen fantastischen Fruchtkörper ausbildet, heißt offiziell Roter Gitterling *(Clathrus ruber)*. In tropischen Zonen wird dieser Pilz als »Hexenpilz« oder »Pilz der Zauberer« bezeichnet. Die Mykologen sehen in ihm eine mykologische Besonderheit, eine Gattung der Ordnung *Phallales*. Die Ureinwohner erkennen in diesem Fruchtkörper das Werk der Hexen oder Zauberer, das Wirken der Anderswelt, das magische Netz der Zauberer. (Foto: William Emboden)

Volksnamen und wissenschaftliche Nomenklatur

In den Volksnamen der Pilze spiegeln sich unser Wissen, unsere Vorstellungen und Erkenntnisse über diese seltsamen Wesen wider. Die volkstümlichen Namen der Pilze verraten uns vieles über sie selbst und ihre Bedeutung für uns. Anhand des Namens einer Pilzart lässt sich oftmals ihre kulturelle Bedeutung erkennen. Die Volksnamen der Pilze sind Kulturgut. Sie entsprechen nicht unbedingt der wissenschaftlichen Nomenklatur der Mykologen.

Die Unterscheidung von Giftpilzen und essbaren Pilzen ist volkstümlich. Damit unterscheiden wir Pilze, die für uns genießbar und nützlich respektive giftig und gefährlich sind. In der wissenschaftlichen Nomenklatur und Taxonomie ist diese volkstümliche Unterscheidung belanglos.

Die naturwissenschaftliche Nomenklatur beruht auf der biologischen Verwandtschaft einzelner Arten oder Gattungen, Familien und Überfamilien, Unterklassen und Klassen. Die wissenschaftlichen Namen der Pilze dienen der internationalen Verständigung, die Volksnamen erzählen von der kulturellen Bedeutung der Pilzarten.

Die wissenschaftlichen Namen der Pilze sind international durch ihre binomalen Namen – meist auf griechisch oder lateinisch (oder gemischt aus beiden Sprachen) – eindeutig definiert (auch wenn eine Art zahllose Synonyma trägt). Eine Art wird von einem Mykologen nach einem festgelegten, akademisch international geregelten Muster in lateinischer Sprache beschrieben. Anhand dieser Beschreibung lässt sich die Art identifizieren. Manchmal wird ein und dieselbe Art von mehreren Mykologen unabhängig voneinander beschrieben und benannt. Die divergierenden Namen werden als Synonyme behandelt. Der wissenschaftlich gültige Name ist immer der, welcher der chronologischen Erstbeschreibung entspricht. Es sei denn, spätere Mykologen haben herausgefunden, dass eine erstbeschriebene Art einer anderen Gattung zugeordnet werden muss. Dann gilt der durch wissenschaftliche Tätigkeit entstandene neue Name als der international gültige. Allerdings muss man gestehen, dass auch viele Mykologen die äußerst komplexe Taxonomie der Pilze nicht wirklich durchblicken.

Der Anistrichterling *(Lentinus cochleatus)* hat seinen Namen wegen seines anisartigen Geruches erhalten.

Im Volksmund geht man anders vor. So kann ein Pilz viele Namen tragen – je nach Region, Dialekt und Tradition. Manchmal wird ein Volksname für mykologisch verschiedene Arten benutzt. Oft kommt es vor, dass eine Pilzart Namen hat, die auch für andere Arten gebräuchlich sind. Das ist alles verwirrend und mitunter gefährlich. Viele Volksnamen der Pilze erzählen Geschichten, berichten von ihrer Lebensweise, von ihrer Wirkung, von ihrer Gestalt, von ihrem Gebrauch, von Mythen, Sagen und Legenden. Die Namen suggerieren Vorstellungen und Ansichten; sie sind kulturelle Bilder, Kognate der Natur.

Viele Pilze werden nach ihrem Standort benannt, wie der Baumpilz, die Düngerlinge, der Mistpilz, Moorröhrling, Sandröhrling, Birkenpilz, Waldschneckling, Waldfreundrübling, Astschwindling, Wegzärtling, Zigeuner.

Oftmals bekommen Pilze Namen, die sich auf ihre Gestalt, ihre Erscheinung, ihre Farbe beziehen, wie etwa der Geweihpilz, der Korallenpilz, der Parasol oder Sonnenschirm, der Steinpilz, der Knollenblätterpilz, der Pantherpilz, Ziegenlippe, Strubbelkopf, Rotkappe, Muschelkrempling, Krokodilritterling, Hartpilz, Wulstling, Hasenpfote, Schwefelkopf, Kahlkopf, Ziegenbart, Schweinsohr, Hahnenkamm, Ochsenzunge, Tintenfischpilz, Hundrute, Krause Glucke.

Mitunter drückt sich im Namen einer Pilzart dessen Geschmack aus: Eierschwamm, Butterpilz, Pfefferröhrling, Bitterschwamm, Bitterer Saftling, Anistrichterling, Sellerieritterling, Knoblauchschwindling, Bittersüßer Risspilz, Rettichfälbling, Brotpilz, Pfeffermilchling, Maggipilz.

Auch der Geruch wird unverhohlen im Volksmund herbeizitiert: Stinkmorchel, Duftling, Geruchloses Graublatt, Brennender Rübling, Stinkschwindling, Nitrathelmling, Karbolegerling, Stinkschirmling, Bittermandelrisspilz, Zimthauptkopf, Würziger Schleimkopf, Kampfermilchling.

Manche Namen beziehen sich auf die pharmakologische Wirkung: Todesengel, Narrenschwamm, Zauberpilz, Hirschbrunst, Fliegenpilz, Alkalischer Rötling, Gift-Häubling, Bauchwehkoralle, Mutterkorn.

Manche Namen deuten auf Mythen, Sagen und Legenden hin: Medusenhaupt, Rabenbrot, Krötenstuhl, Satanspilz, Zwergenmütze, Hexenröhrling, Totentrompete, Herkuleskeule, Judasohr.

Der Kaiserling *(Amanita caesarea)* erhielt seinen Namen, weil er die Lieblingsspeise der römischen Kaiser war. Nicht, weil er der Kaiser unter den Pilzen wäre. Aber es gibt immerhin einen »Pilzkönig«.

Es gibt eine Reihe von Pilzen, die als »Korallenpilze« oder »Korallenschwämme« bezeichnet werden. In den Anfängen der Botanik hat man auch die im Meer wachsenden Korallen, die zu den Tieren gehören, »Korallenschwämme« genannt und sie als Unterwasserpilze klassifiziert.

Unter Paläontologen und Fossiliensammlern ist die »Pilzkoralle« *(Coleophytychium)* ein Objekt des prähistorischen Meeres (Campan; Kreidezeit). Den Namen erhielt sie aufgrund ihrer starken Ähnlichkeit zu den Blätterpilzen.

Rechts: Korallen galten früher als Unterwasserpilze. Heute weiß man, dass es sich bei Korallenstöcken um die Kalkgehäuse von kleinen polypenartigen Wesen handelt.

Ganz rechts: Die kreidezeitliche Steinpilzkoralle *(Coleopychium)* ist nur 65–70 Millionen Jahre alt. Wahrscheinlich ist dieser versteinerte »Pilz« ein Vertreter der Schwämme. Seine Ähnlichkeit zu den Blätterpilzen ist enorm. Wer weiß schon, dass dieser »Steinpilz« zu den Schwämmen oder Korallen gehörte? So wundert es wenig, dass man früher glaubte, einen versteinerten Blätterpilz gefunden zu haben.

Im Volksmund heißt die Krause Glucke *(Sparassis crispa)* »Pilzkönig«. Warum, wissen die Mythografen bisher nicht.

Der König der Pilze oder »Pilzkönig«

Im Volksmund heißt *Sparassis crispa (racemosa)* »Pilzkönig«. Der fleischige Fruchtkörper dieses Pilzes sieht ähnlich aus wie ein Badeschwamm. Sein Fleisch ist weiß und wachsartig. Er kommt meist, aber auch nicht häufig, in Kiefernwäldern vor und bevorzugt Baumstümpfe als Heimat. Seine Art gilt als guter Speisepilz. Er ist auch unter den Namen »Krauser Strunkschwamm, Echter Ziegenbart, Judenbart, Zitterer, Tannenhase, Fette Henne« bekannt; der Name »Krause Henne« geht auf die Gestalt oder Signatur des Fruchtkörpers zurück. Er sieht einer sitzenden Glucke bzw. Bruthenne ähnlich. »Morchel-Bockpilz« wird er genannt, weil sein Geruch dem der Morcheln ähnelt. Im Englischen gehört der Schwamm zur Familie der *Fairy Clubs*, »Feenkeulen« *(Clavariaceae)*. Er ist mit den Kernkeulen *(Cordyceps)* und Geweihpilzen *(Ramaria)* verwandt. Den Namen »Pilzkönig« soll er angeblich wegen seiner auffälligen Größe tragen: Sein gelber Fruchtkörper erreicht einen Durchmesser von 25–30 Zentimeter.

Links und ganz oben: Der Fruchtkörper des Korallenschwammes *(Clavaria formosa)*, ein Pilz.

Oben: Nicht alles, was wie ein Pilz aussieht, ist auch ein Pilz (im mykologischen Sinne). Das getrocknete, legendäre Aphrodisiakum *Huanarpo (Jatropha macrantha)* aus Peru wird dort zu den aphrodisischen Pilzen *(hongo afrodisíaco)* gerechnet, obwohl es ein Wolfsmilchgewächs ist.

Pilzliebhaber versus Pilzhasser

»DIE LIEBE DES EINEN IST DER HASS DES ANDEREN.«

Die in Pilzbüchern gemeinhin verwendeten Symbole für Giftpilze (Totenkopf mit Piratenflair) und essbare Arten (Messer und Gabel nach Knigge). Die kognitive Wirkung solcher Symbole sollte eigentlich seit dem Drittten Reich bekannt sein. Es sind Zeichen der Stigmatisierung, der Dualisierung, der Bevormundung.

Gegenüber links:
Oben: Eine andere Dichotomie, die Mykophilie oder Mykophobie zum Ausdruck bringen. In Ton Lemaires holländischem Buch *Götterspeise oder Teufelsbrot* (1995) werden die Einstellungen zum Fliegenpilz *(Amanita muscaria)* beleuchtet.
Für die einen ist dieser Pilz eine heilige Götterspeise (entheogen), für die anderen die giftige Teufelsdroge.

Mitte: Robert Gordon Wasson auf einer Expedition nach Huautla de Jiménez (Oaxaca, Mexiko) im Jahre 1963.
(Foto: Albert Hofmann)

Unten: Titelseite des ersten Bandes von Wassons *Mushrooms, Russia and History* (1957).

So wie zwei Menschen unterschiedlicher Meinung sind, können auch Kulturen unterschiedlicher Meinung sein. Manche Kulturen sind dem Pilzreich sehr nahe und zugetan, andere Kulturen meiden die Pilze und ängstigen sich vor diesen seltsamen Gebilden, die aus dem Boden oder sonst woher herausschießen.

Als der New Yorker Bankier Robert Gordon Wasson (1898–1986), der ursprünglich nichts mit Pilzen am Hut hatte, seine weißrussische Frau und Ärztin Valentina Pavlovna Guercken (1898–1958) im Jahre 1928 geheiratet hatte, kam es zu einem Ereignis, durch das die Ethnomykologie begründet wurde. Gordon und Valentina liefen nach ihrer Heirat über das Grundstück. Die Russin war ekstatisch über den Pilzreichtum der Region und begann, Körbe mit Pilzen zu füllen, die sie auf dem Grundstück ihres Mannes und im nahen Wald gefunden hatte. Wasson war außer sich und fragte seine Frau, was sie denn mit diesen »Giftdingern« vorhätte? Sie antwortete, sie wolle eine Hochzeitssuppe daraus kochen. Wasson war entsetzt, erschreckt und verängstigt, denn er glaubte wie die meisten US-Amerikaner, dass Pilze an sich giftig und gefährlich seien. Valentina konnte nur lachen und versicherte ihrem Angetrauten, dass sie schließlich aus Russland käme, und dort würde man Pilze en masse essen. Wasson traute seinen Augen nicht, als Valentina das Pilzgericht voller Begeisterung zubereitet und aufgetischt hatte. Wasson war klar, er würde dieses Mahl nicht überleben. Andererseits hatte er genug Gründe, die Russin zu heiraten, denn beide liebten sich sehr. Also kostete er von dem Pilzgericht nur zögerlich, während seine Frau begeistert schmauste. Als keine Vergiftungserscheinungen auftraten, ja, das Gericht vorzüglich schmeckte, hatte Gordon eine göttliche Eingebung: Es kommt auf die Einstellung an!

Robert Gordon Wasson erkannte in den kulturellen Herangehensweisen an die Pilze den unterschiedlichen Zugang zum Pilzreich. Er war davon so überwältigt, dass er fortan sein Leben der Erforschung der Pilze widmete. Er sammelte alle verfügbare Literatur über Pilze, in jeder Sprache, sammelte Objekte, archäologisch oder ethnografisch, die mit Pilzen in Zusammenhang standen, und reiste durch die Welt, um die Pilze in der europäischen und außereuropäischen Kunst zu dokumentieren. Im Jahre 1957 veröffentlichten Wasson und seine Frau ein monumentales, bis heute sehr gesuchtes zweibändiges Werk: *Mushrooms, Russia and History*. Dieses Buch ist sozusagen die Geburtsurkunde der Ethnomykologie.

Es ist in zwei Bänden in einem Schuber in der Auflage von 512 Exemplaren erschienen. Diese gehören zu den gesuchtesten bibliophilen Kostbarkeiten. Sie sind vorzüglich gedruckt, auf besonderem Papier in der besten italienischen Druckerei. Sie enthalten die Geschichte von dem Ehepaar und die Ergebnisse ihrer Sammelwut, zudem vorzügliche Drucktafeln von Pilzen und Kunstwerken mit Pilzen. Kaum eine Bibliothek besitzt diese Bände. Und wenn, dann stehen sie im »Giftschrank«, sind unausleihbar und meist unberührbar.

Mit diesem grandiosen, bibliophilen Werk führten die beiden die Begriffe *Mykophobie* und *Mykophilie* ein. Die Mykophobie ist die Angst und Ablehnung von

Robert Gordon Wasson und seine Frau Valentina in Huautla (1955) bei der ethnomykologischen Feldforschung. (Foto: aus RIEDLINGER 1990)

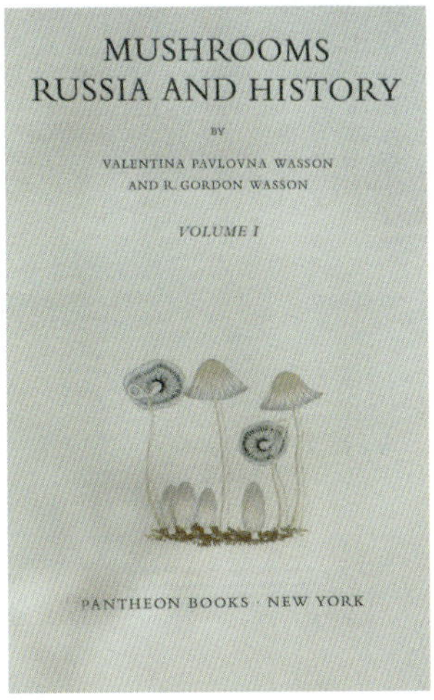

»Wassons Verstand, der wie in einem Ausguck auf wilder, fremder See nach einem Festland suchte, dessen Abwesenheit er zunehmend genießen lernte, gewahrte nun eine glasklare Gedankenkette. Ihm war, als sei dieser Blick in den Himmel mit eigenen Augen die Kulmination all seiner Forschungen und zugleich der Wegweiser für ihre weitere Richtung. Er sah das Geheimnis um die visionären Mysterienkulte des Altertums gelüftet: Es muss ihnen dieser göttliche Pilz zugrunde gelegen haben. Er sah, dass dieser Pilz den gemeinsamen Nenner zwischen dem Schamanismus der Naturvölker und den Kosmologien der Hochreligionen darstellt ... Er sah, dass über eine Kommunion mit diesem Pilz uns die Schuppen von den Augen jenes gehemmten Bewusstseins fallen, das wir für das Bewusstsein selbst halten. Er sah, dass die intelligenten Weltgefühle, in deren Angesicht die Mystiker in verzücktes Stammeln geraten, im Lichte dieses Pilzes auf mehr als nur metaphorische Weise greifbar werden ... Er sah, dass der Eintritt zu den ehemals geheimgehaltenen Mysterien allen frei steht, die den Mut und das Verständnis aufbringen, der Einladung des Pilzes zu folgen.«

(MICKY REMANN, *SolarPerplexus*, 1989: 254f.)

Brauner Pappel-Rauhfuß
Leccinum duriusculum
Gesuchter Speisepilz. Der Pappel-Rauhfuß wächst, wie sein Name schon sagt, in Wurzelsymbiose mit Zitterpappeln. Am ehesten ist er mit dem Birkenröhrling zu verwechseln, der aber nur unter Birken wächst.

Kupferroter Gelbfuß
Chroogomphus rutilus
Eßbar. Beim Kochen verfärbt sich sein Fleisch dunkelviolett. Der Kupferrote Gelbfuß bevorzugt trockene und kalkhaltige Böden und wächst in Nadel- und Mischwäldern, in Parkanlagen und Gärten.

Maronenröhrling
Xerocomus badius
Ähnlich beliebt wie der Steinpilz. Wächst meist in Nadelwäldern, bis hinauf in die subalpine Zone. Das Myzel des Maronenröhrlings reichert Cäsium an, deswegen waren Maronen nach der Reaktorkatastrophe von Tschernobyl hoch belastet.

GUTE PILZE

Jetzt ist wieder Hochsaison – im Wald, da schießen die Schwammerl. Von Steinpilzen oder Maronen träumt der Sammler, für sie läßt er alles andere stehen. Und das ist eine Menge. Denn, so wußte der griechische Arzt Dioskurides: „Der Schwämme Natur ist zwiefach, entweder sind sie eßbar oder verderblich." Ein Blick auf die Licht- und Schattenseiten der Mykologie.

VON JÖRG ALBRECHT

Wird es noch ein gutes Pilzjahr? Oder geht 2002 wieder als Enttäuschung in die Annalen der Pilzfreunde ein? Aus der Eifel wird gemeldet: „Wenig berauschend bislang". Sammler Franz Wollersheim aus Hürtgen hat eigens Urlaub genommen, aber: „Sieht verdammt böse aus." Herbert Heinritz aus Holthausen in Westfalen, seit Jahrzehnten auf der Pirsch, hat gerade mal einen einzigen Steinpilz in seinem Lieblingswald gesichtet. „Früher war das mehr", sagt er, „da habe ich die kiloweise verarbeitet." Schwund auf der ganzen Linie offenbar.

Bis die ersten Fröste kommen, lohnt sich die Suche noch. Der Kenner wird aus der Not eine Tugend machen und auch Reizker und Rotkappen nicht verschmähen, wird den Nelkenschwindling in seinen Korb packen und eventuell sogar den Hallimasch, obwohl er schwer im Magen liegt. Eßbar sind die meisten Pilze, ob sie schmecken, ist eine andere Frage. Selbst die Stinkmorchel findet, jung als Hexenei gestochen, noch den einen oder anderen Liebhaber.

Ein oder zwei Pilzarten kann wahrscheinlich jeder bestimmen. Einige hundert sind in den meisten Pilzratgebern aufgeführt. Etwa fünftausend Großpilze wachsen in Europa, weltweit sind knapp 70 000 Arten beschrieben worden. Aber das ist nur das, was man mit bloßem Auge sieht. Was man aus dem Waldboden zupft, ist gar nicht der eigentliche Pilz. Es ist bloß der Fruchtkörper, das Ergebnis unterirdischer Sexualität.

Pilze führen ihre Existenz nämlich im Verborgenen, als Fäden, die sich meterlang ausbreiten und in ihrer Gesamtheit das Pilzmyzel bilden. Erst wenn Myzelien verschiedener Pilzstämme aufeinandertreffen, kommt es zur Bildung der bekannten Hutgebilde. Und das auch nur bei den Ständerpilzen, von Fachleuten Basidiomyceten genannt. Daneben existiert ein ganzes Reich von Schlauchpilzen und Schimmelpilzen und Schleimpilzen und Strahlenpilzen – mikroskopisch kleine Organismen meist, die Abfall in Kompost verwandeln, Getreide in Bier oder langweiligen Käse in pikanten Roquefort, um nur ein paar nützliche Eigenschaften aufzuzählen.

Gut 150 000 Pilzarten sind bekannt, mindestens doppelt so viele werden noch vermutet, damit sind sie ungefähr so zahlreich vertreten wie die höheren Pflanzen. Ihr Geschlechtsleben ist vor allem eines: verwirrend. Zwischen Pilzen, die es mit sich selbst treiben, und Pilzen, die gleich in vier verschiedenen Geschlechtern daherkommen, ist praktisch jede Spielart vertreten. Man kennt diverse Sexualhormone, mit denen sich die jeweiligen Pilzpartner stimulieren. Auch wurden eine Anzahl von Genen isoliert, die den Befruchtungszyklus steuern. Der Lohn der Mühe: eine schier unglaubliche Zahl von Pilzsporen, die so klein und leicht sind, daß sie der geringste Hauch davonträgt. Die Sporen eines Champignons beispielsweise würden, Windstille vorausgesetzt, fast eine Minute benötigen, um zu Boden zu rieseln. Ein einziger Riesenbovist ist imstande, rund sieben Billionen Sporen zu produzieren. Die Vermehrungsprodukte einer stattlichen Tintenkappe würden, aneinandergereiht, über eine Strecke von mehreren Kilometern reichen. Wüchse aus jeder Spore tatsächlich ein Pilz, wäre die Erde innerhalb kurzer Zeit von einer meterhohen Myzelschicht bedeckt.

Granatroter Saftling, Hygrocybe punicea
Trotz seines giftigen Aussehens ein wohlschmeckender Speisepilz, der auf hochgelegenen Wiesen und Weiden gefunden werden kann.

Eine Zeitlang hat man Pilze zu den Pflanzen gezählt. Heute weiß man: Sie sind anders. Und zwar grundsätzlich. Von den Pflanzen unterscheidet sie, daß sie nicht über die Fähigkeit verfügen, das Sonnenlicht zu nutzen, von den Tieren, daß sie eine Zellwand aus Chitin haben und von den Bakterien, daß sie einen echten Zellkern besitzen. An Größe und Alter können Pilze es mit jedem aufnehmen: Im amerikanischen Bundesstaat Washington hat man beispielsweise einen Hallimasch entdeckt, der im Laufe von Hunderten von Jahren eine Fläche von fünfzehn Hektar besiedelt hatte. Molekulargenetische Studien ergaben, daß es sich tatsächlich um ein einzelnes Pilzindividuum handelte; man schätzt sein Gesamtgewicht auf mehr als zehn Tonnen.

Pilze sind nicht wählerisch. Jede Nahrung ist ihnen recht, sei es welkes Laub, morsches Holz, Stroh oder Papier. Als Müllabfuhr der Natur sind sie dafür verantwortlich, daß ein Großteil der produzierten Biomasse recycelt wird. Umgekehrt sorgen sie dafür, daß sie überhaupt entsteht. Viele Bäume, aber auch Gräser und Blütenpflanzen sind auf die Hilfe von Pilzen angewiesen. Mykorrhiza nennt sich die enge, manchmal symbiotische Beziehung zwischen Pilzgeflecht und Pflanzenwurzeln – ein Geschäft auf Gegenseitigkeit: Die Pflanze liefert dem Pilz Kohlenhydrate, der Pilz macht Nährstoffe wie Kalium oder Phosphor besser verfügbar. Bei Bäumen ist diese Partnerschaft manchmal so eng, daß Pilz und Baum nur zusammen vorkommen. So wächst der Lärchen-Röhrling, wie sein Name schon sagt, beinahe ausschließlich unter Lärchen, der Birkenpilz nur unter Birken und die Espen-Rotkappe nur unter Espen. Was da genau im Erdreich vor sich geht, ist

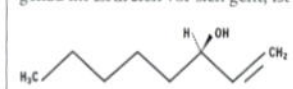

(–)-(R)-1-Octen-3-ol
So riechen Pilze: Octenol wird schon in geringsten Konzentrationen als typisches Champignonaroma wahrgenommen.

noch nicht restlos geklärt – einer der vielen Gründe, warum die Zucht von Edelpilzen nur in seltenen Fällen gelingt. Steinpilz, Trüffel oder Morchel wachsen, zum Leidwesen der Feinschmecker, nach wie vor ausschließlich in freier Wildbahn.

Oder eben nicht. Ganz besonders die „Steinis" werden dieses Jahr schmerzlich vermißt. Nach Schuldigen wird noch gesucht. Mindestens vier kommen in Frage. Erstens: die Pilzsammler selber. In ihrer Gier rupfen sie mehr Pilze aus, als sie essen können. Gegenargument: Auch die Giftpilze sind rarer geworden. Zweitens: die Autofahrer. Abgase und saurer Regen haben die Bodenchemie durcheinandergebracht. Gegenargument: Dem Wald geht's dank Umweltschutzauflagen zunehmend besser. Drittens: die Naturschützer. Immer mehr Waldflächen bleiben sich selbst überlassen und wuchern zu. Gegenargument: Auch die Menge an Totholz, Lebensgrundlage vieler Pilze, nimmt dadurch zu. Viertens: Die zahlreichen Wildschweine sind's. Sie wühlen das Unterste zuoberst. Gegenargument: Schon früher gab es Wildschweine.

Wahrscheinlich sind Pilzschwemmen ohnehin die Ausnahme. Zwischendurch können Jahre vergehen, in denen die Bestände auf natürliche Weise schwanken. Kein echter Trost natürlich für den Pilzfreund. Jedenfalls nicht mehr für diese Saison.

Rosaroter Schmierling
Gomphidius roseus
Eßbar, der Schleim auf Hut und Stiel muß allerdings entfernt werden. Der Rosarote Schmierling wächst gern auf sandigen, sauren Böden, zum Beispiel am Rande von Hochmooren. Er ist mit der Kiefer vergesellschaftet.

Birkenpilz
Leccinum scabrum
Eßbar, allerdings nur als junger Pilz; ältere Exemplare werden holzig und zäh. Man findet den Birkenpilz stets unter Birken, und zwar von Juli bis Oktober.

Steinpilz
Boletus edulis
Auch Herrenpilz genannt. Der König der Speisepilze. In Fichtenwäldern bis hinauf ins Gebirge. Der Steinpilz ist leicht zu bestimmen und kann eigentlich nur mit dem bitteren Gallenröhrling verwechselt werden.

Frostschneckling
Hygrophorus hypothejus
Vorzüglicher Speisepilz, der in Kiefernwäldern von Oktober bis in den Spätherbst wächst. Gebietsweise tritt er massenhaft auf; wie sein Name bereits sagt, verträgt er sogar leichten Frost.

Kuhröhrling
Suillus bovinus
Ungiftig, deshalb eßbar, aber wegen seines faden, gummiartigen Fleisches nicht wirklich schmackhaft.

Kegeliger Saftling
Hygrocybe conica
Bis zehn Zentimeter hoch, wächst auf Sumpfwiesen. Das Fleisch wird beim Kochen schwarz und unappetitlich, trotzdem hat der Kegelige Saftling nach Verzehr schon verschiedentlich zu ernsten Verdauungsbeschwerden geführt.

BÖS

Im Frühjahr 1962 versammelten sich in der ehemaligen Oberförsterei des Stauffenbergschen Schlosses zu Wilflingen vier mutige Männer. Ein Pilzsymposion der besonderen Art stand auf dem Programm. Den Vorsitz führte der Schriftsteller Ernst Jünger, das nötige Anschauungsmaterial hatte der Chemiker Albert Hofmann dabei: je zwanzig Milligramm Psilocybin für jeden.

Ehefrau Liselotte reichte zur Einstimmung heiße Schokolade, dann, kurz vor Sonnenuntergang, warfen die Männer ihre Dosis ein. Und wurden subito in das Reich der Halluzinationen befördert. „Halb betäubt sank ich tiefer", berichtet Hofmann in seinen Erinnerungen, „kam durch ausgestorbene Städte von exotischer, doch toter Pracht. Dann sah ich Jünger riesengroß im Raum auf und ab schreiten...". Und so weiter. Erst gegen Mitternacht war der Trip wieder vorbei.

Albert Hofmann hat den Wirkstoff Psilocybin im Dienste des Schweizer Pharmaunternehmens Sandoz aus *Psilocybe*-Pilzen isoliert

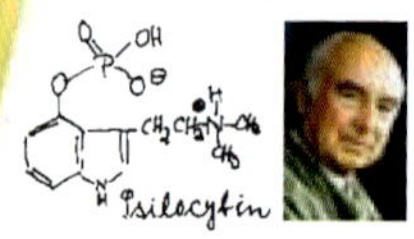

So wirken Pilze: Der Schweizer Chemiker Albert Hofmann fand 1962 die Strukturformel des Halluzinogens Psilocybin und erprobte seine Wirkung.

und, wie vorher schon die Droge LSD, synthetisch hergestellt. Zweifellos eine chemische Leistung. Aber nichts gegen das, was Pilze von Natur aus können. Die Liste der Inhaltsstoffe von Pilzen ist lang und umfaßt die merkwürdigsten Substanzen.

Segensreich war natürlich die Entdeckung Alexander Flemings, daß Kolonien von *Penicillium notatum* eine Substanz absondern, die Bakterien tötet. Ein anderer Pilz-

Bleiweißer Firnistrichterling
Clitocybe phyllophila
Verbreitet, gesellig, häufig in Form von Hexenringen auf Buchenblättern. Deshalb auch „Laubfreundtrichterling" genannt. Enthält das starke Toxin Muscarin, das zum Lungenödem oder zu Herzstillstand führen kann.

Pilzen; die Mykophilie ist die Liebe und Zuneigung zu Pilzen. Das Forscherpaar stellte fest, dass es mykophobe, also pilzhassende und mykophile, also pilzliebende Kulturen gab und gibt. Sie machten diesen wesentlichen kulturellen Unterschied an sich selbst fest. Valentina war Russin, liebte Pilze, war also mykophil; sie stammte aus einer Kultur, in der Pilze von jeher eine große Bedeutung hatten und sehr geschätzt wurden. Gordon hatte Angst vor Pilzen, ganz allgemein, gemäß der Kultur der US-Amerikaner. Er war mykophob. Aber nur solange, bis er sich von seiner Frau und vielen anderen, von Heilern und Schamanen usw. über die Wertschätzung der Pilze klar wurde.

Natürlich sind Mykophobie und Mykophilie nur die abstrahierten Polaritäten des Menschen in Bezug auf das Pilzreich. Nicht jeder Russe liebt Pilze, und nicht jeder US-Amerikaner hasst sie. Aber was die beiden ausdrücken wollten, war, dass es mehr oder weniger starke Tendenzen zwischen diesen beiden Haltungen gibt.

In vielen Büchern über Pilze, in vielen Zeitungsartikeln und Magazinberichten wird die Mykophobie und Mykophilie dualistisch eingeteilt: »Gute Pilze« sind essbar oder sogar gesund; »böse Pilze« sind giftig oder psychoaktiv.

Auch heute noch wundern sich alle Mykologen der Welt über dieses Werk und benutzen bis heute die von den Wassons geprägten Begriffe. Sie sind natürlich nicht absolut, sondern können sehr ambivalent sein. Es ist genauso wie bei Völkern, die den Krieg lieben und verherrlichen, und Völkern, die den Krieg verabscheuen. Aber es gibt immer Ausnahmen. Und so sollte man die Worte Mykophobie und Mykophilie nur benutzen, um Tendenzen aufzuzeigen.

Jedenfalls ist es den beiden Wassons – obwohl sie beide keine Akademiker waren – gelungen, eine ganz neue Wissenschaft zu begründen: die Ethnomykologie. Und von dieser Ethnomykologie handelt dieses Buch. Ich möchte aufzeigen, in welchen Beziehungen Menschen zu Pilzen stehen, welchen kulturellen Wert Pilze für uns haben, und was wir alles mit ihnen machen können. Denn schon am Anfang der menschlichen Kultur steht ein Pilz. Ein Pilz zum Feuermachen.

Rubrik Wissenschaft: »Gute Pilze – Böse Pilze«.
(aus: Frankfurter Allgemeine Sonntagszeitung, 13. Oktober 2002, Nr. 41, S. 60/61)

Pilze zum Feuermachen

Tiere fürchten das Feuer und flüchten; Menschen beherrschen das Feuer und nutzen es für ihr Überleben. Die menschliche Kultur begann mit der Beherrschbarkeit des Feuers. Deshalb heißen in vielen Sprachen die Schamanen »Herren des Feuers« oder »Hüter der Flammen«; denn Feuer ist himmlischen Ursprungs und heilig.

»Zu dir, o Agni, o Erheller des Dunkels, Tag für Tag mit Andacht, Verehrung bringend, kommen wir; zu dem Regenten der Opferfeste, dem Hüter des Rta [= Amrita], dem Leuchtenden, dem im eigenen Hause Wachsenden. Wie ein Vater dem Sohne, so sei uns, o Agni, zugänglich! Begleite uns zum Heile!«
(Gebet an den Feuergott, den Hüter des heiligen Opferfeuers, aus: *Rig Veda* I,1)

»Wie aus archäologischen Untersuchungen hervorgeht, sind Pilze den Menschen seit etwa 30 000 Jahren bekannt. Man fand in steinzeitlichen Pfahlbausiedlungen in der Schweiz, in der Nähe von Ravensburg (Württemberg) und am Mondsee (Österreich) Feuerschwämme, Stäublinge *(Lycoperdon* spp.) sowie Eichenwirrlinge *(Trametes quercina)*. Was den Pilzkonsum angeht, dürfte die Menschheit somit auf eine längere Vergangenheit zurückblicken, als sie es bezüglich des Alkoholgenusses vermag.«
(Lelley 1997: 15)

Nun, es gibt verschiedene Formen, das Feuer zu beherrschen. Man erfand beispielsweise das Feuerbohren. Dabei werden zwei Hölzer benutzt. Der Drillbohrer ist aus sehr hartem Holz, das Bohrholz aus sehr weichem. Man dreht den Bohrer mit den Händen oder mit einem Bogen. Schon bald entstehen schwelige Brände. Diese müssen aber Zunder haben, sonst entzündet sich kein Feuer. Und Zunder stammt von einem oder mehreren Pilzen, genauer gesagt von Porlingen, den Zundeschwämmen.

Am Anfang war der Donner, der den Blitz erzeugt. Der Blitz hat oft in hohe Bäume eingeschlagen und sie in Brand gesetzt. Dieser Brand, dieses lodernde Feuer, hat alle Tiere erschreckt, vertrieben und verstört. Nur den Menschen nicht. Donner und Blitz schenkten ihm das erste Feuer. Übrigens gibt es viele Vorstellungen darüber, dass Pilze durch Blitz und Donner entstehen.

Schon bald lernte der Mensch die Vorzüge des Feuers kennen und nutzen. Es gibt keinen größeren Unterschied zwischen Tieren und Menschen als die Beherrschung des Feuers. Da der Mensch von Anbeginn seiner Geschichte an ein intelligentes Tier war, verstand er bald, mit dem Feuer umzugehen. Das Feuer wärmte ihn nicht nur, sondern schützte ihn auch vor den Tieren, die gerne mal ein Menschlein als Leckerbissen verspeist hätten. Die Macht des Feuers wurde ihm deutlich. Mithilfe des Feuers war das Überleben im Wesentlichen gesichert. Kein Säbelzahntiger *(Smilodon)*, kein Höhlenbär *(Ursus spelaeus)*, kein sonstiges großes und gefährliches Tier hat sich an die Siedlungen der Menschen gewagt. Das Feuer war reine Magie, göttliches Geschenk. Das Feuer war der Schutzwall vor den riesigen Karnivoren geworden. Das Feuer wurde instrumentalisiert, nutzbar gemacht und gezielt eingesetzt.

Wann genau der Mensch das Feuermachen entdeckt hat, ist nicht ganz klar. Aber die Feuerreste in den fossilen Schichten, den Ablagerungen menschlicher Kultur, zeigen, dass der Mensch neben Donner und Blitz eigene Methoden ersann oder entdeckte, die ihm restlos die Herrschaft über alle feuerfürchtenden Tiere verlieh.

Der Zunderschwamm *(Fomes fomentarius)* gehört zu den Porlingen, die an absterbenden oder abgestorbenen Bäumen fruktifizieren. Die deutlich sichtbaren Fasern (Röhren) liefern den fürs Feuermachen nötigen Zunder.

Der Zunderschwamm *(Fomes fomentarius)* an einer Birke *(Betula* sp.).

Heutzutage ist Feuermachen kein Thema mehr. Es gibt Streichhölzer und mechanische sowie elektronische Feuerzeuge. Wie aber gewann der Mensch die Macht oder Fähigkeit, Feuer selbst, das heißt ohne Blitz zu erzeugen?

Der Mensch hatte schon in seinen frühesten Zeiten entdeckt, dass er durch die Anwendung gewisser Verfahren Feuer zu erzeugen vermochte. Die Steinzeitmenschen verstanden es auf verschiedene Weise. Ihre entwickelten Methoden treffen wir bis heute an, und zwar bei den Völkern, die weder Streichhölzer noch Feuerzeuge besitzen.

Gewöhnlich schweigen sich etymologische Werke über die Herkunft des Wortes *Zunder* aus. Sie führen es meist auf *zünden* beziehungsweise Feuer *entzünden* zurück. Unser Wort *Donner* heißt auf Englisch *thunder*. Davon ist es nur ein winziger etymologischer Schritt zum Wort Zunder.

Zunder ist der Stoff, mit dem man das Feuer entzündet. Heute wird Zunder gerne metaphorisch für Zündstoff verwendet. Und Zündstoff ist etwas, was eine Situation, ein Gespräch, eine Betriebsversammlung zum Kochen bringt. Ein Politiker hält eine *zündende Rede;* das soll wohl heißen, er will sein Publikum in Hitze wallen lassen. »Es gibt echt Zunder heute«, sagen Menschen, wenn eine Situation am Überkochen ist. Der Zunder bringt den Geist zum Glühen, zum Überkochen und zum Wahnsinn. – Aber von diesem Zunder soll jetzt nicht die Rede sein. Zunder ist jedenfalls eine der größten Entdeckungen der Urmenschen. Er ist genau das, was man benötigt, um ein Feuer zu entfachen. Und damit zündet die menschliche Kultur.

Heute weiß kaum noch jemand, was Zunder eigentlich ist. Die volksetymologische Verbindung von *Zunder* zu *Donner* ist niemandem mehr bewusst. Wenn der Blitz einschlägt, erzeugt er Feuer, aber nur dann, wenn es auch Zunder gibt. Nun, Zunder ist ein leichtbrennbares, schnell entflammbares Material, ohne das man beim Feuermachen nicht auskommen konnte.

Der Frühmensch, oder wie auch immer wir ihn bezeichnen möchten oder dürfen, hat den Zunder entdeckt. Denn er hat die Natur beobachtet. Wenn ein Blitz in einen abgestorbenen Birkenstamm, der mit Porlingen übersät war, einschlug, entstand das Wunder des Feuers.

Spätestens als der Mensch sah, dass aus Feuersteinen, auch Flintsteine genannt, beim Schlagen auf Gesteinsknollen mitunter Funken fliegen oder sprühen, hat er bemerkt, dass man nicht auf das nächste Gewitter warten und auf einen schönen Blitzeinschlag hoffen brauchte. Man konnte mit Feuersteinen die kosmischen Blitze nachahmen. Der Mensch hat vielleicht schon früh begriffen, dass der Kosmos als Makrogebilde im Kleinen, im Mikrokosmos, nachschaffbar ist.

Durch das Zusammenschlagen von gewissen Steinen, den Feuer- oder Flintsteinen, konnten Mikroblitze erzeugt werden. Leider haben sie kein Feuer erzeugt. Eine Erfahrung, die viele Menschen heute noch machen: Schlägt man zwei Feuersteine gegeneinander, entstehen zwar Blitze, aber diese sind eiskalt. Niemals

Die Kreidefelsen von Rügen (circa 70 Millionen Jahre alt) enthalten beide fürs Feuerschlagen brauchbaren Steine: Feuerstein- oder Flintknollen sowie Pyrit- und Markasitkonkretionen. Auf der Insel wachsen genug Wirtsbäume für verschiedene Zunderschwammsorten.

Feuersteinkern eines fossilen Seeigels (Kreidezeit), Pyritkristalle und ein rezenter Zunderschwamm: das Eiszeitfeuerzeug.

erzeugen sie ein Feuer. Aber es gibt sehr wohl Steine, die beim Zusammenschlagen Blitze erzeugen, die heiß genug sind, um ein Feuer zu entfachen – jedenfalls dann, wenn man über Zunder verfügt.

Die effektivste Erzeugung heißer Funken ist das seitliche Zusammenschlagen oder Aneinanderreiben von Feuersteinen und Pyriten. Feuersteine sind Ablagerungen in kreidezeitlichen Schichten; sie sind meist aus kieselsäurehaltigem Plankton entstanden. Die Kieselsäure hat sich zu einem amorphen, das heißt nicht kristallinen Quarz (Siliziumdioxid) verdichtet. In Feuer- oder Flintsteinen findet man oft Fossilien von Schwämmen oder Seeigeln. Fossile Seeigel aus Flint haben nicht nur die Eigenschaft, bei richtiger Anwendung Funken zu versprühen, sie sind auch von ihrer Gestalt her außergewöhnlich. Sie zeigen eine Art Pentagramm. Eine geometrische Form, die im Laufe der Menschheitsgeschichte immer mit Schamanismus, Zauberei und Magie assoziiert wurde.

Nun, in den selben Kreidefelsen (zum Beispiel auf Rügen) finden sich nicht nur Flinte, sondern auch Pyrit- oder Markasitknollen. Sie sind im Volksmund als *Katzengold* bekannt und bestehen aus Eisensulfid. Wenn man einen Flintstein mit einer Pyritknolle zusammenschlägt, entsteht ein heißer Funke, heiß genug, um den Zunder zu entzünden.

Der Zunder ist bis heute gut bekannt. Er wird aus einem Baumpilz, der bis heute *Zunderschwamm* heißt, gewonnen.

Zunderschwämme

Der Echte Zunderschwamm *(Fomes fomentarius)* wächst meist an abgestorbenen Birkenstämmen oder Nadelhölzern. Er ist ein Porling und sieht wie ein typischer Baumpilz aus. Wenn man diesen Pilz vom Baumstamm abbricht und weiterverarbeitet, erhält man den Zunder, der durch die vom Flint und Pyrit geschlagenen Funken Feuer fängt.

Den Zunder aus dem Schwamm zu bereiten, kann auf verschiedene Weise geschehen. Entweder er wird aufgebrochen und in der Sonne getrocknet, oder er wird in menschlichen Urin eingelegt und anschließend getrocknet. Die feinste Art ist, die Lamellen (Porenröhren) in Wasser zu kochen und dann an der Sonne trocknen zu lassen. Dadurch wird das Material sterilisiert und nicht von den überall verbreiteten Schimmelpilzen befallen. Man kann die gekochten Fasern auch gut zu einer Platte zusammenpressen. Die kann dann in Stücke, die Zündfäden, geschnitten werden. So werden aus den Pilzporen Zündschnüre (Lunten). Sie sind wahrscheinlich das am leichtesten durch Flint und Pyritschlag zu entzündende Material. Glüht die Zündschnur, kann mit Zweigen und Holz ein Feuer entfacht werden:

»Die dabei entstehenden Funken müssen auf den Zunder antreffen. Bei genügender Funkeneinwirkung bildet sich auf der Lunte ein Glutnest. Darüber wird

leicht entflammbares pflanzliches Material, wie z.B. Samenhaare von Wollgräsern [=Hexenbesen], Flughaare von Pappel oder Weide, auch Birkenrinde oder Weichholz-Späne gelegt und die Flamme angeblasen.« (ZEHFUSS 2004: 19)

Wir wissen nicht, wann der Mensch den Zunderschwamm und dessen hervorragende Eigenschaften entdeckt hat. Wir wissen, dass der weltberühmte Ötzi, die Mumie aus dem Ötztalgletscher, alles bei sich trug, um Feuer entfachen zu können. Er hatte einen Pyrit und einen getrockneten Birkenporling, also den wich-

Links: Ein Tannenbaum mit Zunderschwämmen am Stamm. (Holzschnitt aus 1577)

Mitte: Der Zunderschwamm oder Rotrandige Baumschwamm *(Fomitopsis pinicola)* dient nicht nur zum Feuermachen, sondern auch als Heilmittel, beispielsweise bei den Haida-Indianern Nordamerikas.

Rechts: Der pulverisierte Fruchtkörper oder die daraus gewonnene Asche vom Zunderschwamm *Fomes fomentarius* (L.: FR.) FR., *Polyporaceæ* (Porlinge), wurde im ostsibirischen Kamtschatka (ostasiatisches Russland), dem schamanischen »Fenster zum Universum«, geschnupft. Das »Geisterbrot«, die Fruchtkörper von *Fomitopsis officinalis* (VILL. ex FR.) BOND. et SING., wurden bei indianischen Schamanen der Nordwestküste Nordamerikas zum Schnitzen von Idolen benutzt oder pulverisiert als »trance-induzierendes« Pulver geschnupft.

tigsten Zunderschwamm, bei sich. Das heißt, Ötzi war im Besitz der notwendigen Dinge, um Feuer zu erzeugen. Aber Ötzi ist nur 5300 Jahre alt. Das Wissen um die richtigen Materialien muss weitaus älter sein. Das zeigen Funde in von Eiszeitmenschen genutzten Wohn- und finsteren Ritualhöhlen, die ohne die Beherrschung des Feuers und des Feuermachens nicht hätten genutzt werden können.

In den dunklen Höhlengängen und den ganz tief im Gestein gelegenen Ritualplätzen in paläolothischen Höhlen der Schwäbischen Alb wurden figürliche Kleinkunstwerke geschnitzt und rituell deponiert. Ohne Licht durch Feuer, Kienspäne oder Fackeln hätten die Höhlen niemals erkundet und genutzt werden können. Auf der Schwäbischen Alb hat man ein aus Mammutelfenbein geschnitztes Pferdchen gefunden, das 33 500 Jahre alt ist. Eines der bisher ältesten kleinplastischen Kunstwerke der Menschheit!

Seit der Entdeckung von Ötzi sind Pilze als prähistorische Heilmittel ein vieldiskutiertes Thema. Ötzi, der entweder ein wandernder Schamane oder ein Hirte, der sich verirrt hatte, war, hatte zwei getrocknete, auf Schnur gezogene Pilze bei sich: den Birkenporling *(Piptoporus betulinus)* oder den Lärchenschwamm *(Laricifomes officinalis)*. Zuerst wurde vermutet, dass die Pilze als Zunderschwämme verwendet wurden, jetzt glaubt man eher an eine medizinische Verwendung und

»Jhulo chyau«, »Funken-Pilz« (Nepal)

Die Zunderschwämme *Fomitopsis pinicola* (Schwartz ex Fr.) Karst. [syn. *Fomes pinicola* (Fr.) Cooke], Fomitopsiaceæ, und *Ganoderma applanatum* (Pers.) Pat., *Ganodermataceæ*, werden nicht nur im getrockneten, zerfaserten Zustand zum Feuermachen und als Räucherstoff *(dhupa)* verwendet, sondern auch pur oder mit Tabak vermischt von Schamanen geschnupft, manchmal sogar geraucht.
In Nepal werden gekochte und getrocknete Teile von Zunderschwämmen auch zum Entzünden von Zigaretten (Angeri, Bidi) verwendet. Dazu schlägt man mit dem stumpfen Eisenbeimesser eines Khukuridolches an einem Stein (vorzüglich Quarz) einen Funken, der in den Zunderschwamm springt und ihn entzündet.

Der Sherpa-Schamane Myingmar hält einen leuchtenden Feuerschwamm *(Laetiporus sulphureus)* in seinen Händen.

hält sie für »Ötzis Reiseapotheke«. Der medizinische Gebrauch des Lärchenschwammes ist immerhin bis in die Antike zurückzuverfolgen und gut dokumentiert (1. Jh. n. Chr.):

»Lärchenschwamm. Das *Agarikon* wird für eine Wurzel gehalten, ähnlich wie der des *Silphion,* es ist aber nicht dicht an der Oberfläche wie das *Silphion,* sondern durchweg locker. Es gibt aber davon ein männliches und ein weibliches. Das weibliche unterscheidet sich dadurch, dass es Fasern hat; das männliche dagegen ist rund und durchweg fest gefügt. Der Geschmack ist bei beiden gleich, nämlich anfangs süßlich, danach bitterlich. Es wächst in *Agaria* [daher der Name!] in Sarmathien [im südlichen Russland oder der Ukraine]. Einige behaupten, es sei die Wurzel einer Pflanze, andere, es wachse aus faulenden Baumstümpfen wie die Pilze. Es wächst aber sowohl in Galatien in Asien als auch in Kilikien auf den Zedern [= Lärchen], ist leicht zerbrechlich und weich. Seiner Kraft nach ist es adstringierend, erwärmend, es wirkt bei Leibschneiden und Unverdaulichkeit, bei inneren Rupturen und Sturzverletzungen. In der Gabe von zwei Obolen [Prisen] wird es denen, die fieberfrei sind, mit Honigwein, den Fiebernden mit Honigmet gereicht. Auch bei Leberleiden, Asthma, Gelbsucht, Dysenterie, Milzleiden, Harnverhalt, Gebärmutterleiden und hässlicher Hautfarbe wird es zu je einer Drachme [3–4 g] gegeben, ferner den Phthisikern mit süßem Wein, den Milzsüchtigen mit Sauerhonig, auch den Magenkranken, indem es so gegessen wird, ebenso auch denen, die saures Aufstoßen haben. In der Gabe von drei Obolen mit Wasser genommen stillt es den Blutauswurf, ferner bei Ischias-, Gelenkschmerzen und Epilepsie,

»Zunder-Lunte ist gleichzeitig leicht entflammbar und lange nachglimmend, weshalb sie lange, eigentlich bis zum Aufkommen anderer Materialien begehrt war. Von seiner Herstellung lebten ganze Ortschaften.«
(Zehfuss 2004: 18)

Oben: In einem Pfahlbau am Bodensee wurde der Fruchtkörper eines Flachen Lackporlings *(Ganoderma applanatum)* gefunden. Er diente möglicherweise den Pfahlbauern vor 5000 Jahren als Zunderschwamm. (Rekonstruktion der Pfahlbauten in Unteruhldingen/Bodensee; Pfahlbaumuseum, Unteruhldingen)

Rechts: Der Birkenporling *(Piptoporus betulinus)* wurde schon vom alten Ötzi benutzt; entweder als Zunderschwamm oder als Heilmittel. (Institut für Archäologien, Leopold-Franzens-Universität, Innsbruck)

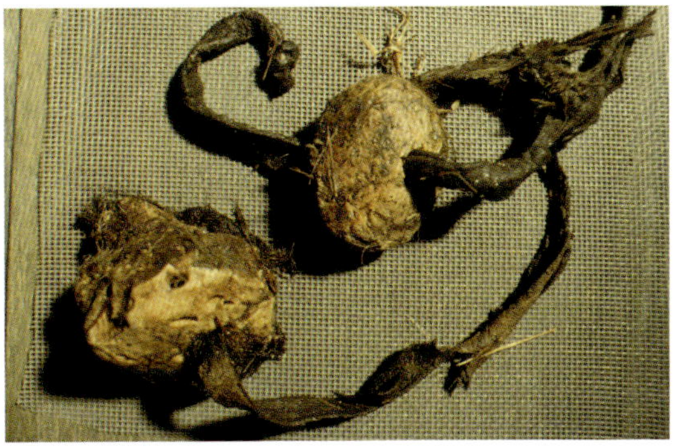

Baumschwämme an einem alten Buchenstamm. Sie wirken wie Stufen auf der Schamanenleiter.

Gegenüber: Der Lärchenschwamm *(Fomitopsis officinalis)* heißt seit der Antike *Agaricon* (gr.) oder *Agaricus* (lat.). Er ist der bekannteste und am häufigsten beschriebene Heilpilz in der antiken und mittelalterlichen Literatur (Dioskurides, Plinius). Diese fantasievolle Abbildung aus der illuminierten Handschrift *Livre des simples médecines* (= *Codex Bruxellensis* Ms. IV. 1024, Folio 9v, französisches Kräuterbuch aus dem 15. Jahrhundert; Bibliothèque royale de Belgique, Bruxelles) stellt den Lärchenschwamm an den Wurzeln der Lärche dar. Dies deutet darauf hin, dass der Maler nicht die Natur beobachtet und wiedergegeben, sondern sich anhand eines Fruchtkörpers seine eigene Vorstellung von der Anordnung am Baumstamm gemacht hat.

Die Zunderschwämme

Bovista spp.	Boviste
Fomes fomentarius (L.: Fr.) Fr.	Echter Zunderschwamm
Fomitopsis pinicola (Schwartz ex Fr.) Karst. [syn. *Fomes pinicola* (Fr.) Cooke]	Rotrandiger Baumschwamm
Ganoderma applanatum (Pers.) Pat	Flacher Lackporling
Laricifomes officinalis (Vill: Fr) Kolb et Pouz	Lärchenschwamm, Agaricus, Apothekerschwamm
Lycoperdon spp.	Stäublinge
Piptoporus betulinus	Birkenporling
Phellinus igniarius	Grauer Feuerschwamm
Polyporus spp.	Porlinge

Der Lärchenschwamm *(Fomitopsis officinalis, Laricifomes officinalis)* – sein alter Arzneiname lautet *Fomes officinalis* oder *Apothekerschwamm* – enthält Harze (mit Agaricinsäure) und Agaricin mit schweißtreibender Wirkung. Er ist sehr selten und steht mit höchster Priorität auf der Roten Liste der bedrohten Pilzarten!

Kein anderer Pilz hat historische Quellen, die bis in die Antike reichen. Auf Griechisch hieß er *Agarikon*, auf Römisch *Agaricum*. Aus diesen Worten leitet sich der veraltete Gattungsname Agaricus ab. Plinius schrieb: »Agaricum wächst als Pilz auf Bäumen am Bosporus.«

Der Lärchenschwamm »wirkt ungefähr wie unser gemeiner Fliegenschwamm [= Fliegenpilz].« (Chamisso 1987: 303)

Leider ist diese Aussage nicht bestätigt!

wenn es mit Sauerhonig im gleichen Gewicht genommen wird. Weiterhin befördert es die Menstruation und wird auch im gleichen Gewicht mit Erfolg den Frauen gegeben, welche am Aufblähen der Gebärmutter leiden. Es hält die Fieberanfälle [möglicherweise Malaria] zurück, wenn es vor dem Eintritt gereicht wird. In Honigmet zu ein bis zwei Drachmen genommen reinigt es den Bauch; ferner ist es in der Gabe von einer Drachme mit Mischtrank [ein *kykeon* aus Wasser mit Wein] genommen ein Gegenmittel gegen tödliche Gifte, hilft auch im Gewicht von drei Obolen mit Wein getrunken gegen Schlangenbisse und Stiche. Überhaupt ist es gegen alle innerlichen Leiden dienlich, wenn es mit Berücksichtigung der Wirkung und des Alters gegeben wird, den einen mit Wasser, den anderen mit Wein, mit Sauerhonig oder mit Honigmet.« (Dioskurides III, 1)

aubin doeuf et en faittes cresses en la palle et en use ou que tu
en faces emplastre pour lestomac ou que tu en faces cresses avec
yaue de plue ou yaue rose. Item contre flux de ventre soit acassie
destrempe et donne aboivre ce mesmes peut tu faire contre les flux
aultres damez. Item contre flux de vent soit acassie pierre ema
flux de ventre — mathites et ypoquistidos et soient confis avec yaue de plue
ou yaue rose et le donne. Item contre flux de sanc par le nez et des
flux de sanc par le nez — flaues soit fait suppositoire ou tente de acassie et de jus de
bourse pastour. Item es choses devant dittes tu peus adjouster
hermoise et si en peus faire emplastre sur le vent ou aultre
mal prent tanesie acassie jus de plantain poree mellez et en
faittes suppositoire comme dit est. Item contre vomite et flux de
vomite flux de ventre — ventre soit fait emplastre de acassie de sanc de dragon mastic
huille rose et aubin doeuf. Item contre chaude apostume vault
acassie destrempe de jus de plantain ou de corrigiolle ou
daucune aultre herbe froide et le met dessus aucunement

Agaricus est chaut et sec
ou second degre. Agaric
est une croissance qui croist vers
la racine du sapin et est en la
maniere du champignon et par
especial croist en lombardie et
en sont de deux especes cest
assavoir le malle et la femelle
mais la femelle est la meilleure
et a la figure ronde et est ainsi blanc. Item le malle a la figure
longue et nest point si blanc sa fueille est blanche et legiere

Pilze zum Räuchern, Rauchen und Schnupfen

»Der Verbündete ist nicht im Rauch ... Der Rauch führt dich zum Verbündeten, und wenn du mit dem Verbündeten eins wirst, dann brauchst du nie wieder zu rauchen. Von da an kannst du deinen Verbündeten jederzeit anrufen und ihn dazu bringen, alles zu tun, was du willst. Die Verbündeten sind weder gut noch böse, aber sie werden von den Zauberern zu den Zwecken eingesetzt, für die sie ihnen geeignet erscheinen.«
(Castaneda 1975: 37)

Die zu Weihnachten aufgestellten Räuchermännle und Holzfiguren, die hohl sind und in denen man einen Räucherkegel abbrennen kann, werden von Jahr zu Jahr beliebter. Sie tauchen überall auf Weihnachtsmärkten auf. Meist stammen sie von kleinen unabhängigen Firmen des Erzgebirges oder von großen, international tätigen Verkäufern.
Links eine Fliegenpilzin als Räuchermännle von Käthe Wohlfahrt; rechts ein Zwerg, der unter dem Schirm des Fliegenpilzes gemütlich seine Knasterpfeife schmaucht. Sollten solche Räuchergeräte eine unbewusste Erinnerung an Zeiten sein, in denen der Schamane, der »Herr des Feuers«, fliegenpilzberauscht am Weltenbaum, einer Tanne, Fichte oder Kiefer zu Ehren der Götter geräuchert hat?

Da Pilze, namentlich die Zunderschwämme, zum Entfachen des Feuers von großer Bedeutung sind, ist es nicht weiter verwunderlich, dass sie auch zum Entzünden oder als Ingredienzen von Räucherwerk benutzt wurden und werden.

Räucherwerk haben alle Kulturen entdeckt und es magisch, medizinisch oder hygienisch verwendet. Das Entzünden von Räucherwerk ist wahrscheinlich bei der Entdeckung der Beherrschung des Feuers erfunden worden. Jedenfalls gibt es in allen alten Quellen und in allen ethnografischen Berichten über schamanische Rituale die Angabe, dass zu Beginn, also zur olfaktorischen Raumzeit eines Rituals, ein Räucherwerk entzündet wird. Das Räuchern ist ein rituelles Element, das es in allen schamanischen Kulturen gibt. Dass Räucherwerk bei religiösen Zeremonien benutzt wird, ist eine sehr moderne Erfindung beziehungsweise Erscheinung.

Räucherwerk mit Pilzen

Schamanisches Räucherwerk besteht meist aus Baumharzen und aromatischen Kräutern. Viele Schamanen mischen Zunder, aus Zunderschwämmen, unter die Harze und Kräuter, damit das Räucherwerk gleichmäßig und lange glimmt. Außerdem verbessert der Zunder das Verdampfen der kostbaren Baumharze (Olibanum, Copal, Dammar). Denn diese duften nur, wenn sie verdampfen, nicht aber, wenn sie verbrennen.

Die Anishinaubeg in Nordamerika benutzen große Boviste *(Calvatia* sp.) oder Stäublinge *(Lycoperdon* spp.) zum Ausräuchern von Bienen und als heilende Räucherung bei Bienenstichen. Die Déné inhalieren den Rauch von zerbröselten

Verschiedene als Zunder verwendbare Baumpilze; sie dienten unter anderem als Feiungsräucherwerk in der Jägerei. Die Feiung ist ein magisches Ritual, mit dem man eine neue Flinte zuverlässig und zielsicher machen möchte.

Pilz-Räucherwerk als Insektizid
(gegen Mücken)

»Bei den Pilzen handelt es sich außer Lackporlingen *(Ganoderma*-Arten) nicht zufällig um Zunder-, Feuer- und Baumschwämme *(Fomes-, Phellinus-* und *Fomitopsis*-Arten), die häufig zum Feueranzünden gebraucht werden. Vermutlich führten frühe Erfahrungen beim Feueranzünden einst zu der Erkenntnis, dass der Rauch von solchen Pilzen die auch in der Subarktis in der warmen Jahreszeit sehr lästigen Mücken vertreibt. Und auch Mücken können Krankheiten übertragen und nicht nur Quaddeln verursachen.« (Wolters 2006: 29)

Fruchtkörpern der Anis-Tramete *(Trametes suaveolens)* bei Kopfschmerzen. Ähnlich die Lake-Slave-Fischer: Sie rauchen bei Kopfschmerzen Stücke vom Rotrandigen Baumschwamm *(Fomitopsis pinicola)*, allerdings mit Tabak vermischt. Viele nordamerikanische Indianer haben den Gebrauch von Moxa-Räucherwerk entdeckt. Dabei wird Zunder auf bestimmten Hautpartien entzündet – eine Art feurige Akupunktur. Die Waldland-Cree benutzen dafür den Birken-Zungenporling *(Piptoporus betulinus)* oder den Schiefen Schillerporling *(Inonotus obliquus)*. In Neuengland wurde der *spunk* oder *punk* genannte Porling *(Polyporus* sp.) bei Gicht als Moxa verbrannt. Gepulverte Zunderschwämme wurden sogar als Körperdeodorant benutzt, obwohl sie gar keinen Duft verbreiten.

Manchmal werden dem Räucherwerk getrocknete Pilzfruchtkörper zugesetzt, damit es pharmakologisch wirkt. Dazu dient weltweit der Fliegenpilz (Amanita muscaria). Er wird mit wohlduftenden Harzen, wie Olibanum oder Copal, und Kräutern wie Stechapfel *(Datura)* vermischt auf glühende Holzkohle gestreut.

Jeti ama ist in Nepal der schamanische Name für die »Erste Mutter auf Erden [die geheilt hat]«. Der gleichnamige Pilz ist bisher mykologisch nicht bestimmt wor-

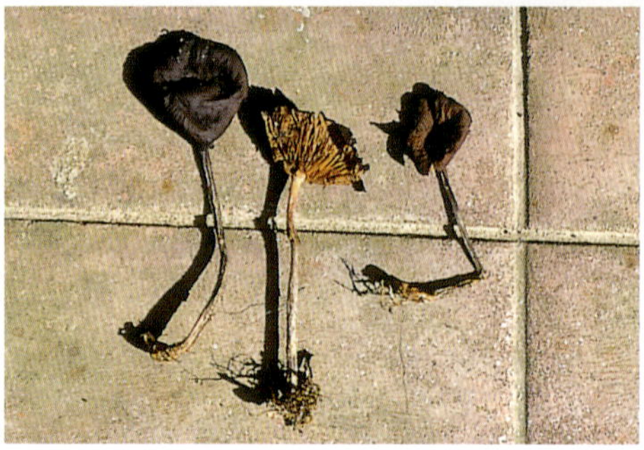

Oben links: Porlinge *(Polyporus* spp.) dienen weltweit als Zunder, Räucherwerk und Heilmittel. Sie werden auch mit der Anderswelt assoziiert und als magische Schutzmittel sowie heilige Objekte (»Medizin«) verwendet.

Oben rechts: Der getrocknete Fliegenpilz *(Amanita muscaria)* gehört zu den Zutaten der Rau[ch]-nächte-Räucherungen. Die Raunächte sind die zwölf Nächte um die Wintersonnenwende und Weihnachten. Das Räucherwerk dient als Opfergabe für die Ahnen, die mit der Wilden Jagd über den Himmel stürmen. Das rituelle Räucherwerk besteht aus zwei, vier, fünf, sieben oder neun Zutaten.

Unten links: Die getrockneten Fruchtkörper des Pantherpilzes *(Amanita pantherina)* werden wegen ihrer psychotropen Wirkung geraucht. Sie ist der des Fliegenpilzes ähnlich, aber stärker und visionärer. Der Pantherpilz ist in Eurasien ein alter Schamanenpilz.

Unten rechts: Die trocknenden Fruchtkörper des bisher nicht bestimmten Pilzes *Jeti ama* aus Kathmandu (Nepal). Ob dieser Pilz psychoaktiv ist, ist noch unbekannt, aber möglich. Es würde sich sicherlich lohnen, ihn ethnomykologisch genau zu untersuchen.

Rezept für die neun (traditionellen) Zutaten für die Raunächte-Räucherung

Man nehme etwa zu gleichen Teilen:
Fliegenpilz *(Amanita muscaria)*, getrocknete Hüte und Stiele
Hanfblüten, weiblich *(Cannabis sativa)*
Bilsenkrautsamen *(Hyoscyamus niger)*
Beifußkraut *(Artemisisa vulgaris)*
Tollkirschenkelchblätter *(Atropa belladonna)*
Fichtenharz *(Picea abies)* (Im Apothekenhandel heißt es Burgunderharz)
Wacholdernadeln *(Juniperus communis)*
Tannennadeln *(Abies alba)*
Eibennadeln *(Taxus baccata)*

Alle Bestandteile fein zerkleinern und als Pulver über die glühende Holzkohle streuen. Man kann die Zutaten auch variieren; man kann sich auf zwei, nämlich Harz und Wacholder, oder auf fünf, sieben oder sogar zwölf Zutaten einigen. Entscheidend ist, was beim Räuchern im eigenen Bewusstsein geschieht. Dieses Räucherwerk wird traditionell im nördlichen Deutschland während der Raunächte, der heiligen Zeit um die Wintersonnenwende geräuchert. Es ist Opfer und Ehrung der Ahnen und anderweltlichen Wesen.

den. In Nepal gilt er als essbar. Als Heilmittel wird er, in einer Art Suppe gekocht, gegen Verstopfung und Darmprobleme gegessen. Die getrockneten Fruchtkörper werden fein zermahlen als *Dhoop*, als Räucherstoff, verwendet. Die Schamanen und Schamaninnen inhalieren den Rauch der »Ersten Mutter«, um besser fliegen und gezielter heilen zu können. Der Pilz fruktifiziert in der Monsunzeit (Juni–September). Er gehört nicht nur zum schamanischen Räucherwerk, sondern gilt, wie viele andere Pilze, als »kosmischer Schirm«.

»Ein Gewehr muss man mit Birkenschwamm ausräuchern, dann trifft man immer.«

(aus einem Zauberbuch, aus: MARZELL 1935/36: 33)

»Im Südwesten der Vereinigten Staaten konzipierten die Apache Jicarilla zwischen den Pilzen und der übernatürlichen Welt eine andere Beziehung: Sie verbrannten die ersteren, damit ihr Rauch die bösen Geister vertreibe ...«
(LEVI-STRAUSS 1992: 264)

Pilz-Knaster und Schnupfpilze

Wenn man Pilze räuchern kann, dann kann man sie auch rauchen und schnupfen. Das Rauchen ist von vielen Kulturen entdeckt worden. Zum Rauchen wird die entzündete Rauchware – was auch immer sie sei – direkt in Form einer Zigarre oder Zigarette oder aus einer Pfeife gezielt und konzentriert vom Menschen in den Mund gesogen oder inhaliert, also tief eingeatmet. Das Rauchen ist pharmakologisch viel effektiver als das Räuchern. Eine typisch schamanische Erfindung. Geraucht dringt der Pflanzengeist viel tiefer in den Menschen ein als bei einem Räucherwerk.

Beim Rauchen denkt jeder sofort an Tabak, fast jeder an Haschisch. Dabei gibt es Tausende von Rauchkräutern. Denn praktisch lässt sich alles getrocknete Pflanzenmaterial rauchen. Nur wissen die wenigsten davon. Im Volksmund werden viele Pflanzen als Rauchkräuter oder wilder Tabak usw. bezeichnet (beispielsweise Arnika, Wacholder, Sauerampfer, Waldmeister, Clematis). Sogar Pilze, zumindest einige Arten, gehören zur traditionellen Rauchware, zum Knaster: zum Beispiel die Boviste, Fliegenpilze und Pantherpilze.

Bei vielen nordamerikanischen Indianern werden Boviste und Stäublinge *(Lycoperdon* spp.) als »Weihrauch zur Abwehr unerwünschter Geister gebraucht«. (WOLTERS 2006 : 40) Die Blackfeet benutzen Porlinge *(Polyporus* spp.) als Räucherwerk gegen Geister.

Das Rauchen von getrockneten Fliegenpilzen (Hüte oder Häute), pur oder vermischt mit anderen Kräutern (beispielsweise Hanfblüten, Stechapfelblättern, Bilsenkraut, Tollkirsche, Damiana), ist heutzutage in Europa und Nordamerika (Kalifornien, Oregon, Washington, Alaska) in gewissen subkulturellen Kreisen und sexualmagischen Zirkeln verbreitet und gewinnt zunehmend an Bedeutung. Diese psychoaktiven Mischungen, »Pilz-Knaster«, werden gerne zur Weihnachtszeit geraucht.

Gut bekannte Pilze (Stäublinge, Boviste) wurden in der Volksbotanik mit Tabak und Teufel assoziiert. Hier einige Beispiele:

Teufels Tabakbeutel	*Lycoperdon* spp. (Boviste; Fruchtkörper)
Teufelsschnupftabak	*Lycoperdon* spp. (Boviste; Sporen)
Teufelstabak	*Lycoperdon* spp. (Boviste; Sporen)
Teufelstabakbeutel	*Lycoperdon* spp. (Boviste; Fruchtkörper)
Teufelstabaksack	*Lycoperdon* spp. (Boviste; Fruchtkörper)

Es ist allerdings nicht bekannt, ob diese »Tabake« tatsächlich geraucht wurden oder werden. (Vgl. Kapitel »Pilze zum Hexen«)

Die Boviste *(Lycoperdon* sp.) werden als Räucherwerk benutzt. In der Mythologie der Blackfeet gelten ihre Fruchtkörper als Sterne, die zur Erde herabgefallen sind. Den Blackfeet dienen die Sporen der Stäublinge, der »Sternenpilze«, als Zunder. Mit dem Sporenstaub streuten sie einen Kreis auf den Boden ihres Tipis, um das lebenswichtige Feuer zu schützen und wieder entzünden zu können.

Rechts: Ein rauchender Wichtel oder Zwerg guckt genüsslich aus seinem räuchernden Fliegenpilzhaus.

Schamanische Rauchmischungen oder *magical blends,* die Pilze enthalten:

Tabak und Pilzasche
Tabak und Pilze (Porlinge, Schlauchpilze)
Tabak und Orchideen und Kernkeulen
Tabak und Boviste (Sporenstaub)
Tabak und Gemeiner Feuerschwamm
Tabak und Fliegenpilz
Tabak und Fliegenpilz und Stechapfel
Fliegenpilz plus Bilsenkraut
Pantherpilz plus Kräuter

Der Blütenstand der im Sherpa *gangdul* genannten Orchidee *(Satyrium nepalensis)*, die wie ein Knabenkraut aussieht. Die getrockneten Fruchtstände einer Himalaya-Orchidee *(gangdul phul)* werden mit Tabak *(surti)* vermischt in einem Angeriblatt geraucht. Damit könne man besser in den anderen Welten *reisen*. Also ein *Reise*kraut. Die Schamanen können mit dieser shaktispendenden Rauchmischung (engl. *travelling smoke)* besser *fliegen*. Die Orchidee gehört damit zu den Entheogenen, die unter die Kategorie *Soma* fallen.

Fliegenpilz, Porlinge und Tabak

Der Fliegenpilz wird fast weltweit von Schamanen mit echtem Tabak *(Nicotiana tabacum)* und anderen Kräutern vermischt, wenn er als Rauchware oder Knasterzutat benutzt wird.

Im alten Amerika (Mexiko, Mesoamerika) gab es offensichtlich eine Reihe von Rauchmischungen, die für unterschiedliche Zwecke geraucht wurden. Über die Ingredienzen ist nur sehr wenig bekannt; allerdings wurden dem Tabak meist psychoaktive Substanzen, beispielsweise Ololiuqui *(Turbina corymbosa)* oder *yauhtli* (»Weihrauchpflanze« = *Tagetes lucida)*, oder auch der Fliegenpilz *(Amanita muscaria* var. *mexicana)* zugesetzt.

Mir wurde mehrfach versichert, dass die Nachbarn der Lakandonen, die Tzeltalen, noch heute von dem Fliegenpilz, den sie *tzajal yuy chauk*, »Roter Donnerkeil-Pilz« nennen, Gebrauch machen würden. Sie ziehen dem frischen Pilz aus den Pinienhainen die rötliche Haut ab, trocknen sie und rauchen sie vermischt mit *may*, dem Bauerntabak *(Nicotiana rustica)*. Durch den Genuss des Rauches würden die Tzeltal-Schamanen hellsichtig werden und Krankheiten bei ihren Patienten erkennen, verlorene oder gestohlene Gegenstände aufspüren und Prophezeiungen abgeben können. Auch die Schamanen der Chuj, eines Mayavolks, das in der südlichen Selva Lacandona und im nördlichen Guatemala zu Hause ist, rauchen getrocknete Fliegenpilzstücke mit Bauerntabak vermischt. Im Hochtal von Puebla fand der US-amerikanische Ethnobotaniker Timothy Knab einen einheimischen *Curandero* (= Heiler), der getrocknete Fliegenpilze mit Tabak vermischt rauchte, um rituelle Diagnosen im veränderten Bewusstseinszustand zu erstellen.

Dass Pilze mit Tabak gemischt genossen werden, ist für die Tanana, ein mit den Navaho verwandtes Déné-Volk, in Alaska belegt. Sie vermischen die Asche eines Porlings *(Fomes* sp., *Polyporus* sp.) mit Tabak und kauen die derartig »stärker gemachten« Blätter. Diese Praktik scheint im nördlichen Nordamerika weit verbreitet gewesen zu sein.

Bei den Ojibwa, die einen sehr ausgeprägten Fliegenpilzkult bewahrt haben, heißt es in einer Legende, dass ein Schamane mithilfe einer gerauchten »Medizin«, die aus Tabak und Pilzstaub (= »Zauberpulver«) bestand, umgestimmt, das heißt psychisch beeinflusst wurde. Das erinnert an eine schamanische Rauchmischung im Himalaya, die aus Tabak und Kernkeulenpulver besteht.

Tabak wird in ganz Asien oft mit Pilzen kombiniert, vor allem mit Porlingen *(Polyporus* spp.), aber auch Kernkeulen *(Cordyceps)* und anderen Pilzen. Das Rauchen, Räuchern und Schnupfen von Porlingen ist vielleicht von den asiatischen Paläo-Indianern von Sibirien nach Amerika verbreitet worden. Im Nordwesten Nordamerikas ist es bis heute üblich, Zunderschwamm *(Fomes fomentarius)* mit Tabak zu rauchen, genauso wie ihn als rituellen Räucherstoff anstelle von Sweetgrass (= Mariengras; *Hierochloë odorata)* rituell zu räuchern.

Gegenüber: Der Sporenstaub des Erdsterns *(Geastrum triplex)* wird als magisches Schnupfpulver benutzt. Ob es eine psychotrope Wirkung hat, sei dahingestellt.

Noch heute benutzen die westsibirischen Khanty (Ostjaken) im Tal des Ob-Flusses den Zunderschwamm *(Fomitopsis fomentarius)*, den Schiefen Schillerporling *(Inonotus obliquus)* und den Feuerschwamm *(Phellinus nigricans)* als »Rauchkraut« oder als Weihrauch, das heißt als Räucherwerk bei schamanischen Begräbnisritualen. Die Asche des *Phellinus* vermischen sie mit Tabak und benutzen diese Zubereitung als Kautabak.

Der Anthropologe Carlos Castaneda schreibt in seinem vielgelesenen Buch *Die Lehren des Don Juan* vom »kleinen Rauch«, den er vom mexikanischen Yaqui-Zauberer gereicht bekommt (Castaneda 1973 und 1975). Widerwillig raucht der Anthropologiestudent aus einem Pfeifchen zerbröselte Zauberpilze *(Psilocybe)* und geht auf eine schamanische Reise. Diese Information ist bisher in keiner ethnografischen Forschung bestätigt worden. Deshalb glauben viele Castaneda-Kritiker, dass die ganze Geschichte eine literarische Erfindung sei. Bis heute ist es keinem Forscher gelungen, von gerauchten *Psilocybe*-Pilzen einen veränderten Bewusstseinszustand zu erreichen. Die Wirkstoffe zerfallen beim Verbrennen. Selbst die potentesten Arten *(Psilocybe semilanceata, Psilocybe cyanescens, Psilocybe azurescens, Panaeolus cyanescens)* wirken beim Rauchen nicht.

In Sibirien, einem Kernland des Schamanismus, scheint die Sitte, Tabak mit Porlingen zu vermischen, recht häufig zu sein: »Die Ostjaken setzen dem Schnupftabak *(Tamaki* oder *tag'hwak:)* die stark alkalische Asche eines an Birken und Eschen wachsenden Pilzes zu *(Tschaga Ostiak, Jacham)* (wahrscheinlich den Birkenporling *Piptoporus betulinus)*, wodurch die Wirkung verstärkt wird. Sie stopfen sich die ganze Nase voll von dem Pulver und verschließen die Nasenlöcher mit geschabtem Weidenbast. Es soll dann das ganze Gesicht sich entzünden, was gegen die Kälte ein Schutz sei.« (Hartwich 1911: 110f.)

Während beim Rauchen die im Rauch enthaltenen Wirkstoffe (Nikotin, THC, Scopolamin, Kokain) über die Schleimhaut der Atemorgane aufgenommen werden und ins Blut gelangen, lösen sich die Wirkstoffe von geschnupften Rauchwaren in der Oberfläche der Nasenschleimhaut aus dem Pflanzenmaterial und dringen so ins Blut. Insofern ist das Schnupfen von Pharmaka effektiver als das Rauchen. Wann und wo das Schnupfen von Pharmaka zuerst erfunden wurde, wissen wir nicht. Aber schon die frühesten Quellen nennen den altgriechischen Gebrauch der Nieswurz *(Helleborus)* und den vorspanischen indianischen Schnupfpulvergebrauch *(rapé)*.

In Europa hat sich der Gebrauch von sogenanntem Schnupftabak schon früh, im 16. oder 17. Jahrhundert, verbreitet. Dieser Schnupftabak enthielt aber nicht nur Tabak, sondern eine ganze Reihe von meist geheim gehaltenen Zutaten. Darunter können durchaus einige Pilze gewesen sein.

Pilze als schamanische Schnupfpulver im Himalaya (Nepal)

• *gobar chyau,* »Dung-Pilz«
Der getrocknete, pulverisierte Reisepilz *(Panaeolus sphinctrinus* ssp.-Komplex, *Bolbitaceœ)* wird von Kirati-schamanen zum Erzeugen visionärer Trancen, um Erkenntnisse über Zustände und Zusammenhänge in den anderen Welten zu erhalten, geschnupft.

• *rato chyaw,* »Roter Pilz«
Aus dem *rato chyaw* (nep.) oder *ratu shyamu* (sherpa), »Roter Pilz« (Schwefelporling, *Laetiporus sulphureus* [Bull. ex Fr.] Bond. et Sing., syn. *Lactiporus sulphureus* [Fr.] Murr., *Grifoliaceœ)* wird ein feines Pulver hergestellt und aus der Handfläche bei schamanischen *chintas* (nächtlichen Heilritualen) von den Jankhris der Sherpa und Tamang geschnupft, um besser *reisen* oder *fliegen* zu können. Der Pilz dient auch als Nahrungsmittel, kann aber psychoaktiv sein.

• *bua chyaw,* »Knall-Pilz«
Der Stäubling *(Lycoperdon* sp., Lycoperdaceœ) knallt, wenn man auf ihn tritt. Heraus schießen oder sprühen die Sporen (Sporenstaub). Sie werden in Nepal, wie auch in anderen Kulturen, zum Beispiel bei den Sami (Lappen), bei Nasenbluten geschnupft. Gerüchten zufolge soll es psychoaktive *Lycoperdon*-Arten geben.

• *thapana*
Dieses schamanische Schnupfpulver der Kirati besteht aus gelöschtem Kalk (Calciumbicarbonat), *ganja* oder *bhang* (weiblichen Blüten und Blättern von *Cannabis sativa), surti* (Tabakblättern), *dhaturo* (Stechapfel-samen, *Datura stramonium), kalunge chyau* (wörtlich »Schirmpilz«; hier: *Amanita pantherina)* und *tephkak* (wörtlich »Schweinepilz«, *Psilocybe* sp.). Es wird zum *Reisen* in visionäre Welten sowie zum *shiva rattri,* zu »Shivas Geburtstag«, geschnupft.
Nur, oder fast nur die Kirati-Schamanen benutzen Schnupfpulver, die »Nahrung« ihres Schamanengottes Shiva. *Thapana* wird immer dann zubereitet, wenn es benötigt wird. Die getrockneten Pilze werden in gut verschlossenen Bambusrohren aufbewahrt.
Die Schamanin Parvati Rai hat erzählt, sie hätte die *Reise*-Schnupfpulver im Traum gefunden. Es scheint überhaupt so zu sein, dass die Kirati-Schamanen über ihre Traumvisionen mit dem *mundum,* mit ihrem schamanischen sowie fraktalen Zeitenbaum verbunden sind. Sie können sich über Träume und Visionen an den 60 000 Jahre alten Informationsfluss anschließen.
Die pulverisierten Pflanzen und Pilze müssen immer mit gelöschtem Kalk vermischt geschnupft werden.
Es werden meist pulverisierte Hanfblätter und -blüten, Stechapfelsamen, Tabakblätter und Pilze vermischt.
Auf etwa 500 g *Cannabis* kommen 10 Gramm Pilzpulver: 5 Gramm getrocknete *Psilocybe* spp. und 5 Gramm getrockneter Pantherpilz *(Amanita pantherina);* beide Pilze kontrollieren ihre »Giftigkeiten«, das heißt, durch die Mischung soll das Produkt nicht mehr toxisch sein! – Chemische Synergie?

Pilze zum Essen

»DER MENSCH IST, WAS ER ISST« (SPRICHWORT)

Genauso wie Pilze Nahrung aufnehmen müssen, muss sich der Mensch ernähren, um am Leben zu bleiben. Das ist das universale Gesetz, dem alle Lebewesen, jedenfalls die irdischen, unterworfen sind. Auch wenn es ein paar Esoteriker gibt, die behaupten, dass die Menschen nur mit Licht und Luft, das heißt wie chlorophyllhaltige Pflanzen, überleben könnten. Wir müssen essen, um am Leben zu bleiben. Und wir müssen die richtigen Nahrungsmittel dafür finden. Dazu gehören auch Pilze. Allerdings sind viele Pilze gefürchtet, meist wohl wegen ihrer Ungenießbarkeit. Pilzeiweiß ist für die meisten Menschen schwer verdaulich, wenn nicht sogar unverdaulich.

Links: Die Trüffel ist der unterirdische Fruchtkörper von Pilzen der Gattung *Tuber*. Die Trüffel ist eines der teuersten Nahrungsmittel der Welt. Sie gilt als höchste kulinarische Delikatesse. Außerdem werden ihr aphrodisische Kräfte zugesprochen.

Mitte: Eine reiche Ernte von verschiedenen Speisepilzen.

Rechts: Der Steinpilz *(Boletus edulis)* gilt weltweit als einer der köstlichsten und wertvollsten Speisepilze.

Dass man Pilze essen kann, hat sich der Mensch sicher vom Tier abgeguckt. Die Jäger konnten beobachten, dass Hirsche den Waldboden nach den Fruchtkörpern der Hirschbrunst *(Elaphomyces cervinus)* durchsuchten. Vom Wildschwein lernte der Mensch die Trüffel *(Tuber* sp.) kennen, die es mit seiner Schnauze aus dem Erdreich gewühlt hat. Früh wurde beobachtet, dass Rentiere ganz scharf darauf waren, Fliegenpilze *(Amanita muscaria)* zu fressen. Die Rentiere suchten die Fruchtkörper sogar unter der winterlichen Schneedecke. Außerdem konnte man beobachten, wie zahlreiche Schnecken, Larven und Raupen sich an deren Pilzköpfen und den Stängeln gütlich taten. Da Bären auch gerne Pilze fressen, untersuchte man, welche Arten sie suchen und verspeisen.

Im modernen Griechenland sind Pilze sehr selten; im alten, waldbedeckten Hellas hingegen waren sie häufiger. Sie wurden sicherlich auch gegessen. Aus Rom ist bekannt, dass essbare Pilze von der Landbevölkerung auf den Märkten angeboten wurden. Die damals beliebtesten Speisepilze waren der Kaiserschwamm, der Champignon *(Agaricus campestris* L.), der Steinpilz *(Boletus edulis* L.), die Morchel *(Morchula esculenta* PERS.), sowie die Trüffel *(Tuber magnatum* PICO; *Tuber brumale* VITTAD.). Von der Trüffel wurde auch gesagt, dass sie ein Aphrodisiakum sei, eine Annahme, die sich bis heute erhalten hat.

»Nur wer selbst vom Fliegenpilz gekostet hat, kann den Brauch der Korjaken verstehen.« (Wolf 1995: 178)

Junguli chiaw, »Dschungelpilze«; diese Pilze gehören in Nepal zu den kulinarischen Köstlichkeiten. Sie werden gebraten und in Curry gedünstet. (Kathmandu, Nepal)

Der Pfifferling oder Eierschwamm *(Cantharellus cibarius)* gehört in Europa zu den begehrtesten Speisepilzen.

Kulinarische Köstlichkeiten

Pilze sind, wenn man sie erkennt, eine kulinarische Köstlichkeit; wenn man sie nicht erkennt, eine erbärmliche Ernüchterung oder gar eine Vergiftungsgefahr. Deshalb haben viele Menschen Angst davor, Wildpilze zu essen ... Man kann sich ja nie wirklich sicher sein, die richtige, das heißt essbare Art gefunden zu haben, denn es besteht die Gefahr, dass man essbare Arten leicht mit ungenießbaren oder giftigen Arten verwechselt. Deshalb gibt es unendlich viele Pilzführer, die die essbare Art auf der einen Seite und die damit zu verwechselnde gefährliche Art auf der anderen abbilden. Allerdings ist es für die meisten Menschen sehr schwierig, Pilze nach Naturführern richtig zu bestimmen. Und: Eine Falschbestimmung kann tödlich enden. Wer Wildpilze zum Essen sammeln möchte, sollte unbedingt vorher einen Pilzbestimmungskursus absolvieren. Solche werden von Volkshochschulen und Giftzentralen oder Pilzberatungszentren angeboten.

Manche Menschen, die pilzbewandert sind, holen sich ihre Pilz-Köstlichkeiten aus Wald und Flur. Es gibt nämlich Hunderte essbarer Pilze, sogar die Stinkmorchel ist essbar, allerdings nur als Hexenei. Manche Menschen essen Wildpilze nur dann, wenn sie sie auf dem Markt erworben haben. Die meisten aber essen nur Pilze, die für den Verzehr gezüchtet werden, wie Champignons, Austernpilze, Shiitake usw.; oder Pilze aus der Konserve (Champignons, Pfifferlinge). Wer sich gut auskennt, kann zu jeder oder zu fast jeder Jahreszeit ernten und genießen. Ansonsten gibt es eine Pilzsaison: Das ist der Herbst, wenn die Steinpilze, Kaiserlinge und Totentrompeten gedeihen.

Jedes Jahr bricht in manchen Gebieten, beispielsweise in Nordamerika, eine wahre »Morchelmania« aus. Morcheln *(Morchella)* sind sehr auffällige Pilze, wenn sie ihre Fruchtkörper austreiben. Die Speisemorchel sieht so ähnlich wie die Stinkmorchel aus, deshalb trauen sich viele nicht an diesen köstlichen Pilz heran. Doch die Speisemorchel ist nicht nur essbar, sondern wird von vielen Connaisseuren als König der Speisepilze betrachtet.

Meist werden die Morcheln getrocknet. Dann kann man sie entweder zerreiben, um daraus eine leckere Pilzsoße für Wildbret zu bereiten, oder sie werden in Milch eingelegt. Wenn sie aufgequollen und weich sind, kommen sie in die Pfanne. Die Milch, in der sie eingelegt waren, dient dann als Soßengrundlage.

Der teuerste Pilz und der unter Kennern höchstgeschätzte Speisepilz ist die Trüffel. Es gibt die Sommertrüffel *(Tuber aestivum),* die Wintertrüffel *(Tuber brumale),* die Weiße Piemont-Trüffel *(Tuber magnatum)* und die Schwarze Trüffel

Ganz oben: Getrocknete Morcheln *(Morchella esculenta)* sind nach den Trüffeln die am teuersten gehandelten Speisepilze.

Oben: Ein Fliegenpilz aus Marzipan; er ist nicht nur essbar, sondern dient auch zur Weihnachtsdekoration.

(Tuber melanosporum). Die Schwarze Trüffel gehört zu den teuersten Nahrungsmitteln der Welt. Ihre frischen oder getrockneten Fruchtkörper werden zerrieben. Meist wird die Trüffel als einzige Zutat zu Nudeln gereicht. Heute kennen wir den Grund dafür, warum viele Menschen von Trüffeln so begeistert sind: Sie enthalten dasselbe Androstenol, das Pheromon (Sexuallockstoff), das auch der Mensch produziert. Beim Trüffelgenuss kann es tatsächlich zu erotischer und sexueller Erregung kommen. Deshalb wird die Trüffel seit der Antike als Aphrodisiakum und Liebesmittel geschätzt.

Auch der Fliegenpilz gilt als Speisepilz: »Manche [Pilze] sogar sind für das eine Volk ein Genuss und für das andere Gift, wie etwa der Hexenpilz *[Boletus luridus]*, den die Russen mit Vergnügen verzehren, und der Fliegenpilz, an dem sich die Ostsibirier geradezu berauschen, während wir in Mitteleuropa sie beide nicht vertragen.« (Mostar 1956: 260) In Sibirien »ist mehrfach berichtet worden, dass der nach dem Abkochen (bis zu ½ Stunde) scharf gebratene Fliegenpilz *(Amanita muscaria)*, sehr wohlschmeckend und bekömmlich sei. Eine der Befragten berichtete sogar glaubhaft, dass sie Teile von jungen Fliegenpilzen roh isst und diese ihr nicht schaden.« (Amelang 2003: 19)

Heute noch nimmt der Fliegenpilz weltweit unter den wildgesammelten, also nicht kultivierten Speisepilzen die dritte Stelle ein! (Statistik eines mykologischen Kongresses)

Die Japaner essen (fast) alles. Selbst die ungewöhnlichsten und giftigsten Pflanzen und Tiere; beispielsweise werden der Kugel- oder Fugu-Fisch (*Fugu* spp.) so zubereitet, dass sie relativ ungefährlich und genießbar sind. Pilze gehören zu den oft verspeisten Nahrungsmitteln in Japan. Dabei werden nicht nur die gewöhnlichen Speisepilze wie der Shiitake *(Lentinula edodes)* oder die Morchel *(Morchella esculenta)* gegessen, sondern auch verschiedene *Amanita*-Arten, und natürlich auch der Fliegenpilz.

Um den Fliegenpilz als Speisepilz zu genießen, wird er nach dem Sammeln zunächst getrocknet. Die getrockneten Pilze werden für 12–13 Wochen in Salzlake eingelegt. Die eingelegten Stücke werden vor dem Verzehr mehrfach gewässert. (Imazeki 1973) Da die psychoaktiven Wirkstoffe wasserlöslich sind, werden sie durch diese Prozedur aus dem Fruchtkörper entfernt.

In Japan – einem ausgesprochen mykophilen Land – wurden schon früher Fliegenpilze in den ländlichen Gebieten, in denen die Tengus (Fliegenpilzkobolde) hausten, von der Bauernbevölkerung gerne als Speise genossen. Um den wildgesammelten Fliegenpilz als Speise zuzubereiten, die der Ernährung und nicht dem Schamanisieren diente, wurde der frische Fruchtkörper für etwa eine halbe Stunde in eine Salzlake oder für etwa zwei Stunden in Milch gelegt. – Bei diesem Verarbeitungsprozess lösen sich die psychotropen Wirkstoffe und verbleiben in der Lake oder der Milch. Wer nach dem Essen auf Trip gehen wollte, musste nur die Lake oder die Milch trinken.

»Die meisten Pilze sind genissbar, sie sind aber aus Vortheil noch lange nicht so stark im Gebrauch, wie sie bei einiger Wahl und Zubereitung es verdienen. Sie erfordern bei ihrer Cultur keine besondere Bearbeitung des Bodens, kein Säen und Pflügen, sondern sie schiessen von selbst überall, wie Unkraut, aus dem Boden hervor. Manche Waldbewohner leben erfahrungsgemäss einen Theil des Jahres allein von Schwämmen und ersparen dadurch andere kostspielige Nahrung. Ausserdem ist Zubereitung und Aufbewahrung sehr einfach und wohlfeil. Ein Topf, ein Stück Speck oder Butter, etwas Salz und Zwieback ist Alles, was dazu nöthig ist, um eine Mahlzeit zu bereiten. Das wichtigste ist die genaue Unterscheidung der essbaren und schädlichen Schwämme, die aber mit grossen Schwierigkeiten verbunden ist, da es an einem äussern sichern Merkmale der Schädlichkeit eines Schwammes noch fehlt.« (MOST 1843: 559f.)

»Partypilze«: ein Polnisches Rezept für gekochte Eier, die als Fliegenpilze dekoriert werden.

Wenn man unbehandelte Fliegenpilze, beispielsweise in einem Omlette oder als Balsamico-Carpaccio oder kandiert wie Ingwer isst, kann es nach etwa zwanzig Minuten zu Magengrimmen, Bauchschmerzen, Übelkeit und Erbrechen kommen. Dann denkt die betroffene Person: »doch ein Giftpilz« – und steigert sich so in Panik, dass sie tatsächlich Vergiftungssymptome zu bemerken scheint. Aber der Pilz ist nicht giftig. Und die Übelkeit, die bei Wirkungsbeginn eintreten kann, ist Teil des psychotropen Wirkungsprofils, ähnlich wie bei *Ayahuasca,* dem amazonischen Zaubertrank, der völlig untoxisch ist, bei dem sich aber fast jeder Trinker übergeben muss. Das Erbrechen ist ein Zeichen körperlich-geistiger Reinigung.

Wer Angst vor dem echten Fliegenpilz hat, kann entweder Nachbildungen aus Marzipan oder die Partypilze aus einem gekochten Ei, einer halben Tomate und ein paar Klecksen Mayonnaise verspeisen. Nur: Die Wirkung bleibt aus!

Übrigens wurde schon in der Antike der kulinarisch begehrte Kaiserschwamm oder Kaiserling *(Amanita caesarea)* mit dem Fliegenpilz *(Amanita muscaria),* der manchen Menschen Magen-Darm-Probleme oder Übelkeit verursacht, verwechselt: »Ich kenne sogar jemanden, der nach dem reichlichen Genuss nicht gehörig gekochter Kaiserschwämme [βύλιθης], die doch für ganz unschädlich gelten, schwere Zufälle, Ohnmacht und kalten Schweiß bekam, und sich nicht eher erholte, als bis er die Schwämme wieder ausgespieen hatte.« (GALEN, *De alim. facult.* II 69)

Pilze zum Trinken

Pilze ohne Fruchtkörper

Erst, als wissenschaftlich geklärt werden konnte, dass Schimmel und Hefe zu den Pilzen gehören, sprach man von Schimmelpilzen oder Hefepilzen. Schimmel und Hefe zeichnen sich dadurch aus, dass sie keine Fruchtkörper wie die »klassischen« oder »normalen« Pilze ausbilden. Sie bilden Geflechte, die merkwürdig moderndes Holz oder feuchtes Leder überziehen, Nahrungsmittel durchsetzen und in Gärung bringen.

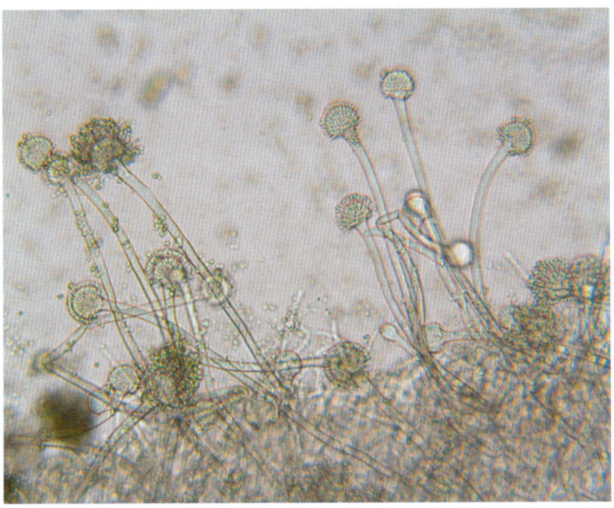

Mikroskopische Aufnahme des Schimmelpilzes *Aspergillus flavus.*

Die Überschrift »Pilze zum Trinken« soll nicht suggerieren, dass aus ihnen biologisch hochwertige Presssäfte gewonnen werden. Die meisten Menschen verwenden die Pilze fürs Trinken, für Getränke. Dies sind Hefen und Schimmelpilze, die gewöhnlich keine Fruchtkörper – also das, was gemeinhin als Pilz erkannt und so benannt wird – ausbilden. Hefe und Schimmelpilze sind auf spezielle Nahrung ausgerichtet. Viele Pilze, vor allem die Hefen, lieben jede Art von Zucker. Schimmelpilze mögen eher Milch- oder Molkereiprodukte oder Würste wie Salami. Der Gastronom und Feinschmecker spricht dann von Edelpilzen, die eine ansonsten recht banale Speise in eine kulinarische Köstlichkeit verwandeln.

Doch Pilze werden auch getrunken: als Tee oder Abkochung (Dekokt). So ist seit einigen Jahren das Trinken von einem Aufguss des Ling-shih *(Ganoderma lucidum)* als Heiltee bei verschiedenen Schwächen, zur Stärkung des körpereigenen Immunsystems sowie zur Behandlung gewisser Geschwüre beliebt.

Als heilsam und Krankheiten vorbeugend gilt der Kombucha oder Teepilz *(Fungus japonicus)*, der wie eine Art Schleimkörper erscheint. Er ernährt sich von Tee, daher der Name. Man trinkt quasi den von ihm verstoffwechselten Tee. (Der Pilz wird danach in frischen Tee gegeben.) Er produziert einen pharmakologisch aktiven Wirkstoff: die Glucoronische Säure.

Berühmt ist ein sibirischer Schamanentrunk: Dazu wird Fliegenpilzsaft mit dem Saft von Trunkelbeeren *(Vaccinium uliginosum)* oder Weidenröschen *(Epilobium angustifolium)* vermischt. Dieser Zaubertrank verleiht zwar keine übermenschlichen Kräfte, wie in der Projektion auf die Berserker oder in modernen Comics anzutreffen ist, gibt aber dem Schamanen und seinen Stammesbrüdern und -schwestern eine gemeinsame Grundlage, um eine gemeinsame *Reise* in die Anderswelt anzutreten.

Heutzutage ist es in vielen Teilen der Welt verbreitet, einen Magic Mushroom Tea aus psychedelischen Pilzen *(Psilocybe, Panaeolus)* aufzukochen. Dazu werden die frischen Pilzkörper mit Gewürzen ausgekocht, bis ein tiefblauer Trunk entsteht. Wer daran nippt, wird schon bald die visionäre Kraft der Zauberpilze fühlen oder erleben. Da die Zauberpilze ungiftig sind, kann es hierbei keine gefährlichen Überdosierungen geben. Allerdings sollte man auf der Hut sein, zuviel vom Pilzhut zu trinken, denn er kann ungeheuerliche Kräfte entfalten.

Der »Zwergenwein«

Eine besondere Form, Pilze zu trinken, ist vor einigen Jahren entdeckt worden. Wenn die Fruchtkörper von Fliegenpilzen *(Amanita muscaria)* ganz ungestört auswachsen, bilden ihre Hüte Kelche. Darin sammelt sich das Regenwasser. Dieses löst die psychotropen Wirkstoffe aus dem Pilzkörper und wird zu einem leicht gelblichen Trunk, der als »Zwergenwein« bekannt ist. Wenn man ihn trinkt, kann es passieren, dass man in der Zwergenwelt landet, allerdings nur für ein paar Stunden. Manche Pilzforscher, zum Beispiel Wolfgang Bauer, erkennen in diesem anderweltlichen Getränk den Heiligen Gral ...

Oben: Fliegenpilze *(Amanita muscaria)*. Foto: W. Bauer

Gegenüber: Die Hefe (Qu) war den alten Chinesen wohlbekannt, sowohl als Gärmittel als auch als Heilmittel. Der chinesische Kräuterkundige Li Shizen schrieb dazu: »Früher benutzten die Leute immer die Hefe, die für die Fermentierung verwendet wird. In der Folge entdeckten die Ärzte die medizinische Hefe (Shen qu), die für therapeutische Zwecke die wirksamste ist. Um sie herzustellen, wählt man den Tag aus, an dem sich alle Götter treffen, deshalb ›Shen qu‹ oder ›Götterhefe‹.« (Tafel aus dem Kräuterbuch *Ben Cao*, frühes 16. Jahrhundert)

Von der Gärung der Erde zum geistigen Getränk

Nikander (2. Jh. n. Chr.), der aus Kolophon stammende Grieche, der als der bedeutendste Vertreter der hellenistischen Poesie galt, bezeichnete Pilze als »böse Gärung der Erde« *(Alexipharmaka* 521). Pilze wurden »als Gärung der Erde betrachtet: ein vollkommenes Symbol für die Wiedergeburt aus dem kalten Reich der Fäulnis, der modrigschimmligen Unterwelt«. (WASSON et al. 1984: 55f.)

Viele Schimmelpilze bewirken eine Fermentation oder Gärung des Nahrungswirtes. Besonders die Hefen sind als Fermente geeignet. So verdankt der Mensch der Hefe die Entdeckung des Alkohols. Hefe ernährt sich von Stärken und Zuckern. Ihr Stoffwechselprodukt ist der Alkohol (Äthanol). Hefe zersetzt Getreide und Malz zu Alkohol. Sie macht eine Maische zu Bier oder Wein, zu den wichtigsten alkoholischen Getränken der Menschheit. Die Maischen für die Destillation von Schnaps werden ebenfalls durch Hefe vergoren.

Seit der Mensch die verschiedenen Zucker kennt, stellt er daraus durch Fermentation mit Hefepilzen *(Saccharomyces* spp.) Alkohol her. Das entstandene Produkt kann entweder als Wein oder Bier getrunken oder aber destilliert werden.Da Alkohol schneller als Wasser verdampft, kann man den Alkohol durch vorsichtiges Erwärmen abdestillieren. Da der Alkohol stark hygroskopisch, das heißt wasseranziehend ist, wird ein Teil des Wassers beim Destillieren mit in das Destillat gebracht. Das Destillat enthält circa 38% Alkohol sowie die mitdestillierten ätherischen Öle und Wasser.

麴

Der Mensch ist empfindlich, verletzlich, zerbrechlich und empfänglich für allerlei Krankheitserreger. Dass der Mensch krank sein und leiden kann, ist seit seiner Entstehung das Übelste, was sich die Natur ausdenken konnte. Denn – warum leben wir, wenn wir auch leiden müssen? – Die Antwort auf diese Frage muss sich jeder Mensch selbst beantworten, denn wie schon Hermann Hesse trefflich formulierte: »Die Antwort bist Du selbst!« Diese etwas arrogant klingende Aussage ist aber nicht von oben herab gemeint, sondern soll von unten her aufbauen. Je mehr wir uns Fragen stellen, desto größer wird die Erkenntnis – möglicherweise – ausfallen. Praktisch jeder macht mindestens einmal im Leben die Erfahrung, krank zu sein; fast jeder erlebt es, wieder gesund zu werden. Für manche ist es nur eine Frage der Zeit, denn die Natur heilt fast alles, jedenfalls wenn man sie lässt. Aber es gibt auch unzählige Methoden, einen Heilungsprozess bei einer Krankheit oder einem Leiden mit bestimmten Mitteln, vor allem mit Pharmaka, auszulösen und zu beschleunigen, um zum Ziel einer wiederhergestellten Gesundheit zu kommen.

»Die hervorragende Wirkung vieler Pilze und ihr erfolgreicher Einsatz in der Heilkunde muss auch in Deutschland einen hohen Bekanntheitsgrad erreichen. Dadurch möchte ich der Heilpilzforschung hierzulande einige Impulse geben und neue Freunde der Mykologie gewinnen.« (Lelley 1997: 7)

In allen Kulturen sind Heilmittel oder Pharmaka, Arzneien, Medikamente usw. entdeckt und oft über lange Zeiträume hinweg erfolgreich eingesetzt worden. Der Wissensschatz der Menschheit ist so alt wie sie selbst. Und das Beste daran ist, dass dieser Schatz an Wissen mit jeder Anwendung, mit jeder Generation, mit jeder Ethnie wächst. Manche Leute im Westen glauben, dass das Wissen der »Urvölker« verloren geht. Aber eigentlich ist das Gegenteil der Fall. Noch niemals in der Geschichte der Menschheit hatten wir einen so guten Zugang zu Heilmitteln, deren Brauchbarkeit und deren sinnvollem Einsatz wie heute. Noch niemals war das Wissen über Heilpflanzen so groß und umfangreich wie heute. Wir haben Heilmittel aus den verschiedenen Ethnien kennengelernt, wir verfügen über einen reichen Erfahrungsschatz der Volksmedizin, wir haben Bibliotheken angefüllt mit medizinischen Kräuterbüchern aus Asien, vor allem aus dem alten China. Wir beginnen gerade zu begreifen, dass wir alle von den Erfahrungen unserer Ahnen etwas lernen können.

Die Menge an Pharmaka, die uns zugänglich wird, steigt rapide an. Das einzige Manko ist die westlich-akademische Wissenschaft, die letztlich nur aus den Erfahrungen der Alten gelernt hat; sie will uns glauben machen, dass »Urvölker« zwar effektive Pflanzen kennen, aber nicht richtig einsetzen können. In der pharmakologischen Forschung, bei der mit Ratten und anderen Tieren Experimente gemacht werden, hält man nichts von den Erfahrungen der »Ureinwohner«; man glaubt den Ratten. Das heißt, die Pharmakologie ist eine Disziplin, die eher Ratten als Menschen vertraut. – Schade! Denn jahrtausendealte Erfahrungen, von Generation zu Generation weitergegeben, gelten als Aberglaube. Dabei ist genau dies der wirkliche Schatz an Wissen über Pharmaka. Glücklicherweise gibt es zunehmend Mediziner, Pharmakologen und Chemiker, die auf die Stimmen der »Urväter« oder »Urmütter« hören. Jene haben in der ganzen Welt etwas über die medizinische Wirkung von Pilzen, von »Heilschwämmen« usw. in ihrer Ethnomedizin bewahrt. Wir, die arroganten Westler und Akademiker, können von einem Kräuterweiblein oder einem Schamanen viel mehr über den richtigen und sinnvollen Gebrauch traditioneller Heilmittel lernen als von der Schulmedizin. Die Weiblein und Schamanen sind die wirklichen Doktoren und Professoren und Nobelpreisträger; aber wen interessiert das ...

Jeden interessiert allerdings, wie er bei Krankheit und Leiden wieder gesund werden kann. Aber was ist eigentlich Gesundheit? Was versteht man genau unter diesem alltäglich gebrauchten Begriff? Ist Gesundheit die Funktion der biologischen Maschine Mensch? Oder ist Gesundheit ein Zustand, frei von Schmerzen, Ängsten, Leiden, Schwächen und geistigen Phänomenen wie Wahnsinn, Depression und Psychose?

In vielen Kulturen wird Gesundheit mit Glück gleichgesetzt oder assoziiert. Glück äußert sich in Freude, Humor, Seligkeit, Angstfreiheit, Genuss am Dasein, Freude am Sein. Lachen ist ein eindeutiges Gesundheitssymptom; genauso die geistige und körperliche Liebe, die herzliche Großzügigkeit, der Taumel der Lust, die ästhetische Beglückung durch Musik und Kunstwerke, das körperliche Wohlbefinden, die physische Unversehrtheit, Trance und Ekstase.

Es gibt kaum ein Medikament, das genau diese Gesundheitssymptome hervorruft oder ins Bewusstsein bringt. Aber es gibt ein paar hundert Pilze, die dieses Zauberwerk bewerkstelligen können. Jedenfalls bei Pilzfreunden; die Mykophoben haben es da schon schwerer ...

Dass Pilze als Heilmittel zu gebrauchen sind, weiß der Mensch seit der Steinzeit, eigentlich seit seinem Entstehen. Manche mykophilen Autoren und Wissenschaftler glauben sogar, dass sich Menschen erst durch Zauberpilze vom instinktgesteuerten Affen zum freien menschlichen Wesen entwickelt haben. Nun, diese Hypothese ist zu Recht umstritten; sie ist nicht belegbar, aber auch nicht widerlegbar. Wie dem auch sei. Pilze werden in allen ersten schriftlichen Quellen der Menschheit als Heilmittel aufgeführt. Das sollte Grund zur Annahme sein, dass Pilze in der Entwicklung der Kulturen Spuren hinterlassen haben. In der Tat gibt es praktisch keine Kultur, ganz gleich ob ausgestorben oder rezent vorhanden, die keine Pilze zum Heilen, das heißt zum Gesundwerden, kennt.

Die Heilschwämme der Antike

Die ersten Pharmakopöen, Auflistungen und Beschreibungen von Pharmaka, von Heilmitteln, entstanden in der Antike. Einige dieser handgeschriebenen Texte, ob in Hieroglyphen, Keilschriften, phonetischen Alphabeten, sind erhalten geblieben und uns heute in Übersetzungen zugänglich. So gibt es mesopotamische Keil-

»Es gibt zweierlei Arten von Pilzen *[mychiton]*, die essbaren und die tödlich giftigen. Die Ursachen für die Giftigkeit der Pilze sind mannigfach. So zum Beispiel, wenn sie unter rostigem Eisen oder unter angefaultem Tuch wachsen oder wenn sie in der Nähe einer Schlangenhöhle oder unter Bäumen mit tödlich giftigen Früchten vorkommen. Derartige Pilze weisen eine weichlich klebrige Oberfläche auf und verfaulen und zerfallen sofort nach dem Ablösen vom Erdboden. Diejenigen essbaren unter den Pilzen schmecken weder angenehm noch süß und zu reichlicher Genuss kann, wenn der Körper sie nicht verdaut, schaden und zu Erstickungsanfällen führen und die Krankheit hervorrufen, die man die Tobsucht nennt. Dagegen hilft ein Salpetergetränk [Natron] oder eine Essig-Salz-Lösung, ebenso ein Aufguss von Bohnenkraut *[Satureja* sp.] oder Dost *[Origanum vulgare]*. In gleicher Weise bekämpft man das Gift, wenn man den Mist des Hahnes in Essig auflöst und mit viel Honig vermischt trinkt.« (Dioskurides IV, 83)

»Die Schwämme haben eine zähere Beschaffenheit; es gibt zahlreiche Arten, sie entstehen aber nur aus dem zähen Saft der Bäume ... Glaukias glaubt, die Pilze seien für den Magen nützlich. Die Sauschwämme werden, mit einer Binse durchbohrt, hängend so getrocknet, wie sie aus Bithynien kommen. Sie heilen Bauchflüsse, Rheumatismus genannt, und fleischige Auswüchse am Gesäß; sie verkleinern diese nämlich und beseitigen sie mit der Zeit, ebenso Sommersprossen und Flecken im Gesicht der Frauen. Auch behandelt man sie in Wasser wie das Blei zu Heilmitteln für die Augen. Auf schmutzige Geschwüre, Ausschläge am Kopf und Hundebisse streicht man sie mit Wasser auf.« (Plinius XXII, 96/98)

schrifttafeln, medizinische Papyri aus dem alten Ägypten (zum Beispiel *Papyrus Ebers)*, griechische und römische Quellen. Die ägyptischen Schriften sind nur sehr schwer zu deuten, weil bei fast allen genannten Ingredienzen nicht bekannt ist, um welche Pflanze es sich handelt. Mit Theophrast (370–287 v. Chr.), dem »Vater der Botanik«, beginnt die griechische Lektüre zum Aussehen der Pflanzen, ihren verschiedenen Volksnamen, ihrem Vorkommen, ihren Eigenschaften und ihrem möglichen pharmazeutischen Gebrauch. Das Wort Pharmakon ist Griechisch und bedeutet soviel wie »wirksames Mittel«, es wird aber meist mit »Medizin«, »Heilmittel«, oder »Gift« übersetzt. Das sind leider tendenziöse Übersetzungen, denn nur die Dosis macht aus einem *Pharmakon* ein Heilmittel oder Gift. (Paracelsus war nicht der erste Arzt, der dies begriffen hat.)

Das wichtigste und einflussreichste antike Werk zur »Materia medica« bilden die fünf Bücher zur Arzneimittellehre *perí hýles iatrikés* des Pedanios Dioskurides (1. Jh. n. Chr.) aus Kilikien. Dioskurides war Militärarzt und lange Zeit in Rom tätig. Sein Werk, in dem etwa 600 Pflanzen und über 1000 daraus bereitete Heilmittel erläutert werden, bildete praktisch die Grundlage für jede weitere Beschäftigung mit Heilpflanzen und Arzneimitteln bis in die frühe Neuzeit hinein. Noch im 17. Jahrhundert erschienen in Deutschland davon Übersetzungen, die als Standardwerke der damaligen Pharmazie und Pharmakologie angesehen wurden.

Die bedeutendste römische Quelle zur Pharmakologie der Alten findet sich in zwei Büchern der 37 Bände umfassenden *Naturgeschichte (Naturalis Historiae)* des Plinius (auch Plinius der Ältere genannt; 23–79 n. Chr.). Seine Ausführungen bildeten die Grundlage der Naturwissenschaft bis in das 19. Jahrhundert hinein.

In beiden Werken finden sich vereinzelt Angaben zu »Heilschwämmen«, also medizinischen Pilzen.

»Die harmonisierenden Heilmittel behandeln den Patienten, nicht die Krankheit, und weisen damit den Weg von der Tradition zur Zukunft.«
(Stephen Fulder, *Tao der Medizin*, 1985: 239)

Volksmedizin

In jeder Kultur gibt es neben der spezialisierten Medizin, zum Beispiel dem Schamanismus, dem Ayurveda oder der modernen Schulmedizin, die Volksmedizin. Volksmedizin ist der Begriff für das Wissen und die Anwendung von einfachen Heilmitteln aus der Natur. Die Erfahrungen der Volksmedizin unterscheiden sich oft sehr von der »gelehrten« Medizin. Sie wird deshalb von studierten Medizinern oft als Aberglaube und irrationale Spinnerei verachtet. Aber die Erfahrungen eines Volkes, die von Generation zu Generation weitergegeben werden, sollte man ernst nehmen.

»Der Lärchenschwamm war über Jahrhunderte, ja Jahrtausende hinweg der berühmteste Pilz in der Heilkunde.«
(Zehfuss 2005: 69)

In der Volksmedizin werden vor allem Pflanzen benutzt, aber auch Pilze. Allerdings nur wenige Arten. Der Sporenstaub von Stäublingen oder Bovisten wird volksmedizinisch bei Nasenbluten geschnupft. Das Mutterkorn *(Claviceps purpurea)* bei Wochenbettblutungen. Das Mutterkorn war angeblich eines der wichtigsten Pharmaka der mitttelalterlichen und frühneuzeitlichen Hebammen, die oft als »Hexen« angeklagt wurden. Leider sind keine genauen Zubereitungen und Anwendungen des Mutterkorns überliefert.

Doktor Johann Friedrich Osiander hat in seinem Buch *Volksarzneymittel und einfache, nichtpharmazeutische Heilmittel gegen Krankheiten des Menschen* von 1826 dazu bemerkt: »Zu den alten deutschen Volksmitteln, die noch jetzt bei schweren Geburten angewendet werden, gehört das *Mutterkorn,* zu 5 bis 9 Stück gepulvert und mit Wein eingenommen. Nordamerikanische Ärzte haben die Sache als etwas Neues übermäßig gerühmt.« (Osiander 1826: 229)

Erstaunlich oft wird der Fliegenpilz *(Amanita muscaria)* als volksmedizinisches Heilmittel erwähnt: »[Um] Gallert aus Fliegenschwamm *(Agaricus muscarius)*

Gegenüber: Ein Kräuterkundiger sammelt das »Moos des Maulbeerbaums« *(Morus alba)*. Dieses »Moos« ist eigentlich ein Baumpilz *(Xanthochrous rheades)*; er wird vom Baumstamm mit einem Messer abgeschabt, an der Luft oder am Herd getrocknet und zu einem Pulver zerrieben. Dieses Heilmittel »regt die Tätigkeit der Milz, des Magens und des Darms an, bringt Nasenbluten zum Stillstand, heilt die Krankheiten der weiblichen Geschlechtsteile« heißt es im Kommentar des chinesischen Medizinbuchs *Ben Cao, Private Aufzeichnungen berühmter Ärzte*. (Tafel aus dem Kräuterbuch *Ben Cao*, frühes 16. Jahrhundert)

bei rheumathischen Schmerzen einzureiben, macht man tiefe Einschnitte in den Schwamm und lässt ihn an der Sonne zerfließen.« (Osiander 1826: 86)

In der Medizin des 17. Jahrhunderts gehören der Lärchenschwamm und der Fliegenpilz zu den Zutaten der in Apotheken gemischten *Hydragoga*, der »wasserableitenden« Mittel. Diese Reinigungsmittel enthielten außer den Pilzen noch Jalapawurzel, Aloe, Schwarze Nieswurz, Holunder und Iriswurzel. Damit sollte der Körper gereinigt und von überschüssigem Wasser befreit werden.

Nützlich war auch »der wohlriechende Löcherpilz *(Boletus suaveolens)* ... Man findet ihn an den Stämmen der gemeinen Weide; er riecht anisartig und wird bei Brustkrankheiten empfohlen.« (Most 1843: 560)

In der Volksmedizin wird oder wurde gerne ein Lebenselixier namens *Species ad longam vitam*, auch als »Schwedenkräutertrank« bekannt, als universales Heilmittel und als Tonikum gebraucht. Dieses Elixier enthält Aloe als Hauptbestandteil und neben kleinen Anteilen von Theriak (opiumhaltige Latwerge), Rhabarberwurzel, Enzianwurzel, Zitwerwurzel, Galgant, Safran und Myrrhe als zweite Hauptingredienz den Lärchenschwamm. Der Schwedenkräutertrank war ein Elixier für ein langes Leben.

TCM und Ayurveda: harmonisierende Pilze

Das chinesische Yin-Yang-Zeichen oder Dai-zhi. Darin drückt sich die Polarität der Einheit aus. Die beiden Pole sind unzertrennlich miteinander verbunden und durchdrungen. Das Zeichen ist das Gegenteil eines Dualismus, bei dem die Pole in voneinander getrennte Seiten aufgespalten werden. Das Dai-zhi stammt aus der alten Philosophie, die als Taoismus oder Daoismus bekannt ist.

TCM ist die allgemeine Abkürzung für »Traditionelle Chinesische Medizin«. Die TCM gehört zu den ältesten schriftlich fixierten medizinischen Traditionen, die nah verwandt sind mit dem Ayurveda, der altindischen Heilkunst und der traditionellen Medizin der Tibeter. Auch die koreanische und japanische traditionelle Medizin ging aus der TCM hervor.

Die TCM hat ihre Wurzeln im altchinesischen Schamanismus, der taoistischen Philosophie, der frühen Alchemie, sowie der Volksmedizin. Die Grundlage dieser Medizin ist die Harmonisierung der zwei unzertrennlichen Pole einer Einheit. Diese polare Einheit wird mit dem Zeichen des Dai-zhi, dem Symbol von Yin und Yang, dargestellt. Yin ist die weibliche Energie des Kosmos und Yang die männliche. Diese beiden Energien, die Urkräfte des Universums, sind unzertrennlich miteinander verbunden. Sie sind auch im Körper eines jeden Menschen. Sind diese beiden Energien in einem harmonischen Verhältnis, ist der Mensch gesund. Wird diese Harmonie gestört – durch Krankheiten, Leiden oder psychische Probleme –, muss der Arzt das richtige Verhältnis wieder herstellen. Deshalb sind alle Heilmittel der TCM in Yin-Mittel und Yang-Mittel unterteilt.

Die TCM ist wahrscheinlich das älteste historische Medizinsystem der Welt; sie wird auf einen mythischen Kaiser, Shen-nung (»Göttlicher Landmann«), zurückgeführt. Er soll in der Urzeit das erste Buch über Heilmittel verfasst haben, auf das alle späteren chinesischen Pharmakopöen zurückgehen.

主

散血補血

木之木

桑花 無毒

麗生

桑花

Altchinesische Darstellung des Fu-Ling-Sklerotiums *(Poria cocos)* in dem Heilmittelbuch *Ch'ung-hsiu cheng-ho pen-ts'ao* (aus dem Mittelalter).

Die wichtigsten Heilpilze der TCM

Cordyceps sinensis	Dong Chong Xia Cao: tonisierend und aphrodisierend; wirkt auf Lunge und Nieren; beruhigend
Ganoderma lucidum	Ling Zhi: tonisierend, Yin-stärkend
Lasiophaena fenslii oder *Lasiophaena nipponica*	Ma Bo (Bovist): neutralisierend; stärkt die Lunge
Lentinula edodes	Mu Er (Shiitake): lebendsverlängernd, ernährend
Polyporus mylittae	Lei Wan: wirkt auf Magen und Gedärm; tötet Würmer
Poria cocos	Fu Ling: abführend; harmonisierend; Regulierung des Wasserhaushalts; wirkt auf Herz und Lunge
Tremella fuciformis	Ba Mu Er (weißes Waldohr): ernährt das Yin des Magens, der Lunge und Nieren; befeuchtet die Lunge

Pilze in der daoistischen Alchemie

Die daoistischen Alchemisten des alten Chinas zählten den Ling Zhi-Pilz *(Ganoderma lucidum)* zu einer Gruppe von »fünf wunderbaren Pilzen der Unsterblichkeit«. Aus diesen fünf Pilzen, zu denen wahrscheinlich der Fliegenpilz und andere psychedelische Zauberpilze (so der »neunstielige purpurrote Pilz«) gehörten, wurde zusammen mit Zinnober und Jade ein aphrodisisches Unsterblichkeitselixier geschaffen. Leider sind keine genauen Rezepte davon überliefert.

Die fünf wunderbaren Pilze stehen mit den Fünf Elementen (Holz, Feuer, Erde, Metall und Wasser) sowie den fünf Organen (Herz, Leber, Milz, Lunge und Nieren) in direktem Zusammenhang. Das ganze Sein wird als Wechselspiel der fünf Elemente betrachtet. Ebenso die Ernährung des Menschen.

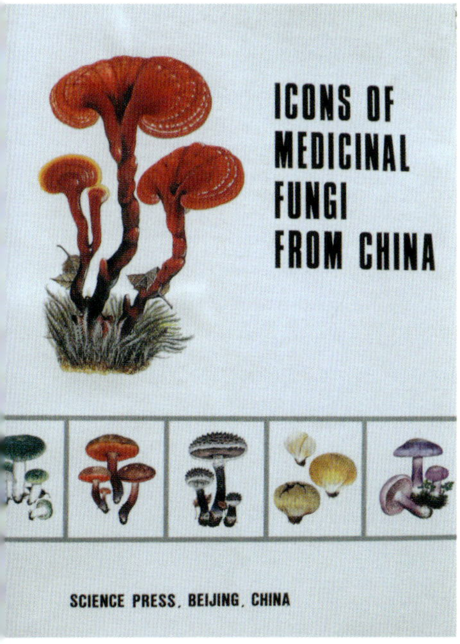

Dieses chinesische Buch über Heilpilze von 1987 beschreibt 272 Arten, zu denen auch chemische und pharmakologische Daten und Informationen geliefert werden.

Der Arzneimittelschatz der TCM ist immens groß und weitumfassend. Es werden Rohdrogen aus Pflanzen, Tieren, Mineralien, Metallen und Pilzen gewonnen. Die chinesischen Apotheken führen oft Hunderte von Drogen: getrocknete Pflanzen, Wurzeln, Früchte und Samen, ganze getrocknete Tiere, wie Schlangen, Geckos, Tigerknochen, Drachenknochen (fossile Knochen von prähistorischen Tieren), Hörner und Geweihe sowie getrocknete Fruchtkörper von diversen Pilzen. Dem Angebot sieht man an, dass es auf sehr alten und langen Traditionen aufbaut. In solchen Apotheken werden von den Apothekern die zusammengesetzten Heilmittel noch selbst gemischt – denn meist werden von den TCM-Ärzten aus verschiedenen Rohdrogen komponierte Arzneien verschrieben. Diese Kombinationspräparate sind für die Patienten individuell zusammengestellt, sodass die Ingredienzen die Körperpartien beeinflussen, die krank oder unharmonisch sind.

Viele Heilmittel der TCM sind nicht zum Bekämpfen von Symptomen angezeigt, sondern dienen der Gesunderhaltung und Stärkung des Menschen. Viele Rohdrogen gelten als tonisierend und damit die Gesundheit pflegend sowie Krankheiten vorbeugend, sogar aphrodisierend. Zu diesen Rohdrogen gehören viele getrocknete Pilze, das heißt ihre Fruktifikationen oder Sklerotien; zu nennen sind hier vor allem die chinesische Kernkeule *(Cordyceps sinensis)*, der Erdpilz *(Poria cocos)* und der Glänzende Lackporling *(Ganoderma lucidum)*. China gilt manchen als die »Wiege der Mykotherapie« (Lelley 1997: 23ff.), der Krankenbehandlung mit Pilzen.

Die TCM benutzt nicht nur bekannte und altbewährte Pilze, sondern erforscht auch neue. Ständig wird ihr Arzneimittelschatz durch neuuntersuchte Pilze bereichert. Über 270 Pilzarten sind der heutigen TCM bekannt. Sie werden nach alten Mustern untersucht, auf ihre Wirkung geprüft und dann als Arznei angewendet. Heutzutage gehören zu den Untersuchungsmethoden auch chemische Analysen sowie pharmakologische Beobachtungen. Die TCM ist eine Schulmedizin, genauso wie ihre verwandten Medizinsysteme, die tibetische, koreanische und indische Heilkunde (Ayurveda). Besonders das Ayurveda ist eine Schulmedizin. Die ayurvedischen Anschauungen vom Menschen und seinen Arzneien sind der TCM sehr ähnlich; vor allen der Gebrauch von Pilz-Rohdrogen.

Der Pilz der Unsterblichkeit

Als »König der Heilpilze« gilt der Glänzende Lackporling *(Ganoderma lucidum)*, im Chinesischen »Ling Zhi« genannt. Er ist der wichtigste Heilpilz in der TCM, in der davon geprägten traditionellen japanischen Medizin sowie in der schamanisch geprägten, und von der TCM stark beeinflussten koreanischen Medizin. Dieser Pilz ist ein Yin-Mittel, er trägt weibliche Energie in sich. Er wird oft als Medizin in Verbindung mit Ginseng *(Panax ginseng)*, einem Yang-Mittel, verabreicht.

So wie das Mengenverhältnis von Ling Zhi und Ginsengwurzel verteilt ist, werden die Energien im Körper des Kranken gestärkt und in ein Gleichgewicht versetzt.

Der chinesische Name Ling Zhi bedeutet »Göttlicher Pilz der Unsterblichkeit«. Er galt im alten China als Symbol des ewigen Lebens, der vollkommenen Weisheit und des glücklichen Schicksals. Viele Sagen und Legenden rankten sich um dieses seltene Gewächs. Es hieß, wer davon esse, werde unsterblich werden, in ewiger Jugend erblühen und für immer den Freuden des Schlafzimmers frönen. Die taoistischen Alchemisten verbrachten oft ihr ganzes Leben damit, nach dem Götterpilz zu suchen. Hatten sie ihn gefunden, bereiteten sie aus ihm unter Zusatz von Ginsengwurzeln und anderen geheimen Zutaten ein Unsterblichkeitselixier. Deshalb wurde er auch »Kraut der legendären Zauberer«, »Zehntausendjähriger Pilz« oder »Kraut der Götter« genannt. Da er sehr schwer zu finden war, hieß er auch »Phantom-Pilz«.

Die alten Berichte über die Wirkungen des Pilzes klingen fantastisch: »Die Insel Tsu liegt nahe beim Östlichen Meer. Dort wächst die niemals sterbende Pflanze, geformt wie ein Tang mit Blättern bis zu vier Fuß lang. Ein Mann, der schon drei Tage tot ist, erwacht sofort zu neuem Leben, wenn er damit berührt wird. Wenn man davon isst, verlängert sich das Leben ... Wenn Tote am Wegesrande herumlagen, kamen Vögel, die wie Raben oder Krähen aussahen, mit der Wunderpflanze im Schnabel herbeigeflogen und legten sie auf das Gesicht der Leichen. Die richteten sich sofort auf und wurden wieder lebendig.« *(Shih chou chi)*

Der Ling Zhi ist ein verholzter Pilz, der nach dem Pfücken niemals seine Gestalt ändert und nicht wie andere Pilze verdirbt. Er kommt nicht nur in China vor, er tritt weltweit auf. In äußerst seltenen Fällen nimmt er die Gestalt eines Hirschgeweihs an. Er wird von denen, die ihn gefunden haben, als höchster Schatz gehütet und gilt als Amulett für Gesundheit und Reichtum und als hervorragendes Aphrodisiakum. In einem japanischen Text heißt es: »Wenn du ihn regelmäßig isst, wird er deinen Körper erfrischen und das Altern aufhalten. Er wird dein Leben verlängern und du wirst einer der legendären Zauberer werden.«

Da der Pilz in der Natur äußerst selten ist, haben chinesische und japanische Züchter jahrhundertelang nach einer Zuchtmethode geforscht – und schließlich eine gefunden. Heute wird der Pilz in China und Japan, ja sogar in Nordamerika in großen Kulturen gezogen. Die getrockneten Pilze sowie die daraus bereiteten Arzneien und Elixiere werden in alle Welt verkauft. Oft wird der pulverisierte Pilz mit Ginseng, Eleutherococcus, Drachenknochen (Fossilien), Angelikawurzel, Krötenextrakten, Gelee Royal usw. kombiniert. Diese Produkte sollen Körper und Geist gesund und lebendig halten, Krankheiten vorbeugen und die sexuellen Kräfte stärken. Bei chemischen Untersuchungen konnten organische Säuren und ein Sterol-Alkaloid identifiziert werden. Diese Wirkstoffe haben bei regelmäßiger Einnahme immunsystemstärkende Wirkung. (Am besten dreimal täglich einen gehäuften Esslöffel des geschroteten Fruchtkörpers.)

Gegenüber oben: Der Fruchtkörper des weltweit vorkommenden Glänzenden Lackporlings (*Ganoderma lucidum)* ist so stark verholzt, dass er gepflückt seine Form beibehält. Er ist unvergänglich und gilt deshalb als Ling Zhi, als »Pilz der Unsterblichkeit«.

Gegenüber Mitte: Der Glänzende Lackporling *(Ganoderma lucidum)* heißt auf Japanisch »Reishi«. Unter diesem Namen wird er heutzutage weltweit als Heilmittel verkauft.

Gegenüber unten: Die koreanische Heildroge Ling Zhi, für den nationalen und internationalen Verkauf verpackt.

Rechts: Auf diesem schamanischen Heiligtum in Songlisan (dem Berg des Himmelskönigs), Südkorea, ist die Schamanengöttin Samshin (»Gebärerin der Materie«) dargestellt. Sie reitet auf einem Tiger und hält den Ling Zhi in der Hand. Nach der koreanischen Mythologie hat sie ihn im Himmel, der Oberwelt, gepflückt und auf der fliegenden Großkatze auf die Erde gebracht. Sie hat den ersten Schamanen (Mu-ah) den Nutzen und Gebrauch dieses Wunderpilzes beigebracht. Bis heute ist dieser Pilz den koreanischen Schamanen und Schamaninnen heilig. Er wird auch medizinisch als Tonikum und als Mittel zur Stärkung des Yin verwendet. Der Pilz soll das Blut reinigen, damit reichlich sexuelle Energie entsteht.

Der Pilzextrakt wirkt herzstärkend, leberschützend, sexuell stimulierend, tonisierend, nervenschonend und heilsam bei chronischen Krankheiten. In Japan wurde bewiesen, dass bei regelmäßiger Einnahme des Pilzes Krebserkrankungen verhindert oder sogar geheilt werden können. Also doch ein »Pilz der Unsterblichkeit«?

Medikamente und Pharmazeutika

Eine der gewinnträchtigsten Sparten der Weltökonomie ist die Herausgabe patentierter Pharmazeutika als Arzneien. Die Erforschung der Struktur-Wirkungs-Beziehung ist in der pharmazeutischen Industrie sehr wichtig. Denn nur ein patentiertes Medikament kann mit Höchstgewinnen, auch durch enorm überteuerte Preise, das dicke Geld bringen. Deswegen durchforsten von der Pharmaindustrie beauftragte Pflanzenjäger die Regenwälder Amazoniens, die Steppen Sibiriens, die pazifischen Inseln, afrikanische Savannen usw. Sie wollen dort die Einheimischen, vor allem die Schamanen oder Curanderos oder diejenigen, die ethnobotanisch sehr bewandert sind, über ihr Heilpflanzenwissen aushorchen. Dann lassen sie sich die Pflanzen besorgen, natürlich in ausreichender Menge, um genug Labormaterial zu bekommen. Sie untersuchen dann die Wirkstoffe der so ergatterten Pflanzen. Wenn sie einen Wirkstoff oder mehrere isoliert haben, werden die einzelnen Substanzen getestet – gewöhnlich an Laborratten, denn die Pharmakologie schließt immer noch von der Ratte auf den Menschen. Sie behauptet, wir seien den Ratten ähnlich genug. Ist ein im Laborversuch brauchbarer, chemisch eindeutig definierter Stoff gefunden, wird er den Ratten gespritzt. Wird dann bei derartig unethischen Experimenten eine sogenannte spezifische Wirkung wiederholt beobachtet, wird eine Dosis für den Test an Menschen bestimmt (meist eine Menge, die sich am Körpergewicht orientiert); dazu werden freiwillige Probanten gesucht, denen dann der Stoff gespritzt wird. Dabei kommt häufiger als man denken könnte heraus, dass die an der Ratte beobachtete Wirkung beim Menschen ausbleibt oder dass ganz andere Wirkungen als erwartet auftreten. Ergibt das neue Mittel eine dreißigprozentige Wirkung gleicher Art, darf der Stoff als spezifisch wirksames Mittel ärztlich angewendet werden.

Friedrich Wilhelm Adam Sertürner (1783–1841), deutscher Chemiker, Apotheker und Entdecker des Morphins.
Büste vor dem Schlosspark in Schloss Neuhaus (heute ein Stadtteil von Paderborn).

Wird ein Wirkstoff aus einer Pflanze oder einem Pilz isoliert und funktioniert im Labor und in den Menschenversuchen, kann die Substanz patentiert werden. Dann fließt das große Geld – zu den Konzernen, nicht zu den Einheimischen, die das Wissen um diese Pflanze oder Pilz kennen. Diese Praktik wird heute als »Biopiraterie« bezeichnet und ist nichts anderes als kultureller Raub.

Als zu Beginn des 19. Jahrhunderts die chemische Erforschung des sogenannten »wirksamen Prinzips« einer Pflanze begann, war es der deutsche Apotheker und Chemiker Friedrich Wilhelm Sertürner (1783–1841), der als Erster aus einer

Pflanze *(Papaver somniferum,* Schlafmohn), genau genommen aus ihrem Latex, hier dem Rohopium, reines Morphin (= Morphium) isolierte; damit war der Beweis erbracht, dass Pflanzen aus verschiedenen Chemikalien aufgebaut sind.

Das Opium, aus dem Sertürner das Morphin isolierte, wurde weiter erforscht, bis man über vierzig weitere Wirkstoffe (zum Beispiel Codein, Papaverin) darin gefunden hat. Die Wirkungen dieser Einzelsubstanzen waren völlig unterschiedlich: Morphin ist das stärkste, natürlich in der Pflanzenwelt vorkommende Schmerzmittel, Codein ist die beste Hustenmedizin und das Papaverin kann als Potenzmittel in den Penis injiziert werden.

So kam man auf die Idee, weitere Pflanzen, die in der antiken, mittelalterlichen und neuzeitlichen Kräuterbücherliteratur als besonders wirkungsvoll beschrieben wurden, zu untersuchen. Dabei fiel schon früh auf, dass Pflanzen, wenn man sie komplett im Ganzen verabreichte, sehr giftig sein können. So das Mutterkorn.

Der Pilz namens Mutterkorn *(Claviceps purpurea)* war in der frühen Literatur sowie in den großen Kräuterbüchern der frühen Neuzeit als Wehenmittel bekannt. Aber gleichzeitig wusste man, dass das Mutterkorn zum grässlichen Antoniusfeuer (Ergotismus) und zu wahnhaften Halluzinationen führen konnte. Diese Tatsache veranlasste den 1906 geborenen Schweizer Naturstoffchemiker Dr. Albert Hofmann dazu, am Mutterkorn Untersuchungen anzustellen. Er fand darin eine ganze Reihe von chemischen Stoffen, die strukturell alle miteinander verwandt sind: die sogenannten Mutterkornalkaloide (Ergotalkaloide). Einige davon lösten in den Laborratten Gangräen (Mumifizierung bei lebendigem Leibe) aus. Einige lösten keine besonderen Wirkungen aus.

Da man wusste, dass es möglich ist, aus toxischen Substanzen durch kleine chemische Veränderungen an der Peripherie eines Moleküls spezifisch wirksame Medikamente zu entwickeln, begann Hofmann, einige Mutterkornalkaloide etwas zu manipulieren. Unter diesen halbsynthetischen Substanzen gab es einen Stoff, der als LSD-25 in die Geschichte eingehen sollte. Übrigens ist die 25 kein Zahlenmysterium, sondern nur die Nummer der Substanz einer Versuchsreihe. Das geschah 1938. Albert Hofmann gab das LSD den Pharmakologen, die spritzten es den Ratten und konnten keinerlei Wirksamkeit feststellen. Also wanderte das LSD-25 wieder in den Schrank mit den aussortierten Substanzen.

Im Jahre 1943, mitten im Zweiten Weltkrieg, hatte Albert Hofmann einen Traum oder eine Intuition, infolgedessen er das angeblich unwirksame LSD nochmals synthetisierte. Als der Stoff fertig aus der Retorte kam, muss etwas in Albert Hofmanns Körper gedrungen sein; denn er fühlte sich merkwürdig und verließ das Labor viel früher, am Freitag, dem 16. Das ganze Wochenende musste er an diese Geschichte denken. So fuhr er am Montagmorgen, dem 19. April, ins Labor, nahm das LSD-Fläschchen und maß eine Menge von 250 Mikrogramm ab. Er wollte vorsichtig sein. Es war keine toxische Substanz, die in einer solchen Dosis wirsam wird, also dachte er, könne ihm sicherlich nichts Schlimmes passieren.

Aber als sich nach etwa 20 Minuten die Welt vollständig verändert hatte, wurde ihm mulmig. Er fuhr mit dem Fahrrad nach Hause und sagte seiner Frau, er müsse sich hinlegen, alles sei so anders. Als die Frau die Nachbarin holte, sah Hofmann in ihr eine Kinderbuchhexe und verscheuchte sie. Dann bekam er Angst und verlangte nach einem Arzt. Als der kam, saß Hofmann oben links in der Zimmerecke und sah seinen eigenen Körper auf der Couch liegen. Der Arzt führte eine ordentliche Untersuchung durch, mit dem Ergebnis »Ihr Mann ist bei bester Gesundheit!« und ging. Was muss das für ein Gefühl gewesen sein! Hofmann wusste ja noch nicht, dass man von einem LSD-Trip wieder herunterkommt und dann völlig normal ist. Bald beruhigte er sich und fühlte sich zurückversetzt in einen mystischen Zustand, den er als Kind im Wald hatte. Außerdem stellte sich mehr und mehr Heiterkeit ein. Nach 12 Stunden war der Spuk vorbei. Damit hatte Albert Hofmann nicht nur die potenteste, sondern auch ungiftigste Substanz der bekannten Welt gefunden.

Ernst Jünger (1895–1998), deutscher Literat. Gemälde, um 1929, von Rudolf Schlichter (1890–1955). Staatliche Museen, Berlin
Ernst Jünger hat mehrere Schriften zum Thema psychedelische Erfahrungen und Räusche verfasst. Besonders in seinem Buch *Annäherungen – Drogen und Rausch* beschreibt er seine eigenen Erfahrungen mit verschiedensten Rauschmitteln.

Hofmann war klar, hier helfen keine Laborratten, sondern nur Laboranten, die auch alle artig verschiedene Dosierungen genommen hatten. Endlich konnte man vom Menschen auf den Menschen schließen. Hofmann war sofort der Überzeugung, dass er ein wunderbares Mittel gefunden hatte, das vor allem für Künstler, Literaten und alle Kreativen geeignet war. Der erste »Proband« aus der Künstlerszene war der deutsche Literat Ernst Jünger (1895–1998). Die beiden hatten ein wunderschönes Erlebnis, das in den *Annäherungen* (1970) von Jünger seinen ersten literarischen Niederschlag fand. Gleichzeitig kam Hofmann auf die Idee, dass sich dieses Mittel vielleicht als Medikament bei der Behandlung psychischer Störungen und Krankheiten einsetzen lassen könnte, und gab es den Psychiatern. Die erreichten damit bei ihren Patienten große Heilerfolge. Es war eine ganz neue Arznei gefunden, die nicht toxisch, aber lehrreich und heilsam für Patienten ist. Sandoz, die Firma, für die Hofmann arbeitete, brachte das LSD unter dem Medikamentennamen »Delysid« auf den Markt. Es wurde weltweit lange Jahre psychiatrisch genutzt und hat viele Jahre in Künstlerkreisen und kreativen Zirkeln inspirierend gewirkt. Als das LSD dann doch durch ein literarisches Schlupfloch »auf die Straße« fand, von Dr. Timothy Leary (1920–1996) als Wundermittel betrachtet und propagiert wurde, der CIA illegale Experimente damit anstellte und der Stoff als Erleuchtungsdroge in der Jugendkultur verherrlicht wurde, nahm Sandoz das Delysid wieder vom Markt.

Es gibt Hunderte psychiatrische Forschungsarbeiten, die alle den großen Wert des LSD als Medikament beweisen. Aber da sich Politiker von ihren Wissenschaftlern lieber neue chemische und biologische Kampfstoffe sowie neueste Technologien für Waffen erbaten, erklärte man das außerordentlich gut erforschte LSD (bzw. Delysid) als »medizinisch wertlos« und verbot per Drogengesetz jede weitere Herstellung und Nutzung des »Sorgenkindes«. Politiker brauchen keine durch LSD erleuchteten Gestalten einer Subkultur, sondern brave, gehorchende Soldaten.

Seit 1966 ist LSD verboten. Dennoch konnten Ärzte nach wie vor Studien mit LSD machen, wenn sie von der Arzneimittelkammer eine Ausnahmegenehmigung dafür erhielten. Die spektakulärsten Forschungen fanden unter der Leitung von Dr. Stanislav Grof in der damaligen Tschechoslowakai und später in den USA statt. Grof nannte seine Methode »die psychedelische Therapie«. Er fand heraus, dass Alkoholiker und andere Suchtkranke durch LSD von ihrem Stoff runterkamen, dass viele traumatisierte Patienten mit ein, zwei oder drei LSD-Sitzungen

»Das LSD ist der Prototyp jener besonderen Untergruppe von psychotrop wirkenden Pharmaka, die man als Phantastica, Halluzinogene, Psychotomimetika, Psychedelica, Psychodysleptica usw. bezeichnet hat. Vertreter dieser Wirkstoffgruppe sind schon seit langer Zeit bekannt.
Es sind die aktiven Prinzipien von Zauberpflanzen, von magischen Drogen, die seit Urzeiten in der Kulturgeschichte der Menschheit eine bedeutsame Rolle gespielt haben, und die auch heute noch bei den Naturvölkern bei religiösen Zeremonien und zu Heilzwecken Verwendung finden.«
(Hofmann 1964: 184)

LSD in Delysid-Ampullen der Firma Sandoz. Nur durch die Erforschung des Mutterkorns wurde das LSD gefunden. LSD ist die »klassische« psychedelische Droge, die verändertes Bewusstsein und Visionen erzeugen kann.

von ihren Traumata und latenten Ängsten befreit werden konnten usw. Die medizinische Literatur über LSD ist so angewachsen, dass man glauben könnte, es gibt kein besser erforschtes Mittel. Inzwischen gibt es in vielen Ländern bewilligte LSD-Therapien, die Hoffnung darauf machen, dass Delysid wieder als Medikament erlaubt wird und sinnvoll therapeutisch eingesetzt werden kann.

Albert Hofmann entdeckte noch viel mehr Mutterkornalkaloide, die entweder in reiner oder abgewandelter Form bis heute als Medikamente auf dem Markt sind. Besonders Methergin®, Hydergin®, und Ergotaminabkömmlinge werden als Wehenmittel, als Mittel für Regelkomplikationen, für Migräne und als Geriatrika tonnenweise in der ganzen Welt verkauft. Hofmann hatte aus dem gefährlichen Mutterkorn eine ganze Reihe sehr erfolgreicher Medikamente geschaffen. Ein Pilz, der die Welt verändert hat!

Nachdem R. Gordon Wasson die mexikanischen Zauberpilze *(Psilocybe mexicana)* und deren schamanischen Gebrauch (wieder)entdeckt hatte, suchte der Ethnomykologe nach einem geeigneten Chemiker, um die »Seele« des Zauberpilzes im Labor zu isolieren. Als Wasson von Hofmanns Arbeiten über LSD –

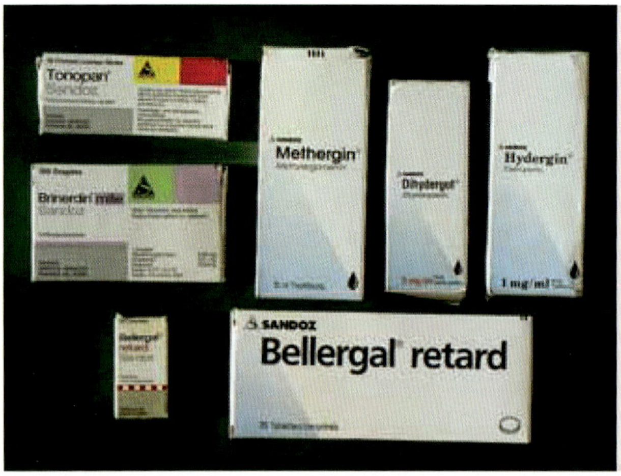

»Die Chemie der Mutterkornalkaloide erwies sich nicht nur als theoretisch besonders interessantes Kapitel der organischen Chemie, sondern auch als Quelle wertvoller Medikamente.
Folgende pharmazeutische Präparate sind aus der Mutterkornforschung hervorgegangen: »Gynergen®«, ein Migränemittel; »Methergin®«, ein Standardpräparat der Gynäkologie; »Hydergin®«, ein Geriatrikum; und »Dihydergot®«, ein Kreislaufmittel.«
(Hofmann 2000)

Oben: Medikamente, die aus Mutterkornalkaloiden hergestellt werden. Sie sind nicht verboten, aber apotheken- oder rezeptpflichtig.

Rechts: Albert Hofmann, der Entdecker der Wirkstoffe aus den mexikanischen Zauberpilzen mit einem Pilzstein der Maya.

Gegenüber ganz oben: Der Fruchtkörper samt Sporen des Schimmelpilzes *Penicillium notatum (= Penicillium chrysogenum)*. Diese Art kommt häufig in Gebäuden vor. Aus diesem Schimmelpilz wird das antibiotische Penicillin gewonnen. Dieses Antibiotikum wurde von Alexander Fleming entdeckt und revolutionierte die Pharmazie.

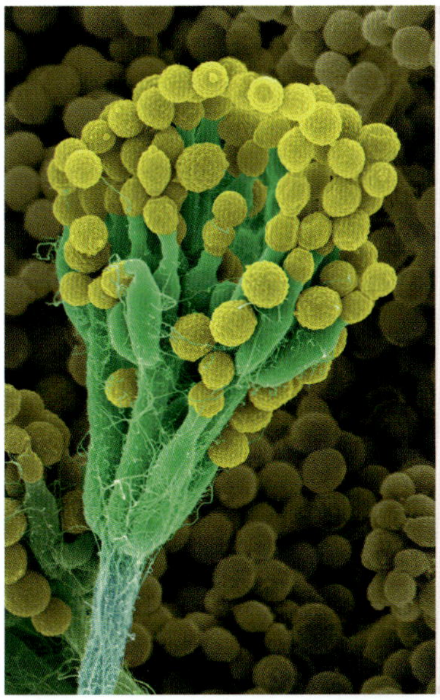

Vor allem ein Schimmelpilz, das Penicillin *(Penicillium notatum)*, hat eine große Bedeutung als antibiotisches Heilmittel. Alexander Fleming (1881 bis 1955) entdeckte im Jahre 1928 in London, wie eine Spore des Penicillins für Streptokokken tödlich wirkte. Bald fand man viele Krankheitserreger, die durch Penicillin getötet werden. Die medizinische Ära der Antibiotika hatte begonnen. »Ein Bakteriologe entdeckte das Penicillin. Zuerst begriff er gar nicht, was ihm damit in die Hand gegeben war. Dann jedoch zeigte sich im Laufe mühseliger Versuche, dass dieses Penicillin nicht weniger als vierundzwanzig Erreger ebenso vieler Infektionskrankheiten vernichtete. Bisher war der Mensch gegen sie alle mehr oder weniger hilflos gewesen. Wenn die Natur sich nicht selbst zu helfen wusste, musste der Arzt zusehen, wie ihm seine Patienten unter den Händen wegstarben. Nun auf einmal besaß er die ersehnte Arznei. Jetzt konnte er Hilfe bringen. War er nicht im Recht, wenn er von einer ›Wunderdroge‹ sprach?« (Böttcher 1959: 12)

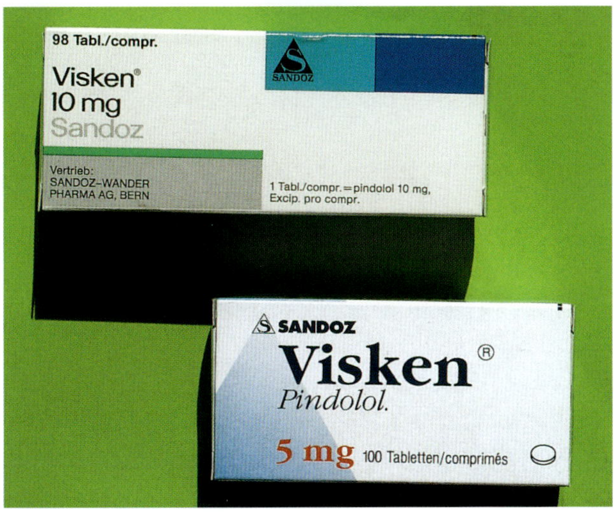

Der aus dem Psilocybin entwickelte Betablocker »Visken®« wird bis heute medizinisch eingesetzt. Albert Hofmann entwickelte ihn aus den Wirkstoffen der mexikanischen Zauberpilze.

immerhin ein Pilzwirkstoff – hörte, schickte er ihm Sporen, damit in Sandozlaboratorien Pilzkulturen gezüchtet und chemisch analysiert werden konnten. Dabei muss es viel Spaß im Labor gegeben haben. Denn auch diesmal benutzte Albert Hofmann sich selbst und seine Laboranten als Versuchstiere. Bald fand er die zwei Wirkstoffe der Zauberpilze: Psilocybin und Psilocin. Als er die molekulare Struktur entdeckte, war er verblüfft: Beide Substanzen waren chemisch mit dem LSD verwandt. Außerdem wirkten die isolierten Wirkstoffe ganz ähnlich wie LSD. Ein Pilztrip oder eine Reise mit Psilocybin dauert genau vier Stunden; die Wirkung von LSD, vor allem bei hohen Dosierungen, dauert doppelt bis dreimal so lange. Deswegen schien das Psilocybin für die therapeutische Arbeit besser geeignet zu sein. Die Therapeuten brauchten viel weniger Zeit bei gleichem Erfolg. Also brachte Sandoz auch das Psilocybin als Medikament auf den Markt, zog es aber mit dem LSD wieder aus dem Verkehr. Es gibt zum Psilocybin ebenfalls Hunderte von wissenschaftlichen Arbeiten, die alle das hohe Heilpotenzial des Zauberpilzwirkstoffes beweisen.

Hofmann lernte nicht nur, wie er die chemische »Seele« der Zauberpilze synthetisieren konnte, sondern er bastelte auch an diesem Molekül herum. Dabei fand er den ersten Beta-Blocker.

Pilze in der Homöopathie

Die Homöopathie ist eine Heilmethode, die von Samuel Hahnemann (1755–1843) im 19. Jahrhundert erfunden wurde. Sie basiert auf dem Gleichheitsprinzip: Gleiches mit Gleichem heilen.

Die homöopathischen Heilmittel werden entsprechend ihres Arzneimittelbildes eingesetzt. Dieses ergibt sich aus den Reaktionen auf ein Mittel, die bestimmte Symptome und Syndrome im Menschen auslösen, der gesund ist. Treten diese Symptome und Syndrome bei Kranken auf, wird er mit dem Mittel behandelt,

»Das Wesen der Homöopathie ist nicht nur vielseitig, sondern allseitig. Sie untersucht die Wirkung aller Substanzen, gleich ob es Nahrungsmittel, Getränke, Gewürze, Drogen oder Gifte sind. Sie untersucht ihre Wirkung auf den gesunden und den kranken Menschen, auf Tiere und Pflanzen. Sie ermöglicht eine neue Interpretation jenes alten, oft zitierten Ausspruches von Paulus: ›Prüfet alles‹ – und liefert ein neues Verständnis, eine neue allumfassende Anwendungsmöglichkeit einer Arznei. Die Eliminierung der nutzlosen Mittel mag sich allmählich mit der Zunahme des genauen physiologischen und pathologischen Wissens vollziehen.« (Boericke 1992: X)

das dieselben Erscheinungen im Gesunden hervorrufen. Leidet ein Mensch an Tanzwut, so wird ihm ein entsprechendes Mittel verabreicht, das im Gesunden zur Tanzwut führt, zum Beispiel die Tollkirsche *(Atropa belladonna)*. Allerdings werden die homöopathischen Mittel in winzigsten Gaben gegeben. Gewöhnlich wird aus einer Rohdroge ein Extrakt gewonnen, der dann potenziert wird. Das geschieht durch Verdünnung und Schütteln. Die sogenannte Urtinktur wird mit der zehnfachen Menge Wasser versetzt und gut geschüttelt. So entsteht die Potenz D1. Wenn man diese Bereitung wieder zehnfach mit Wasser verdünnt, entsteht die zweite Potenz D2. Nach diesem Verfahren des Verdünnens kann man beliebig viele Potenzen herstellen.

Seit Hahnemanns Zeiten haben sich überall auf der Welt Ärzte und Naturheiler mit der Homöopathie befasst. Es sind unzählige Substanzen als Ausgangsstoffe für verschiedene Potenzen getestet worden. Heute ist die Homöopathie bei vielen Heilpraktikern und sogar bei Ärzten eine anerkannte Methode. Schon vielen Menschen konnte damit geholfen werden.

Unter den getesteten Mitteln befinden sich neben Pflanzen, Mineralien, Metallen und Tieren auch Pilze. Der wichtigste Pilz in der Homöopathie ist der Fliegenpilz, der als homöopathisches Heilmittel »Agaricus muscarius« geführt wird. Diese Arznei wird vor allem bei Nervenleiden, agitierenden Störungen und nervösen Muskelzuckungen (beispielsweise der Augenlider) verordnet. Das andere Pilz-

Das homöopathische Arzneimittel »PsyStabil« enthält einen Fliegenpilzextrakt (»Agaricus muscarius D6«).

Homöopathicum, das häufig zur Anwendung kommt, ist »Secale cornutum« (Mutterkorn); es wird hauptsächlich bei Durchblutungsstörungen und Migräne verordnet.

»Agaricus muscarius« und »Secale cornutum« sind oft Zutaten von zusammengesetzten homöopathischen Arzneien (zum Beispiel »PsyStabil«). Einzeln oder zusammengesetzt gehören sie zu den meist verordneten Homoöpathika.

»*Agaricus muscarius* (Fliegenpilz): Die Hauptcharakteristika dieses Mittels sind Zucken und Zittern, Muskelhüpfen und Gliederzittern. Beben und Zittern im ganzen Körper und in den Gliedmaßen. Das Zucken der Glieder kann sich bis zu ausgesprochenem Veitstanz steigern. *Agaricus* hat viele Fälle von Veitstanz geheilt.« (KENT 1985: 56f.)

»Agaricus ist ein von Hahnemann und den Wiener Ärzten gut geprüftes Mittel. Fliegenpilzvergiftungen und Alkoholwirkung haben große Ähnlichkeit miteinander: Überreizung des Gehirnes und Rückenmarkes, der Geschlechtssphäre, Muskelunruhe, Kraftgefühl, Exstase, Schlaf- und Sehstörungen usw.; in der Folge Müdigkeit, Schwäche, Lähmigkeit, Depression, Melancholie. Zuerst Erregung, dann Lähmung.« (STAUFFER 1988: 52)

Der Fliegenpilz, von dem immer noch viele Menschen fälschlich glauben, er sei tödlich giftig, ist ein durchaus unterschätztes Therapeutikum. Er kann als homöopathische Potenz (»Agaricus muscarius« ø, D4, D6, D30, D200) gegen Beschwerden der Wechseljahre, Übererregbarkeit und Blasen- und Darmkrämpfe verwendet werden. Ein Arzt, der in seiner Praxis häufig die Urtinktur einsetzt, berichtete: »Ein Teil (15–20%) der von mir mit »Agaricus muscarius« behandelten Patienten hatte während oder nach der Therapie veränderte Träume. Vor allem Flugträume mit positivem Inhalt, Träume in Richtung Alice im Wunderland und sonstige angenehme Traumerlebnisse. In keinem Fall traten Alpträume auf, wobei man jedoch auch sehen muss, dass es sich in der Therapie um überwiegend kleine Dosen handelt. Auch bei größeren Dosen war in der Regel am darauffolgenden Tag ein Wohlbefinden und starker Arbeitseifer bei den Patienten festzustellen, ohne negative Nachwirkungen oder Katersymptomatik ... Nahezu alle Patienten zeigten nach der Fliegenpilzverordnung gesteigerten Antrieb, Stimmungsaufhellung und verbessertes geistiges und körperliches Wohlbefinden. Doch auch hier macht die Dosis, dass ein Ding kein Gift ist!« (WALDSCHMIDT 1992: 67)

»Die besten Prüfer von *Secale,* das heißt die für seine Arzneikraft empfänglichsten, sind magere knochige Leute; und solche Typen haben Secale auch am häufigsten als Heilmittel nötig ... Magere Menschen haben spezielle Beziehungen zu *Secale.*« (KENT 1985: 690)

Angewendet werden sollten homöopathische Mittel nicht aufgrund von Selbstmedikation, sie sollten auf der Erfahrung und Kenntnis von Fachleuten fußen. Nur in Homöopathie ausgebildete Heilpraktiker und Ärzte können die richtigen Mittel bestimmen.

Anwendung von Mutterkorn als Arznei

Mutterkorn sollte nur als homöopathisches Mittel und auch dann nur nach ärztlicher Anweisung verwendet werden! Es werden die Potenzen D4, D6, D12, D30, D200 bei Migräne, cerebraler Arteriosklerose, Hypertonie, Rückenmarkserkrankungen, Durchblutungsstörungen, trockenen Gangräen, Krampfwehen gegeben. Bei der Anwendung von Mutterkornalkaloiden ist große Vorsicht geboten. Die einzigen völlig ungiftigen Alkaloide dieser Gruppe sind Lysergsäureamid (LSA) und Lysergsäurediäthylamid (LSD). Vom LSD ist keine lethale Dosis bekannt; es gilt als der stärkste bekannte Wirkstoff überhaupt. Schon 50–100 Mikrogramm können mystische Visionen bewirken. – Hier muss noch einmal richtig gewarnt werden vor der unsachgemäßen Verwendung vom Mutterkorn; es kann lebensgefährlich sein!

Weitere Pilze, die in der Homöopathie verwendet werden

(nach Boericke, *Handbuch der homöopathischen Materia medica)*
[die mykologischen Namen sind in der Homöopathie nicht immer identisch mit den gültigen Namen der wissenschaftlichen Literatur; die homöopathischen Arzneinamen sind unterstrichen]

Agaricus emeticus, der Speitäubling *(Russula emetica)*
Agaricus phalloides *(Amanita phalloides)*, der Grüne Knollenblätterpilz
Agaricus verna *(Amanita verna)*, der Frühlingsknollenblätterpilz
Boletus laricis, der Lärchenschwamm, *(Fomitopsis officinale)*
Boletus luridus, der Hexenröhrling
Boletus pinicola *(Polyporus pinicola)*, der Kiefern-Steinpilz
Boletus satanas, der Satanspilz
Bovista lycoperdon *(Lycoperdon* spp.), der Bovist oder Stäubling
Claviceps purpurea, das Mutterkorn, ein Schmarotzerpilz
Ergotinum, ein Stoff aus dem Mutterkorn *(Claviceps purpurea)*
Fuligo ligni, der Schleimpilz namens Gelbe Lohblüte *(Fuligo septica)* (Hexenbutter)
Lolium temulentum, der von Pilzen (z.B. *Endoconidium temulentum)* befallene Taumel-Lolch, ein psychotropes Gras.
Muscarinum, ein Wirkstoffextrakt aus dem Fliegenpilz *(Amanitus muscarius)*
Polyporus officinale (*Polyporus [Laricifomes] officinalis)*, der Lärchenschwamm
Polyporus pinicola = Boletus pinicola
Russula emetica (= *Agar-em.)*
Secale cornutum, das Mutterkorn *(Claviceps purpurea)*
Ustilago maydis, der Maisbrand, ein schmarotzender Pilz am Maiskolben

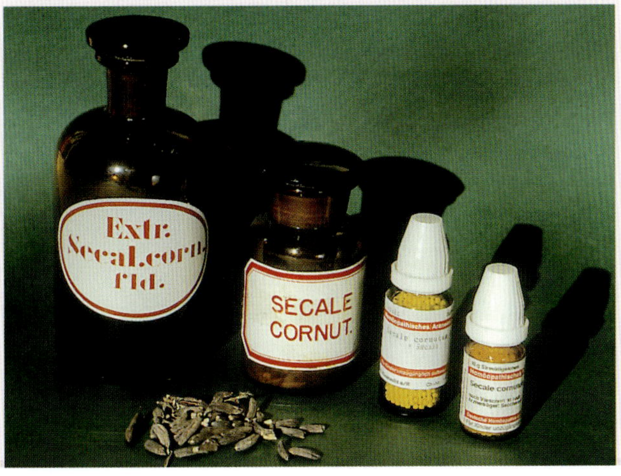

Gegenüber links: Aus einem Alkaloid des Mutterkorns *(Secale cornutum)* hat Albert Hofmann das LSD synthetisiert.

Gegenüber rechts: Das Mutterkorn ist ein auf Getreide schmarotzender Schlauchpilz. Die von ihm befallenen Samen werden zu schwarzen Auswüchsen an der Ähre. Sie heißen auch *Kornzapfen* oder *Secale cornutum.* Sie werden in der Homöopathie als Heilmittel verwendet. (Stich, 19. Jahrhundert)

Rechts: Apothekengefäße für Mutterkorn *(Secale cornutum)* und daraus bereitete homöopathische Medikamente.

Pilze zum Lieben

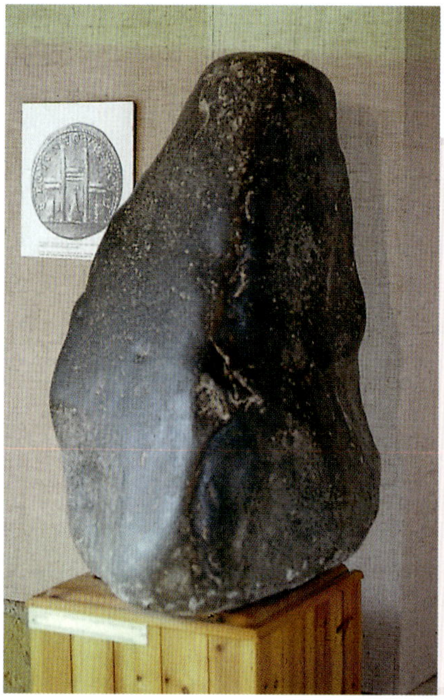

»Die Bedeutung des Aphrodisiacums für das Geschlechtsleben ist heute noch so groß wie im Mittelalter, und wer aufmerksam die Zeitungen liest, wird längst wissen, dass sich auf diesem Gebiete eine riesige Geheimmittelindustrie herausgebildet hat, die auch heute noch offen oder versteckt ›Mittel gegen Männerschwäche‹ der verschiedensten Wirkung anpreist und dabei tüchtig aus dem Aberglauben ihrer Mitmenschen Kapital schlägt.« (Hirschberg und Linsert 1930: 34)

Links: Auf dieser Postkarte zur AIDS-Aufklärung wird die phallische Gestalt und die angenommene Giftigkeit des Fliegenpilzes *(Amanita muscaria)* suggeriert.

Rechts: Der heilige Phallos im Aphroditeschrein zu Alt-Paphos (Zypern) ist ein phallusförmiger Naturstein!

Viele Menschen hegen eine starke Liebe (Mykophilie) zu den Pilzen, vor allem zu den essbaren und psychoaktiven Arten. Aber es gibt auch Pilze, die uns lieben, zum Beispiel der Fußpilz, Candida u.a. ... Aber es gibt seit frühesten Zeiten in sehr vielen Kulturen auch eine ganz andere Liebesbeziehung zu Pilzen. Manche Arten werden nämlich als Liebeszauber und Aphrodisiaka verwendet. Einige wurden oder werden kultisch verehrt, gelten als Inkarnationen von Gottheiten, wobei sie allerdings auf den wichtigsten Teil des männlichen Körpers, sein Geschlechtsorgan, bezogen sind: Genau solche Pilze, die Phallen der Erde, wurden und werden als Liebeszauber und Aphrodisiaka genutzt. Manche Ethnien glauben, dass alle Pilze »unkeusche Regungen« hervorrufen könnten; doch eigentlich gelten nur wenige Arten explizit als aphrodisisch.

So wie man Menschen in mykophob und mykophil einteilen kann, so kann man auch Menschen in *aphrodisiakophil* und *aphrodisiakophob* einteilen. Manche Menschen lieben es, ihr Liebesspiel mit den Wundern der Natur zu verfeinern; andere Menschen behaupten, sie hätten keine Aphrodisiaka nötig und lehnen ihren Gebrauch strikt ab. Da viele Menschen Pilzen an sich misstrauen, wundert es wenig, wenn sie nichts über ihren Gebrauch als Aphrodisiaka und Liebeszauber hören wollen. Doch auch dieser Aspekt der Pilze ist faszinierend.

Der Name Aphrodisiaka bedeutet »Mittel der Aphrodite«, also die Mittel der Liebesgöttin, die über den Sex wacht. Die Suche nach dem »unbeschreiblich wunderbaren Aphrodisiakum« beschäftigt die Menschen seit Urzeiten. Schon die antike Literatur ist voll von solchen Angaben.

Aphrodite wurde aus dem Schaum des Meeres geboren und in einer Muschelschale an den Strand von Paphos (Zypern) gespült. Überall da, wo die unkeusche Göttin ihre zierlichen Füße setzte, sprossen wunderschöne Blumen, Kräuter und

»Da war der Phallus [= Pilz] und das Satyrion [= *Orchis* sp., Knabenkraut],
bei dem Blüte und Wurzel schamlose Formen darstellen,
die Minze, die von Natur aus lasziv ist,
die Rauke, die die Liebesbegierden aufreizt.
Und dort gab es ein Gemisch von anderen Heilkräutern,
die bereits am Hang von Lampsakos gepflanzt wurden.«
(Cavalier Giambattista Marino, *L'Adone*; 17. Jh.)

Die Roten Stinkmorcheln *(Phallus rubicundus)* erregen sofort Fantasien von männlichen Gliedern, von den Phallen der Erde. Die Assoziation oder Gleichsetzung von Pilzen und Penissen ist uralt und weltweit verbreitet. Auf antiken Vasen und Kunstwerken sind des Öfteren Bilder zu sehen, auf denen Frauen, wohl Mänaden oder Bacchantinnen, Penisse ernten, eben die Phallen der Erde.

wohl auch Pilze aus dem Boden. Als sie über die Insel wanderte, fand sie den idealen Kultort für sich selbst. Dort in Paphos, in einem sehr fruchtbaren Tal, errichtete man ihren Schrein. Im Heiligsten des Heiligtumes stand aber keine Skulptur der Aphrodite, sondern nichts außer einem phallusförmigen Stein. Wieso wird als Heiligstes der Aphrodite nicht sie selbst, sondern das männliche Glied verehrt? Ganz einfach. Es war die Aufgabe der Göttin, Männern stolze Erektionen zu verschaffen, damit sie ihren Liebesdienst – später »Venushandel« genannt – ausführen konnten.

Die bedeutsamsten als Aphrodisiaka benutzten Pilze sind solche, die wie ein Phallus aussehen oder die bei meist längerem Genusse den Geschlechtstrieb langsam steigern können. Die eine Gruppe gehört hauptsächlich zu den Mitteln des Symphatiezaubers, die anderen gehören zu den pharmakologisch aktiven Arten. Die einen sind Instant-Liebesmittel, die anderen sind sexuelle Tonika.

Die Phallen der Erde

Seit der griechischen Antike werden die Worte *mykes* (»Pilz«) und *phallos* (»[erigierter] Penis«) synonym benutzt. Dergestaltig ist der Pilz, der *phallos* ähnelt dem Penis. Keinem Volk der Erde ist die gestalterische Ähnlichkeit bzw. Gleichheit entgangen. Deswegen ist in vielen, wohl den meisten Sprachen, Pilz und Penis gleich benannt oder miteinander assoziiert. Der Anblick des aus dem Waldboden sprießenden Pilzes ist fast überdeutlich. Es wundert wenig, dass der phallusartigste Pilz den wissenschaftlichen Namen *Phallus impudicus,* lateinisch für »unverschämter Schwanz«, erhalten hat. Auf Deutsch heißt dieses Geschöpf »Stinkmorchel«. In

»Dieser Pilz *[Phallus impudicus]* der deutschen Wälder kommt wie ein Ei aus der Erde, daraus erhebt sich ein penisartiges Gebilde, das nach kurzer Zeit aufbricht und einen durchdringenden Kadavergeruch verbreitet, durch den allerlei Getier angelockt wird, das in dem klebrigen Safte umkommt. Der Pilz hat eine Gestalt, die dem männlichen Geschlechtsorgan ähnlich ist.«

(Hirschberg und Linsert 1930: 191)

Eine Frau (vielleicht eine griechische Aphroditedienerin oder Tempelprostituierte bzw. Hetäre) opfert den Phallen der Erde, den aphrodisischen Pilzen. Die Verehrung des Phallos war im antiken Griechenland genauso normal wie noch heute die Opferbräuche an den phallusförmigen Shiva-Lingam-Heiligtümern in Nepal. Nur wenn die Phallen stehen, kann es Nachwuchs geben. Sie sind unverzichtbar für den Strom des Lebens. (Attische Vase, Griechenland)

vielen mykophilen Kulturen gelten die Morcheln ganz allgemein, eben wegen ihrer obszönen Erscheinung, als »obskure« Potenzmittel.

Der bis heute berühmte Gott Dionysos oder Bacchus wurde von wilden Weibern, den Mänaden oder Bacchantinnen, in Form eines riesigen Phallus oder Pilzes verehrt. Kein Wunder, denn es gibt Pilze, die nicht nur wie ein Phallus aussehen, sondern auch noch psychoaktive, bewusstseinserweiternde und berauschende Qualitäten haben, wenn sie verspeist werden.

Dass der aus Asien eingewanderte Gott, historisch vielleicht ein Schamane, im östlichen Mittelmeerraum auf große Begeisterung stieß, ist wohl nur durch seine ekstatische Natur, die sich auf all seine Anhänger übertragen hat, erklärbar. Dionysos ist nicht, wie viele meinen, der Gott des Weines. Er ist der Gott des Rausches, der *manía,* des göttlichen Wahnsinns. Er beschenkt die, die es wirklich wissen wollen, mit der wirklichen Ekstase, die sie durch seinen Phallus erfahren möchten oder können. Er ist der Herr der Pilze, und zwar der Pilze, die den göttlichen Wahnsinn erzeugen. Er ist der Herr der Sexualität, die im Rausch des Pilzes zu göttlicher Verzückung, eben zur totalen Ekstase führt.

Dionysos wurde in der Antike vor allem von Frauen verehrt; und zwar in der Gestalt, die ihn auf sein Wesentliches, nämlich seinen Phallus, reduziert. Er wurde als *mykes,* als Pilz geküsst und bekränzt. Dergestaltig wurde er des Nachts im Walde berauscht verehrt. Er war kein Gott, der die Frauen beherrschte, sondern er war der Gott, der allen Frauen, die wollten, zur Verfügung stand; er war ihr Befreier. Er war Schamane, Gott und Phallus und Pilz in einem. Wer wollte, konnte sich daran ergötzen.

Diese wilde, unbeherrschbare Macht machte schon den antiken Politikern Angst. Deshalb erließen sie Verbote gegen den »zügellosen« Kult um Dionysos. Aber Gesetze haben, wie immer und zu allen Zeiten, nichts genützt. Dionysos lebt und ist unter uns. Zumindest so lange, wie wir uns daran erinnern.

Dionysos war zum einen ein Fruchtbarkeitsgott, der in ländlichen Festen als Herr der Pflanzen verehrt wurde; zum anderen war er ein schamanischer Gott der Psychopharmaka, der in ekstatischen Kulten gefeiert wurde und sich in geheimen Mysterien offenbarte. Seine Mysterien waren unter den Namen »Dionysiaka« (griechisch) oder »Bacchanalia« (römisch) bekannt.

»Eine Weltschande sind aber schon die dem Dionysos geweihten Wettkämpfe und Phalloi, die das ganze Leben in schlimmer Weise verheert haben. Wie nämlich Dionysos in den Hades hinabsteigen wollte und den Weg nicht wusste, versprach ihm jemand namens Prosymnos den Weg zu zeigen, aber nicht umsonst; der verlangte Lohn war aber nichts Schönes, aber dem Dionysos war er recht. Es war Gewährung von Liebesgenuss der Lohn, der von Dionysos verlangt wurde. Das Verlangen entsprach dem Wunsch des Gottes, und er versprach ihm wirklich, das Verlangte nach seiner Rückkehr zu gewähren, und bekräftigte sein Versprechen mit einem Eid. Er erfuhr den Weg und ging fort; dann kehrte er wieder zurück, aber den Prosymnos traf er nicht mehr; denn er war gestorben. Voll Verlangen, seinem Liebhaber das eidliche Versprechen zu halten, eilt Dionysos zum Grabe und entbrennt von Begierde. Er schneidet nun den Ast eines Feigenbaums, der gerade zur Hand war, ab, schnitzt ihn zu, dass er einem männlichen Glied ähnlich war, und setzte sich auf den Ast, um dem Toten sein Versprechen zu halten. Als ein mystisches Denkmal an dies Vorkommnis werden dem Dionysos in den Städten Phalloi aufgestellt. ›Denn wenn es nicht Dionysos wäre, dem man den Festzug veranstaltet und das Phalluslied singt, dann wäre es ein ganz schamloses Tun‹, sagt Heraklitos. ›Ein und derselbe aber ist Hades und Dionysos, zu dessen Ehre sie schwärmen und trunkene Feste feiern‹; nicht sowohl wegen körperlicher Betrunkenheit, wie ich meine, als wegen der schmählichen Zurschaustellung zügelloser Ausgelassenheit.« (Klemens von Alexandrien, *Mahnrede an die Heiden* II 33,9–35,1)

In Rom wurden die Bacchanalien genannten Kulte im Jahr 186 v.Chr. per Senatsbeschluss verboten: »Seitdem die Mysterien gemeinschaftlich seien und das Miteinander von Männern und Frauen und die Ungebundenheit der Nacht dazugekommen sei, sei keine Untat und keine Schandtat dort unterblieben. Es gebe mehr Unzucht von Männern untereinander als mit Frauen ...« empörte sich der römische Geschichtsschreiber Livius (XXXIX 13, 10ff.). Viele Dionysos/Bacchus-Anhänger wurden von der Obrigkeit verfolgt und sogar zum Tode verurteilt.

Wer sich in die Mysterien des Dionysos einweihen ließ, erlebte selbst diesen Wahnsinn: »Es war die Zeit, zu der die sithonischen Frauen das alle drei Jahre stattfindende heilige Fest des Bacchus zu feiern pflegen. Die Nacht ist die Mitwisserin der Mysterien. Bei Nacht hallt Rhodope vom Dröhnen der helltönenden Erzbecken wider. Bei Nacht hat die Königin ihren Palast verlassen; sie lässt sich in die Riten des Gottes einweihen und empfängt das Rüstzeug des dionysischen Wahnsinns *[manía]:* Weinlaub bedeckt ihr Haupt, zur Linken hängt ihr ein Hirschfell herab, auf der Schulter ruht ein leichter Thyrsosstab. Rasend eilt sie durch die Wälder, vom Schwarm ihrer Gefährtinnen begleitet.« (Ovid, *Metamorphosen* VI, 588ff.)

Der sogenannte Wahnsinn, die *manía,* entfaltete sich in dem Augenblick, als die Mänade oder der Myste »den Gott berührt«, »den Gott in sich aufgenommen hat«, »vom Gott erfüllt« wird. Der Gott selbst wirkte wie ein Pharmakon – ein Pharmakon, das besagten »Wahnsinn«, also einen veränderten Bewusstseinszustand, auslöst. »Denn entweder ergreift der Gott Besitz von uns oder wir werden

ganz ein Teil des Gottes oder wir bringen unser Tun in Einklang mit dem seinen.« (IAMBLICHOS, *Über die Mysterien Ägyptens* 3)

Es scheint so, als ob das griechische Wort *thyrsos* – vom *Thyrsos*stab oder Bacchusstab der Mänaden – auch den »Pilzstiel« bezeichnet hat: »Dionysos konnte seine ekstatischen Bräute [die Bacchantinnen] jedoch auch vermittels anderer Pflanzen besitzen, denn er lebte als vegetativer Gatte in allerhand Rauschmitteln, darunter offenbar auch in gewissen Pilzen. Deren Stiel wurde in Analogie zum Emblem der Mänaden ebenfalls *thyrsos* genannt, wobei der Pilzhut an die Stelle der psychotropen Kräuter trat.« (WASSON et al. 1984: 54)

Außerdem war *thyrsos* – genau wie »Pilz« – ein altgriechischer Spitzname für den Phallus, wie aus folgendem römischem Gedicht mit dem Titel *Die Entschädigung* eindeutig hervorgeht: »Ich heiße es gut, dass sie ihren Busen streicheln, dass sie ihn fest drücken, dass sie immer aufs Neue Furchen ziehen in dem Venusfelde [Vulva], dass sie den Thyrsos [Phallos] in das Cupidogärtchen pflanzen, dass sie ihn immer wieder einpflanzen mit verdrehten Augen, und dass sie, wenn ihr Lauf schließlich wieder festen Fuß gefasst hat, Venus und ihr Atem ein wenig müde geworden sind, den milden Tau des Schnees zerfließen lassen.« *(Anthologia Latina)*

Es sind zahlreiche szenische Darstellungen überliefert, auf denen Satyrn, Silenen oder Mänaden mit Thyrsosstäben zu sehen sind. Dionysos soll seinem Gefolge den Gebrauch der Thyrsosstäbe befohlen haben, weil diese zum einen kräftig genug sind, um die Berauschten oder ekstatisch Verzückten während der heiligen Prozessionen zu stützen, zum anderen, weil sie nicht stark genug sind, um als Keulen bei aufkommender Raserei mißbraucht zu werden. Der Thyrsosstab war zum einen das Emblem des Dionysoskultes, zum anderen treffen sich in ihm sicherlich die Konzepte von archaischen Schamanen- und Zauberstäben.
(Rotfigurige Trinkvase, 5. Jh. v.Chr., Musée du Louvre, Paris)

Dass Pilze eine besondere religiöse oder rituelle Bedeutung hatten, kann man an Ketten, die aus Perlen in eindeutiger Pilzform bestehen, erkennen. Solche Pilzketten wurden sowohl in minoischer Zeit als auch in hellenistischer Zeit angefertigt. Im Museum von Heraklion (Kreta) kann man ein derartiges kunstvolles Schmuckstück bewundern. In der Bronzezeit waren Keramikfiguren üblich, die unter dem Namen *kourotrophos* (»Milchamme«) bekannt sind. Dabei haben die Ammen sowie die gesäugten Kinder oft die Gestalt von Pilzen bzw. tragen Pilzhüte.

Dionysos wurde von den Mänaden in Gestalt des Stieres verehrt. In dem Drama *Bakchen* von Euripides ruft Pentheus zu Dionysos: »Du bist zum Stier geworden doch!« (922). Nun ist der Kot des Stieres ein idealer Nährboden für verschiedene Pilze, zum Beispiel Düngerlinge *(Psilocybe, Panaeolus)*, die möglicherweise in den dionysischen Orgien eine wesentliche Rolle spielten. Das Symbol des Dionysos, des Bromios (»Donnerers«), des die Erde aufreißenden Stieres, war der Phallos, der »in einer gebräuchlichen Metapher ebenfalls *mykes* hieß«. (WASSON et al. 1984: 55) Sowohl das »Donnergrollen« als auch das »Stiergebrüll«, also der »Lärm des Dionysos«, wurde *mykema* genannt; ein Wort, das sehr an *mykes*

Im obszönen Wortschatz der Deutschen haben sich ebenfalls zahlreiche Pilzmetaphern erhalten. Der Penis wird gerne als »Pilz«, aber auch als »Eierschwamm«, »Pfifferling« oder »Schwammerl« bezeichnet; der erigierte Penis wird zum »Steinpilz« spezifiziert. Ein langer, dünner Penis mit großer Eichel heißt »Spaltpilz«. (Bornemann 1974: 1.73)

Links: Anthropomorphe Pilze in Phallusgestalt aus Japan. (Holzschnitt aus dem Komoncho, 19. Jahrhundert)

Rechts: Der kleine Stinkschwamm *(Phallus* sp.) reckt seine Fruchtkörper wie Phallen in die Höhe.

erinnert. In einem Tragödien-Fragment des Dichters Aristias aus dem 5. Jh. wird wortspielerisch davon gesprochen, dass das Land »von Pilzgebrüll getost« habe. (Wasson et al. 1984: 152)

Es heißt immer wieder, dass Dionysos in der Gestalt eines Phallus verehrt wurde. Der Phallus war ein Stück des zerstückelten Gottes. Bedeutet dies nicht auch, dass er in Form des Pilzes verehrt und verspeist wurde? – Schließlich gibt es mehrere attische Vasen, auf denen Gartenszenen dargestellt sind, bei denen Frauen *Phalloi* begießen oder pflücken, die zugleich wie Pilze, aber auch wiederum wie männliche Glieder aussehen. Diese Doppeldeutigkeit ist typisch für die »dionysische Sprache«; dem Unwissenden erscheinen die Dinge gänzlich anders als dem Eingeweihten. Wo der Unwissende einen Phallus sieht, erkennt der Initiierte einen göttlichen Pilz. Wo der Unwissende eine pralle Weintraube erblickt, sieht der Wissende ebenfalls den göttlichen Pilz.

Es ist doch klar, dass Pilze, die zum einen berauschen, zum anderen aufgrund ihrer aphrodisischen Kräfte sexuell erregen, die perfekten pflanzlichen oder pilzlichen Entsprechungen des Dionysos sind. Seneca, der offensichtlich – wie viele seiner Landsleute – etwas gegen die dionysischen Ausschweifungen hatte, nennt die Pilze aus seiner mykophoben Perspektive heraus »Gifte der Wollust« bzw. »Speise der Wollüstlinge«. (95. Brief)

Im ausgehenden Mittelalter und in der Renaissance – als man sich wieder an die antiken Mysterien erinnerte – war es üblich, den Pilzfruchtkörper als *Phallus* oder *Penis* zu bezeichnen. Vor allem die Stinkmorchel *(Phallus impudicus)*, aber auch andere Morcheln *(Morchella* spp.), wurden *Phallus* genannt. Noch heute tragen sie diesen obszönen Gattungsnamen.

Phallus-Pilz-Darstellungen sind in der japanischen erotischen Kunst (hauptsächlich des 19. Jh.) bekannt. Ein anthropomorpher Phallus züchtet im Garten »Pilze«, die wie lebendige Dildos wirken. Außerdem »stehen in China und Korea an Dorfeingängen häufig Phallos- oder ›Pilzsteine‹, die zum Teil menschliche Züge eingeritzt bekommen haben und einen Hut tragen«. (Gassner 1993: 129).

Aphrodisiaka und Liebeszauber

Pilze wurden und werden weltweit als Aphrodisiaka, also sexuell anregende Substanzen, Liebestrünke *(Philtren)* und magische Liebeszauber verwendet. Das liegt einerseits an dem Aussehen mancher Arten, andererseits an den Wirkungen, die ihr Genuss beschert.

Viele Pilzkörper sehen dem Penis, dem Phallus derart ähnlich, dass schon der Anblick genügt, sexuelle oder erotische Gedanken zu bekommen. Es sind eben die Phallen der Erde, die dem Beschauer das männliche Glied unzweideutig aufdrängen. Dass durch diese dergestaltige Erscheinung die Idee entstand, ein Pilz, der wie ein erigierter Phallus aussieht, verwandle beim Genuss den eigenen Penis in den Phallus Gottes, ist nicht verwunderlich. Diese Schlussfolgerung nannte man eine »Signatur«. Die Signaturenlehre ist besonders durch Paracelsus (1493–1541) bekannt geworden. Sie besagt, dass die Gestalt eines Gewächses auf den menschlichen Teil, der ihr ähnlich sieht, direkt einwirkt. Also: Sieht ein Pilz wie ein erigierter Phallus aus, erzeugt er diesen auch im Manne.

»Pilze sind weltweit als Aphrodisiaka bekannt, und das Schwellen und Wachsen eines Pilzes muss den alten Europäern aufgefallen sein und ihnen den Vergleich mit dem Phallus aufgedrängt haben.« (Gimbutas 1982: 220)

Gegenüber oben: Der Fruchtkörper der Stinkmorchel *(Phallus impudicus)* schiebt sich aus der Erde wie ein erigierter Penis. Er hat auch in etwa die gleiche Größe wie das durchschnittliche versteifte Glied. Der Hut ähnelt der Eichel. Im Volksmund heißt dieser Pilz auch »Brunstkugel, Pintchen, Schwanzmorchel, Stertmorchel, Schamloser Schwamm, Rutenmorchel.«

Gegenüber unten: »Der Buchen- oder Austernpilz *[Agaricus ostrellus]* (Drehling) soll die Geschlechtslust gar sehr erregen. Der Südslave sagt: ›Wer Buchenpilze isst, der wird geil‹.« (Aigremont 1987 II: 78)

Die Signaturenlehre ist historisch sicherlich aus dem Symphatiezauber entstanden. Das Wort »Sympathie« ist griechischen Ursprungs *(sym-pathés* = Mitgefühl, Einhelligkeit, gleiche Empfindung) und bedeutet seit römischen Zeiten soviel wie »Zuneigung« oder »Wohlgefallen«. Sympathiezauber ist also ein Wohlgefallen und Nach- oder Mitempfinden. So wird beispielsweise ein penisförmiger Pilz verabreicht, damit die betroffene Person an der Gestalt des Mittels Anteil nimmt, sozusagen von dessen Gestalt manipuliert wird. Sympathie und Signatur machen die Phallen der Erde zum Liebeszauber. Wenn man einer begehrten Person ein Pilzgericht aus penisförmigen Pilzen vorsetzt, wird die sympathiewirkende oder deutliche Signatur auf den Konsumenten übertragen. Der soll davon aber nichts wissen. Das Mittel soll schon alleine als Liebeszauber wirken. Derartige magische Praktiken treffen wir in den verschiedensten Kulturen an; sie gehören also zum Kulturerbe der Menschheit. Auch wenn viele moderne, »aufgeklärte« (wohl eher abgeklärte) Menschen darüber lächeln und das alles als Aberglauben abtun: Der Liebeszauber ist ein weltweites Phänomen, und das seit frühesten Zeiten. Also sollte doch etwas dran sein. Wer weiß ...

Als Liebeszauber werden besonders die Speisemorcheln *(Morchella* spp.) und die Stinkmorchel *(Phallus impudicus)* benutzt. Die Stinkmorchel gilt seit dem Altertum als Aphrodisiakum. Dabei hat man ihre sogenannten »Hexeneier«, die tennisballgroßen Vela, benutzt. Das Velum der Stinkmorchel ist essbar! Und schmeckt sogar gut! Zerschnitten und in Butter gebraten schmeckt es so ähnlich wie Pommes frites. »Noch heute steht der Pilz bei Jägern in besonderem Ansehen,

»Nach Linné ergötzten sich die Lappländer an dem Geruch einiger [Pilz]-Arten und trugen sie mit sich herum, um sich anziehender zu machen! Linné ruft aus: ›Oh, Venus, die Du Dich in andern Ländern kaum mit Schmucksachen, Diamanten, kostbaren Steinen, Gold, Purpur, Musik und Schauspielen begnügst, hier bist Du mit einem einfachen Pilz zufrieden!‹« (BOURKE 1913: 67)

»Die Trüffel gilt ihres vorzüglichen Nährgehaltes wegen als Aphrodisiacum der Lebemänner.« (HIRSCHBERG und LINSERT 1930: 202)

Trüffeln *(Tuber* spp.) enthalten einen Duftstoff, der chemisch mit den Pheromonen, den Sexuallockstoffen des Menschen, analog ist. Deshalb hat er einen direkten Einfluss auf Erotik und Sexualität. Das Trüffelpheromon löst im Genießer einen mehr oder weniger starken Sexualtrieb aus. Gegen Pheromone, die olfaktorischen Duftstoffe, ist die Psyche des Menschen machtlos. Sie wirken wie eine chemische Steuerung.

sie nennen ihn Hirschbrunst, weil sie sich einbilden, dass er aus dem entfallenen Samen des Hirsches erzeugt wurde.« (HIRSCHBERG und LINSERT 1930: 191)

In manchen unterirdischen Fruchtkörpern erkannte man schon früh ihre Ähnlichkeit zum männlichen Geschlechtsorgan, nämlich zu den Hoden. Also dachte man, diese Pilze müssten auf die Hoden eine anregende und stärkende Wirkung besitzen. Das waren vor allem die Trüffeln, die Hoden der Erde. Im alten Arabien wurden sie feingeschnitten mit dem Fleisch eines jungen Hahnes, Hammelfleisch und -hoden zu einem Liebesmittel eingekocht.

Die kulinarisch so begehrten Trüffeln *(Tuber* spp.) sehen nicht nur wie Testikel aus, sie bilden sogar ein Pheromon (Sexuallockstoff) aus, das dem des Menschen gleicht. Diese Androsterone haben tatsächlich eine pharmakologische Wirkung auf den Menschen. Deshalb gelten Trüffeln nicht nur als »alte« Liebeszauber, sondern sind wirklich nach wie vor physisch wirksame Mittel. Sie werden sehr häufig als Aphrodisiaka gegessen. Schon der Geruch der Trüffelspeise dürfte eine pheromonale, also den Sexualtrieb anheizende Wirkung haben.

Hirschbrunst oder Hirschschwamm *(Elaphomyces granulatus).* Bisher konnte in der Hirschbrunst kein pharmakologisch aktiver Stoff entdeckt werden. Allerdings ist die Hirschbrunst oft von einem anderen Pilz, einer Kernkeule *(Cordyceps)* befallen. Die wiederum hat biologische Aktivität. Vielleicht funktioniert die Hirschbrunst in Tier und Menschen wegen der Inhaltsstoffe der Kernkeule.

Hirschbrunst und Venushandel

Der Gebrauch der Hirschtrüffel bzw. der Hirschbrunst *(Elaphomyces granulatus)* als Aphrodisiakum geht auf die Naturbeobachtung der frühen Jäger zurück. Sie haben gesehen, dass die brünstigen Hirsche diese unterirdischen Pilze (eiförmige Fruchtkörper) aufgespürt und verspeist haben, bevor sie ihre Brunst begannen und die Hirschkuh leidenschaftlich besprungen haben. Schnell entstand die Vorstellung, dass diese Pilze auch den Manne zum Hirschen machen. Übrigens sind von den Menschen viele Heilmittel und Aphrodisiaka durch Beobachtung der Tiere, meist der Schamanentiere (Hirsche, Bären) entdeckt worden. Die Hirschbrunst wird in Schwaben mit den Hirschhoden, Hirschpenissen und Bibergeil zu einem Liebestrank vermischt.

Die »Hirschbrunst unter der Erde« (der Hirschschwamm) wird im Volksmund direkt mit der Stinkmorchel, der »Hirschbrunst über der Erde« in Verbindung gebracht. Die Hirschbrunst ist auch unter den Volksnamen »Bullkugel«, »Bullenlust«, »Bullenlöper«, »Bullappeln« oder »Bullnöten« bekannt. Der volkstümliche Name »Hirschbrunst« wird sowohl für *Elaphomyces* als auch *Phallus impudicus* benutzt. Auch hierin zeigt sich die kognitive Verwandtschaft der beiden Pilzarten.

In Mitteleuropa war der Hirschschwamm bzw. die Hirschbrunst in der frühen Neuzeit eine wichtige Zutat für Liebestränke und eines der berühmtesten Aphrodisiaka: »Auch hat man in den Apotecken noch einen Schwamm / den nennet man im Latein *Fungum ceruinum,* oder *Ceruiboletum,* das ist / Hirschschwamm. Er wechst in Wäldern / da viel Hirschen wohnen. Hat sein Ursprung von dem Hirschen / steckt unter der Erden / und köndte diesen Schwamm vielleicht niemandt finden / wann in die Hirschen nicht selbst offenbarten / dann diß haben die Jäger unnd Bawren wargenommen / daß zu etlichen besondern Zeiten deß Jars die Hirschen mit den forderen Füssen in die Erden scharren / daselbst findet man diesen Schwamm / ist rund / uneben / aussen schwartzlech / innwendig weiß / eines schwerlichen Geruchs / sonderlich weil er frisch ist / welchen Geruch die Hirschen empfinden und darauff scharren. Von den Jägern oder Bawren uberkommen in die Apotecker / die zerschneiden in in etliche Stück / ziehen sie an ein Schnur / henckens auff / lassens im Schatten dörren / und haltens zum Gebrauch. Etliche sagen / man findt auch bißweilen diese Schwämme formiret wie des Hirschen *genitale.*

Von dem Hirschschwamm haben die Alten nichts geschrieben / doch hat er ein Krafft / damit Venußhandel stärckt / so man deß Puluers ein halb Lot / ein quentle langen Pfeffer darzu gemischt / trinckt. Dieser Tranck mehret auch den Frawen die Milch. Von unten auff mit dem Schwam geräuchert / stillet die Mutter in ihrem auffsteigen. Die Circeischen Weiber treiben auch ein Handel darmit / gebens in Liebesträncken. Weiter sagt man, / dieser Schwamm in Wein getruncken / widerstrebe dem Gifft / sonderlich so es von vergifften Thieren kompt. Daß er warmer Natur sey / zeiget der schwere Geruch an.« (MATTHIOLUS 1626: 387)

Links: Der Glanzporling *(Ganoderma lucidum)* aus den Höhen des Himalaya (Kalinchok, Nepal). Er ist nicht nur der wichtigste dortige Schamanenpilz, sondern auch eines der wichtigsten *vajikarana,* tonisierenden Liebesmittel Der Porling ist kein Instant-Aphrodisiakum, sondern ein körperstärkendes Tonikum.

Mitte: Der Glanzporling *(Ganoderma lucidum)* in der seltenen Fruchtkörperbildung als Geweihschwamm. Solche Exemplare werden sehr teuer gehandelt, denn sie gelten als besonders wirkungsvoll – sie enthalten die Kräfte brünstiger Hirsche.

Rechts: *Psilocybe semilanceata,* Gemälde des visionären Künstlers FRED WEIDMANN (*1938). Demnach bewirken die Pilzhüte oder Zwergenmützli erotische Abenteuer.

Die Hirschbrunst war bis ins zwanzigste Jahrhundert hinein in jeder Apotheke und Drogerie unter dem Namen *Fungus cervinus* oder *Boletus cervinus* (»Hirschschwamm«) erhältlich. Heute wird die Hirschbrunst noch gelegentlich auf Bauernhöfen gebraucht. Dort mischt man das leicht braunviolette Pulver (Hirschpulver, *Provis pro Vaccis* = Brunstpulver für Tiere) unter die Nahrung der Stiere, Pferde und Eber, um deren Begattungswilligkeit zu steigern. »Der getrocknete Pilz wird zerrieben und in die Speisen gemengt. Praktisch dürfte er beim Menschen als Aphrodisiacum kaum noch zur Anwendung kommen; doch wird er z. B. in der Kaninchenzucht hier und da noch als Aphrodisiacum verwendet.« (HIRSCHBERG und LINSERT 1930: 164) Und trotzdem: »Es ist uns oft berichtet worden, dass sich Jugendliche verschiedener Altersstufen den Pilz besorgten und pulverisiert verschluckten. Meistenteils, wenn nämlich die Autosuggestion nicht das ihre tat, war man sehr erstaunt, die erwartete Wirkung vermissen zu müssen.« (HIRSCHBERG und LINSERT 1930: 165)

Als Aphrodisiaka werden auch Pilze benutzt, deren Fruchtkörper einem Geweih ähneln, wie etwa der »Geweihschwamm« oder »Geweihpilz« *(Xylaria hypoxylon)* oder die geweihförmige Fruktifikation des chinesischen Unsterblichkeitspilzes *(Ganoderma lucidum)*. Auch hierbei handelt es sich wohl um Sympathiezauber oder Signaturenlehre. Da die Pilzkörper wie Geweihe aussehen, müssen sie auch in der Lage sein, »den Hirschen im Manne« hervorzubringen. Ob diese Pilze dazu taugen, weiß keiner so recht; aber es gibt genug, die daran glauben und an der Verwendung festhalten.

Pilze, die eine psychoaktive Wirkung haben, werden oft als Aphrodisiaka gebraucht. Denn ihre Inhaltsstoffe sind pharmakologisch aktiv. Bei der Einnahme von Fliegenpilz *(Amanita muscaria)*, Pantherpilz *(Amanita pantherina)* und den

Die wichtigsten als Aphrodisiaka und Liebesmittel geltenden Pilze

Austernpilz	*Agaricus ostrellus*
Dunkelrandiger Düngerling	*Panaeolus subbalteatus*
Feuerschwamm	*Pygnoporus coccineus* = *Polyporus coccineus*
Fliegenpilz	*Amanita muscaria*
Fu ling	*Pachyma cocos* = *Poria cocos*
Geweihpilz	*Xylaria hypoxylon*
Gewöhnliche Hundsrute	*Mutinus caninus*
Herrenpilz	*Boletus edulis*
Hexeneier = Stinkmorchel	*Phallus impudicus*
Hirschschwamm	*Elaphomyces granulatus*
Kernkeulen	*Cordyceps* spp.
Ling-shih-Pilz (Glanzporling)	*Ganoderma lucidum*
Morcheln	*Morchella* spp.
Mutterkorn	*Claviceps purpurea*
Pantherpilz	*Amanita pantherina*
Psilocybinhaltige Pilze	*Psilocybe* spp. *Inocybe* spp. *Panaeolus papilionaceus*
Rote Stinkmorchel	*Phallus rubicundus*
Spitzkegeliger Kahlkopf	*Psilocybe semilanceata*
Stinkmorchel	*Phallus impudicus*
Trüffel	*Tuber* spp.
Zauberpilze	*Psilocybe* spp.

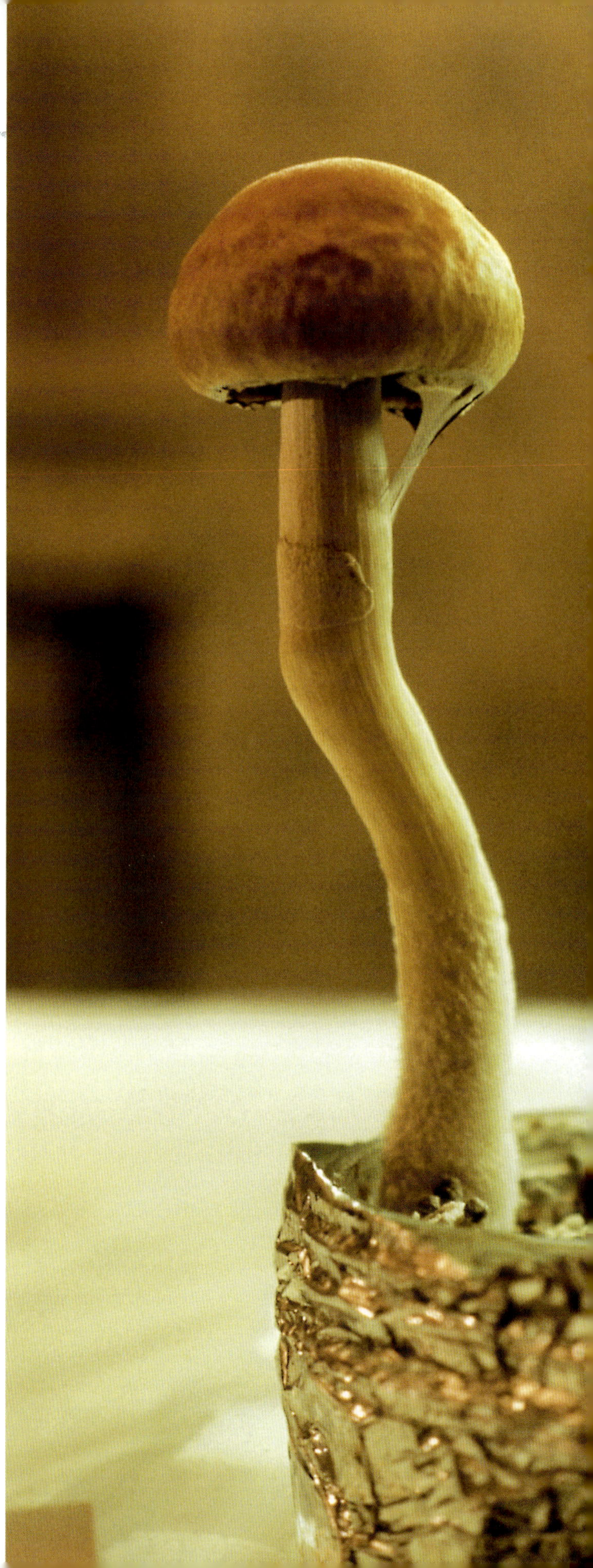

Der psychedelische Zauberpilz *Psilocybe cubensis* bildet im Wachstum seines Fruchtkörpers stark phalloide Gestalten aus. (Foto: A. Freitag)

Zauberpilzen *(Psilocybe, Panaeolus)* kann es, muss aber nicht, zu sehr aphrodisischen Ekstasen kommen. Denn die aphrodisische Wirkung gehört zum Wirkspektrum dieser Pilzinhaltsstoffe (Psilocybin, Muscarin/Ibotensäure). Aphrodisische Gefühle und erotische Erregung treten meist bei kleineren Dosierungen auf. Sie können auch während des Trips oder im Anschluss stark hervortreten.

Die wahre Wonne wird nur dem zuteil, der wirklich die personale Ebene transzendiert hat. Der von der eigenen Persönlichkeit befreite Mensch erkennt den eigenen göttlichen Ursprung und findet die Heiligkeit in jedem Partikel des universellen Netzwerkes wieder. Die alles durchdringende Heiligkeit erzeugt ein allumfassendes Heil. Die Erleuchtung ist der ursprüngliche Orgasmus des Universums. Er enthält die wahre Heilkraft. – Und wenn dabei ein Pilz hilft ...

Viele als Aphrodisiaka verwendete Pilze werden auch als Heilschwämme, Tonika und Schamanenpilze benutzt.

Die geheimnisvolle Kernkeule, ein Lenzmittel

Das inzwischen weltweit begehrte chinesische Aphrodisiakum *Dong chong xia cao* besteht aus den getrockneten Larven und Fruchtkörpern des Pilzes mit dem Namen »Kernkeule« *(Cordyceps)*. Bereits in den ältesten chinesischen Kräuterbüchern wird das *Chung Jiao* (»Lenzmittel« = Aphrodisiakum) gelobt; ein Ruf, der bis heute ungebrochen durch die US-amerikanischen Chinatowns und chinesischen Kolonien hallt. *Cordyceps* gehört zu den begehrtesten und zu den teuersten Pilzen in der TCM. Von chinesischen Apothekern werden die im Himalaya gesammelten Exemplare bevorzugt.

Im Himalaya trägt ein Mischwesen den Namen *yarsa gumba,* »halb Tier/halb Pflanze«; in der Tat sind in allen Traditionen schamanischer Kunst Mischwesen von großer Bedeutung. Eine Wesenheit, die aus einem Tier und einem Pilz besteht, ist natürlich suspekt. Wieso gibt es solche biologischen Kombinationen? Diese Frage ist nur beantwortbar, wenn man das schamanische Grundkonzept – alles Leben ist eins – beachtet.

Die geheimnisvolle Kernkeule *(Cordyceps)* gehört zu den Schlauchpilzen, die überwiegend schmarotzend leben. Die Art, die als Chinesische Kernkeule *(Cordyceps sinensis)* bekannt ist, wird meist im Himalaya gesammelt – oft von Schamanen, um ein geringes Zubrot zu verdienen. Der Pilz gedeiht in der Raupe, einem »Wurm«, die unter der Erde lebt. Wenn der Pilz fruktifiziert, treibt er einen kleinen Fruchtkörper aus, der wie ein erigierter Penis, wenn auch etwas klein, dafür mit deutlicher Gestalt, aussieht. Seit Jahrtausenden schwören die Chinesen auf dessen liebeserregende Kraft. Um diese freizusetzen, wird die Rohdroge – die getrocknete Raupe samt Pilzkörper – fein zermahlen mit anderen Kräutern gemischt oder in ein alkoholisches Getränk (Reiswein, Reisschnaps, Whisky) zum Auszie-

Links: *Cordyceps* sp.

Mitte: Die mexikanische Kernkeule *(Cordyceps capitata)* schmarotzend an einer Erdtrüffel bzw. der Hirschbrunst *(Elaphomyces* sp.). Sie ergeben eine phallische Gestalt. Beide Pilze stehen im Zusammenhang mit der schamanischen Einnahme von Zauberpilzen *(Psilocybe* spp.). Sie werden bei Pilzritualen als Idole (Pilzgeister, Naturgeister) verehrt. Exemplar vom Markt in Coatlán, Mexiko. (Sammlung Gastón Guzmán)

hen eingelegt. Die Kräuter schluckt man etwa eine halbe Stunde vor Nutzung der »Jadestängel«, das Getränk sollte man dreimal täglich zu sich nehmen.

Die Rohdroge *Dong chong xia cao* enthält Cordycepinsäure, Chinasäure, Cordycepin, Eiweißstoffe, gesättigte und ungesättigte Fettsäuren, d-Mannit und Vitamin B12. Cordycepin wirkt nachweislich antibiotisch. Die Tinkturen aus dem zermahlenen Pilz inklusive Larvenkörper haben neben erotisierenden auch leicht psychoaktive, stimulierende, vor allem stimmungsaufhellende, antidepressive Wirkungen. Außerdem erweitern sich die Blutgefäße und die Atemtätigkeit wird effektiver. Bei der Anwendung dieses Naturheilmittels haben die Vegetarier leider ein Problem: Sie ist halb tierisch.

Die Chinesische Kernkeule wird vielleicht besser »Schamanenkeule« genannt. Die von ihm befallene Larve stammt vom *bian fu e* genannten Fledermaus-Falter *(Hepialus armoricanus* OBERTHÜR). Die Chinesische Kernkeule wird von den Yaks im Himalaya während ihrer Brunstzeit aufgespürt, um von ihnen als Aphrodisiakum gefressen zu werden; ganz ähnlich wie die Trüffel vom Schwein. Auch Menschen nehmen den Pilz als Liebesmittel und Tonikum. Deshalb heißt er auf Nepali *jivanbuti,* »Stärkungsmittel«. Der auch *kurki* genannte Pilz dient als Fiebermedizin. Er wird aber auch *tokre shamu* (Sherpa, »Schamanenpilz«) genannt und als solcher benutzt.

Seit der Erfindung von Viagra®, einem Phosphodiesterase-Hemmer, suchen viele Naturkundler nach einer »natürlichen« Korrespondenz oder pflanzlichen Alternative. Allerdings ist bisher kein pilzliches Viagra gefunden worden.

Pilze zum Färben

Oben: Der Große Tintenpilz *(Coprinus comatus)* ist weltweit verbreitet.

Gegenüber rechts: Das begehrte chinesische Aphrodisiakum *Dong chong xia cao* besteht aus den getrockneten Larven des Fledermaus-Falters, die mit einem schmarotzenden oder symbiotisch lebenden Schlauchpilz *(Cordyceps sinensis)* verwachsen sind. 6–10 g werden pulverisiert eingenommen, um den Körper für erotische Abenteuer zu stärken. Erst kürzlich ist es dem Mykologen Paul Stamets gelungen, den schwierig zu sammelnden Pilz zu kultivieren. Extrakte (alkoholische Tinkturen) werden als Tonika und Aphrodisiaka getrunken sowie als Doping-Mittel im Sport geduldet.

»FARBE IST LEBEN.«
HERMANN HESSE

Im Laufe der Kulturgeschichte sind zahlreiche Materialien zur Herstellung von Farben und zum Färben entdeckt und für allerlei Zwecke genutzt worden. Die stärksten, leuchtendsten Farben sind Mineralpigmente, Tone und Erden, sie haben den längsten Bestand. Viele Pflanzen liefern Farbstoffe, die zum Malen und Färben geeignet sind, wie beispielsweise die Färberdistel *(Carthamus tinctorius)*, der Indigostrauch *(Indigofera tinctoria)* oder der südamerikanische Genipapo *(Genipa americana)*. Auch das Tierreich liefert Farbstoffe: Die bekanntesten sind Purpur (aus den Meeresschnecken *Hexaplex trunculus*, der Purpurschnecke, und *Murex [Haustellum] brandaris*, der Herkuleskeule), Tinte (aus Tintenfischen) und Indisch Gelb (aus dem Urin von Rindern, die mit Mangos gefüttert wurden). Sogar das Pilzreich liefert Farben, Farbstoffe, Färberstoffe. Manche Pilznamen deuten darauf hin, wie etwa der Tintling.

Tintlinge: Pilztinte

Tintlinge, Tintenpilze, Tintenblätterpilze oder Tintenschwämme gehören zur Gattung *Coprinus*. Tintenquellen sind vor allem die Arten Echter Tintenpilz *(Coprinus atramentarius)* und Großer Tintenpilz *(Coprinus comatus)*, die weltweit vorkommen.

Die artenreiche Gattung *Coprinus* hat ihren Namen »Tintenschwämme« im Volksmund erhalten, weil ihre Fruchtkörper nach Abgabe der Sporen zu einer schwarzen, tintenartigen Flüssigkeit zerfließen. Der Tintling hat auch in allen slawischen Sprachen Namen, die »Tinte« oder »Tintenfass« bedeuten.

Der *Coprinus atramentarius* ist zudem als »Antialkoholikerpilz« bekannt. Er enthält den Wirkstoff Coprin (N-Hydroxyzyklopropyl-Glutamin). Wenn man zu diesem Speisepilz Alkohol trinkt, kommt es nach einigen Minuten bis zu 24 Stunden lang zu heftigen unangenehmen Kreislaufreaktionen, wie Hitzegefühl, Gesichtsröte, Schwindel und Pulsbeschleunigung. Das Coprin hemmt im Körper den Alkoholabbau. Außerdem entsteht Acetaldehyd, das Vergiftungserscheinungen bewirkt. Sie sind gerade so stark, dass der »vergiftete« Genießer schnell vom Alkohol Abstand nimmt. Das Coprin ist als Mittel beim Alkoholismus anwendbar.

Der Echte Tintenschwamm heißt im Volksmund auch »Krötenschwamm« oder »Krottenstuhl« (Krotten = Kröte); in der Wissenschaft trägt dieser Tintling denselben populären Namen wie der Fliegenpilz *(Amanita muscaria)*.

Die schwarze Tinte, die aus dem Echten Tintenpilz *(Coprinus atramentarius)*, auch als Faltentintling bekannt, dringt, wurde früher als Tinte zum Schreiben benutzt. Wie schreibtauglich diese schwarze Tinte ist und ob sie dauerhaft auf Papier oder Pergament erhalten bleibt, ist unklar.

Hier sieht man, wie die Wichtel die Pilze mit bunten Farben bemalen. (Postkarte, um 1900)

Viele Pilze bilden Fruchtkörper, die durch stark leuchtende Farben auffallen. So etwa der Dunkelviolette Dickfuß *(Cortinarius [Inoloma] violaceus)*, der Rötliche Lacktrichterling *(Laccaria laccata)*, der orangefarbene Samtfußrübling *(Collybia velutipes)*, der Purpurviolette Täubling *(Russula sardonia)*, der Grüne Speisetäubling *(Russula heterophylla)*, der Hochrote Saftling *(Hygrophorus [Hygrocybe] puniceus)*, der Purpurschneckling *(Hygrophorus russula)*, der Goldröhrling *(Boletus [Ixocomus] elegans)*, der Blutrote Röhrling *(Boletus versicolor)*, die Gelbe Koralle *(Clavaria flava)*, der Rotbraune Gallerttrichterling *(Guepinia rufa)*, der Orangebecherling *(Peziza aurantia)*, der Zinnoberrote Kelchbecher *(Sarcoscyphia coccinea)* und natürlich der Fliegenpilz *(Amanita muscaria)*. Allerdings sind die Fruchtkörper dieser farbenfrohen Pilze nicht als Farben bzw. Farbpigmente zu gebrauchen.

Der Autor, Christian Rätsch, mit einer frischen, leuchtend roten Fliegenpilzernte.

»Rot gilt seit jeher als Farbe des Blutes und des Lebens, der Sinnlichkeit und Erotik, der Leidenschaft und Liebe, Macht und Würde. Es wurde viel mit magischen Vorstellungen verbunden oder als Heilzauber verwendet. Gleichzeitig ist Rot gefährlich und dämonisch ...«

(SCHNEIDEWIND 1999: 271)

Am Anfang war Rot

Der Gebrauch von Farben begleitet den Menschen seit der Steinzeit. Der archäologisch älteste Beleg für den gezielten Gebrauch von Farben oder Farbstoffen zeigt sich deutlich an den prähistorischen Ritualobjekten (Kleinkunst) und Höhlenmalereien. Die älteste Farbe der Menschheit ist – soweit wir wissen – der rote Ocker. Mit ihm wurden Tierschädel, Knochen und Figuren bestreut oder bestrichen. Der aufgetragene rote Ocker war eine Ritualfarbe. Ob sich die Frühmenschen selbst damit bemalt haben, ist nur zu vermuten, aber es ist sehr wahrscheinlich. Denn der Gebrauch von rotem Ocker oder roten Farben ist bis heute bei Ethnien bekannt, die von der Presse gerne als Steinzeitvölker bezeichnet werden. Rot ist die zentrale Farbe des Schamanentums, sie ist wichtig vor allem bei Gesichts- und Körperbemalungen. Der Gebrauch roter Farben für rituelle Zwecke ist bis heute weltweit anzutreffen. Bei vielen Völkern gilt Rot als die Farbe des Lebens, es symbolisiert das Blut, den Lebenssaft. Rot ist auch die Farbe der Liebe.

In Amerika wird rote Farbe meist aus den Samen des Annatostrauchs *(Bixa orellana)* gewonnen. Bei manchen indianischen Völkern (von Mexiko bis Südamerika) wird auch ein Pilz, nämlich der Feuerschwamm *(Pygnoporus coccineus)* zum Färben der Haut, und zwar der Gesichtshaut, benutzt. Zum einen, weil man dann ein attraktives Rotbäckchen ist, zum anderen, weil die Indianer überzeugt davon sind, dass diese Pilzfarbe im Gesicht wie ein Liebeszauber wirkt.

Zur Färbung der Gesichtshaut wird die Unterseite des frischen Porlings auf die Haut gerieben. Dann entsteht die magische Schminke: ein zauberisches Make-up. Um zu erfahren, ob dieser Liebeszauber funktioniert, muss ihn der, der es wissen will, im Dschungel selbst ausprobieren. Auf jeden Fall ist das gerötete Gesicht ein visuelles Zeichen für sexuelle Wünsche.

»Mirabile dictu, der Reigen verschiedener Farbschattierungen durch das gesamte mögliche Spektrum – Gelb-, Braun- und Orangetöne eingeschlossen; aber es kommen auch Rot-, Grün-, Purpur- und Blautöne vor. Ja, sogar Blau, das von anderen Färbemitteln nur schwer zu erhalten ist, kommt vor; all das macht den außergewöhnlichen Reichtum an Farben des Pilzreiches aus.« (RICE 1980)

Oben und gegenüber links: Die Mataco-Indianer (Nord-West-Argentinien) nennen den Feuerschwamm *(Pygnoporus coccineus) olét* und reiben sich mit dessen Unterseite das Gesicht als Liebeszauber rot ein; sie werden dadurch sexuell attraktiv, heißt es. (Ausschnitt der Unterseite)

Gegenüber rechts: Das schwarze Sporenpulver des Maisbeulenbrandpilzes *(Ustilago zeae, Ustilago maydis)*, eines Verwandten des Mutterkorns, als rituelle Körperfarbe für geheime Zeremonien von Schamanen.

Seite 88: Das grundlegende Werk über den Gebrauch von Pilzen zum Färben (RICE 1980). Der auf dem Buchumschlag abgebildete Farbkranz zeigt das gesamte Spektrum der Pilzfarben.

Färben mit Pilzen

In den letzten Jahren werden immer mehr Pilzarten bekannt, deren Farbstoffe bei entsprechender Zubereitung zum Färben von Textilien geeignet sind. Die pilzbegeisterte US-Amerikanerin Miriam C. Rice erforscht seit den 1970er-Jahren die Möglichkeit, mit Pilzen verschiedenster Herkunft und Art Farbstoffe zum Färben von Wolle und Stoffen zu entwickeln. Dazu hat sie alle möglichen Pilze gesammelt, sie frisch ausgekocht und sie zerfließen oder trocknen lassen. Sie hat mit Druckkochtöpfen, Schockgefrieren und Eistruhen sowie speziellen Behandlungen mit den Pilzarten experimentiert. Ihre Liste von Pilzsarten, die geeignete Farbstoffe produzieren, wird von Jahr zu Jahr länger. Ebenso gewinnt sie immer mehr Farbtöne hinzu, sodass sie jetzt die gesamte Farbpalette aus Pilzen zusammenbekommen hat. (RICE 1980)

Der erste Pilz, mit dem Rice experimentiert hat, war der *Hypholoma fasciculare* (»Sulphur Taft«). Sie stellte fest, dass sich die Pilzfarben relativ leicht gewinnen lassen; ein ideales neues Gebiet für mycophile Pilzafficionados.

Mit ihrem Enthusiasmus hat sie schon viele Workshopbesucher verblüfft und begeistert. Sie warnt zwar davor, mit giftigen Arten zu arbeiten, aber solange man die Giftpilze (wie Knollenblätterpilze) nicht isst, kann eigentlich auch nichts passieren. Zum Färben werden meist die Fruchtkörper der verschiedenen Arten verwendet. Je nach Zubereitung kann die gewonnene Farbe variieren.

Die meisten von Rice verwendeten Gattungen sind *Cortinarius, Hydnellum, Hydnum* und *Polyporus.* Manche Arten können aufgrund der Weiterverarbeitung verschiedene Farbtöne ergeben. Je nach dem benutzten Beizmittel (zum Beispiel Kupfersulfat, Kaliumdichromat) und dem Metalltopf, in dem die Farbe gekocht und haltbar gemacht wird, kann ein und dieselbe Pilzart verschiedene Farben ergeben. Die wichtigsten in Pilzen vorkommenden, farbigen Chemikalien sind Emodin, Dermocybin, Physicion, Hypholomin, Hispidin, Atromentin.

Pilze, deren Fruchtkörper sich bei Druck blau färben, sind nicht als Färbemittel geeignet. Meist entsteht dieses Blau in psilocybinhaltigen Pilzen durch chemische Veränderung des Psilocybin.

MUSHROOMS FOR COLOR

by
MIRIAM C. RICE

illustrations by
DOROTHY BEEBEE

Pilze, die zum Färben taugen
(nach Rice 1980; Auswahl)

Rot	*Cortinarius croceofolius*
Rot	*Cortinarius phoenicius* var. *occidentale*
Orangerot	*Cortinarius sanguineus*
Rosa	*Chroogomphus (Gomphidius) vinicolor*
Rosa	*Collybia acervata*
Apricot	*Boletus aurantiacus*
Apricot	*Gyromitra infula*
Orange	*Boletus aereus*
Orange	*Boletus edulis*
Gold	*Cortinarius annulatus*
Gold	*Gymnopilus spectabilis*
Gelb	*Lycoperdon* sp.
Gelb	*Polyporus (Laetiporus) sulphureus*
Gelb	*Hypholoma fasciculare*
Zitronengelb	*Amanita muscaria*
Zitronengelb	*Boletus aereus*
Zitronengelb	*Hygrophorus citrinus*
Grüngelb	*Boletus impolitis*
Grüngelb	*Cortinarius annulatus*
Senffarbig	*Boletus mirabilis*
Senffarbig	*Naematoloma (Hypholoma) fasciculare*
Grün	*Hydnum imbricatum*
Gelbgrün	*Cortinarius cotoneus*
Braungrün	*Collybia acervata*
Braungrün	*Daldinia grandis*
Braungrün	*Hydnellum peckii*
Graugrün	*Hydnellum aurantiacum*
Blaugrün	*Merulius tremellosus*
Blaugrün	*Hydnellum caeruleum*
Salbeigrün	*Daldinia concentraria*
Salbeigrün	*Stropharia ambigua*
Waldgrün	*Hydnellum* spp.
Olivegrün	*Boletus aureus*
Olivegrün	*Hydnum scabrosum*
Graugrün	*Amanita muscaria*
Graugrün	*Clavaria aurea*
Graugrün	*Laccaria amethystina*
Graublau	*Hydnellum caeruleum*
Warmes Grau	*Agaricus arvensis*
Blau	*Hydnum imbricatum*
Marineblau	*Paxillus atrotomentosus*
Hellblau	*Hydnellum caeruleum*
Hellblau	*Hydnum imbricatum*
Blaugrau	*Phellodon niger*
Blaugrau	*Trametes (Coriolus) versicolor*
Purpur	*Cortinarius californicum*
Purpur	*Omphalotus olivascens*
Blaupurpur	*Omphalotus olivascens*
Lavendel	*Cantharellus (Gomphus) clavatus*
Lavendel	*Russula sanguinea*
Mauve	*Cortinarius croceofolius*
Burgund	*Cortinarius aureifolius*
Rosé	*Cortinarius sanguineus*
Schmutzigrosé	*Chroogomphus (Gomphidius) vinicolor*
Braun	*Agaricus campestris*
Braun	*Fometopsis (Fomes) cajanderi*
Braun	*Polyporus tomentosus*
Dunkelbraun	*Agaricus sylvaticus*
Dunkelbraun	*Polyporus sulphureus*
Graubraun	*Panus torulosus*
Rotbraun	*Polyporus sulphureus*
Zimtfarben	*Leccinum scabrum*
Goldbraun	*Gyromitra infula*
Gelbbraun	*Lycoperdon* sp.
Grünbraun	*Boletus piperatus*
Grünlich	*Inocybe maculata*
Purpurschwarz	*Paxillus atrotomentosus*
Blauschwarz	*Hydnum fennicum*
Braunschwarz	*Bulgaria inquinans*
Beige	*Gyromitra infula*
Schwarz	*Hydnellum peckii*
Schwarz	*Polyporus (Boletopsis) leucomelas*
Grau	*Coprinus comatus*
Grau	*Cortinarius violaceus*
Grau	*Polyporus (Laetiporus) sulphureus*

Pilze in der Mythologie

> »Echte Mythologie ist uns so völlig fremd geworden, dass wir, bevor wir kosten, stehen bleiben und nachdenken wollen.«
> (JUNG UND KERÉNYI 1980: 9)
>
> »Nur Blumen [= Zauberpilze] und Gesänge bleiben – wir wandern.«
> (WOLFGANG RIHM, *Die Eroberung von Mexiko*, 1992)

Was ist eigentlich Mythologie? – Mythologie ist die Lehre von den Mythen, das heißt von den tradierten Geschichten über die Entstehung der Welt, so wie sie ist. Jede Mythologie versucht, den Ursprung des Universums und die Ursprünge der Kosmologie zu verstehen. Mythen sind erzählerische Metaphern, kognitive Modelle, die dem Menschen erklären, wie es zur Welt kam, wie er zur Welt kam und wozu er in der Welt sein Leben verbringen, fristen, erdulden, erleiden oder genießen kann oder darf.

Da die Pilze nun einmal zur Lebenswelt der meisten Menschen dieser Erde gehören, kommen auch sie in manchen Mythologien vor. Zum Beispiel:

Als die kolchische Zauberin Medea – die berühmteste antike Hexe – dank ihrer schamanischen Kunst mit Schlangenflügeln über Griechenland flog, landete sie schließlich an der Musenquelle Pirena in Ephyra (Korinth): »Hier sollen nach alter Sage in der Urzeit Menschenleiber aus Pilzen entstanden sein, die im Regen gewachsen waren.« (OVID, *Metamorphosen* VII 390ff)

In der germanischen Mythologie heißt es, dass der Schamanengott Wotan zur Zeit der Raunächte, also in den zwölf Tagen um die Wintersonnenwende, mit seiner Wilden Jagd über die Wolken braust. Dort, wohin der schaumige Speichel seines Pferdes tropft, wird die Erde befruchtet. An diesen Stellen wachsen genau neun Monate später – die Erde ist schwanger! – Pilze mit rotem Hut und weißen Flecken (die Reste des Speichels), nämlich Fliegenpilze. In Varianten dieser Volkssage heißt es, dass Pilze mit braunem Hut gedeihen. Diese Geschichte gehört zu der weitverbreiteten Annahme, dass Pilze mit Blitz und Donner zu tun haben. Schließlich erzeugt das Getrampel von Wotans Pferd auf den Wolken den Donner und Blitz.

Potzblitz, ein Pilz!

Die Assoziation von Pilzen und Blitzen ist nicht nur weltweit verbreitet, sondern auch historisch sehr alt. In der Antike glaubte man, dass Pilze durch Blitz und Donner entstehen. Der antike Autor Athenaios (Anfang des 3. Jh. n. Chr.) glaubte, dass die Qualität und Quantität der Trüffel von Gewalt und Häufigkeit des Donners abhänge.

»Ich werde dich rühmen, wie du durch einen Aetna-Blitz aus deiner Mutter geboren wurdest ...« (PROPERZ III 17, 21; Anrufung des Bacchus) – Dionysos galt allgemein als aus dem Blitz des Zeus geboren. Eines der wenigen antiken Zeugnisse der psychoaktiven Anwendung von Pilzen stammt von Antiphanes, der schrieb,

Altägyptische Darstellungen, die deutlich als Fliegenpilze gedeutet werden können.

Folgende Doppelseite: Odins Wilde Jagd (1872), Gemälde von PETER NICOLAI ARBO (1831–1892). Die Wilde Jagd ist ein im Volkstum fest verankerter Topos. Sie ist Thema schriftlicher Zeugnisse verschiedener Zeiten, Sagen, tradierter Bräuche (Raunachts-Räucherwerk), literarischer Verarbeitungen, musikalischer Dichtungen (Weber, Wagner, Schönberg) und bildender Kunst.

dass ein Pilz, der mit der Eiche assoziiert war (Zeus-Ammon!), Hellsichtigkeit bewirke, wenn er verspeist werde. *(Frg.* 227).

Was die alten Ägypter von Pilzen hielten, was sie über sie dachten und wie Pilze – wenn überhaupt – benutzt wurden, ist noch weitgehend unbekannt. Allerdings könnte man den Mythos von der Schöpfung der Welt als eine Mythifizierung des Pilzes deuten: »Als die Urwasser noch die Welt bedeckten und außer dem Feuchten und dem Windhauch noch nichts auf der Welt war, erhob sich aus den Wassern der Urhügel, der ein großes Ei trug ... Aus dem Ei aber entsprang der Gott Ammon ... Er schuf aber die Welt und alles, was in ihr lebt, indem er einfach ihr Kommen befahl. So blieb er auch in allen Dingen wirksam und mächtig, der *Ba* aller Erscheinungen.« (KELLENBERGER 1980) Es ist leider kein altägyptischer Name für Pilze im Allgemeinen oder im Speziellen überliefert worden.

Ammon entsprach dem griechisch-römischen Zeus-Jupiter und war ebenfalls ein phallischer Schöpfer-, Orakel- und Donnergott. Nun war in der Antike der Glaube verbreitet, dass Pilze durch Blitz und Donner entstehen, außerdem war das Wachstum der Pilze bekannt: »Die Erde erzeugt nämlich zuerst zu diesem Zweck eine Hülle, dann den Pilz selbst in der Hülle, wie das Gelbe im Ei ist ... Die Ursubstanz und Entstehungsursache liegt in dem Schlamm und in dem sauer werdenden Saft der feuchten Erde ... Übrigens verteilt sich Entstehen und Vergehen der Pilze insgesamt nur auf sieben Tage.« (PLINIUS XXII, 93/94/95)

Sollte Ammon also ein schöpferischer Pilz (= Phallus) sein, der aus dem Ei hervorgewachsen war? Begann die ägyptische Kosmografie mit einem Weltenpilz anstelle eines Weltenbaumes? Kannten die Ägypter entheogene Pilze, die sie in die himmlischen Welten des Ammon trugen, und die sie symbolisch in ihren geheimen Überlieferungen verschlüsselt haben? – Immerhin ist aus koptischer Zeit bekannt, dass der Fliegenpilz »Rabenbrot« genannt wurde, eine Bezeichnung, die auf die weitverbreitete Vorstellung, dass man sich mithilfe des Pilzes in einen Raben verwandeln und in den Himmel fliegen kann, hinweist. Herodot beschrieb den frühen schamanischen Priester und Dichter Aristeas, der sich in einen Raben verwandeln und dergestalt seinen Geist von seinem Körper trennen und in andere Gefilde segeln konnte. (IV, 14-15)

»Ammon ließ mich in den Himmel blicken. Er schlug mir die Tore der Höhe auf, er öffnete mir die Türe seines Horizontes. Ich flog zum Himmel als ein göttlicher Falke. Ich sah seine geheime Gestalt, die im Himmel ist ...« *(Inschrift in Karnak)* – *Reisen* dieser Art gehörten schon immer zum Repertoire der Schamanen.

In einer afrikanischen Mythe der Pangwe aus dem kongolesischen Waldland heißt es: »Die Erde kam aus einem Pilz hervor, ›wie aus einem Ei‹, genauer: Der eiförmig gedachte Pilz teilte sich in der Mitte; der obere Teil stieg auf und wurde der Himmel, der untere wurde die Erde. Aus den beiden Hälften Alonkoks, so heißt der Pilz, traten alle Dinge, die sichtbar sind, hervor: Die Gestirne, die Sonne, Berge, Flüsse, Pflanzen, Tiere und die ›Urmutter‹, ebenfalls Alonkok geheißen. In

einem separaten Ei lag der Blitz: So kam die Urmutter zum Feuer.« (BONIN, zit. in HASENEIER 1992: 22).

Pilze, besonders Fliegenpilze, werden auch in der mesoamerikanischen Mythologie einiger Maya-Völker mit Blitz und Donner in Verbindung gebracht. Die in Chiapas und der Selva Lacandona (Mexiko) lebenden Tzeltalen und Tzotzilen nennen den Fliegenpilz *(Amanita muscaria) yuy chauk,* »Donnerkeil-Pilz«. Im Hochland von Guatemala ist der Fliegenpilz unter dem Namen *shtantilok* oder *shtantalok* (»Donner-Pilz«) gut bekannt und weit verbreitet. Auf Quiché heißt er *kaquljá okox,* »Donnerkeil-Pilz« oder *itzel okox,* »diabolischer Pilz«; auf Cakchiquel entsprechend mit der gleichen Bedeutung *ruk'awach q'uatzu:y.* Die Kekchi nennen den Fliegenpilz *rocox aj tza,* »Teufels-Pilz«. Merkwürdigerweise bedeutet *okox* im Quiché auch »weibliches Genital«.

Im *Popol Vuh,* der in der frühen Kolonialzeit aufgezeichneten Schöpfungsgeschichte der Quiché, taucht der Blitzgott *Kakulja Hurakan,* wörtlich »Donnerkeil-Einbein«, neben zwei weiteren Blitzgöttern als Herz des Himmels« auf. (Von diesem Götternamen leitet sich auch das heute weltweit verbreitete Wort Hurrikan = Wirbelsturm ab.) In dem Abschnitt »Das blutige Opfer« wird offensichtlich ein Pilzopfer (an die Pilzsteine) beschrieben: »Und da dies der Göttertrank ist, sprachen die Steinbilder, wenn ihre frommen Diener mit Weihrauch [Copal] vor ihnen erschienen. Und so tat man auch vor jenen im Hirschgewand. Harz brannte man ihnen und Zauberkraut, und Rauschpilze *[holom ocox,* ›Pilz-Kopf‹] brachte man ihnen dar.«

Elfenbankjes, »Elfenbänke«, heißen verschiedene Baumpilze. Auf solchen Baumpilzen soll man mit Glück eine Elfe sehen können, denn diese sollen sich manchmal auf den stuhlartigen Pilzen ausruhen ...

Elfenbänke und Krötenstühle

In den volkstümlichen Namen mancher Pilze spiegeln sich mythologische Elemente wider.

Die innige Verbindung der Pilze zur Feen- und Elfenwelt wird deutlich in dem Namen »Elfenbänke« oder »Elfenbankjes« (ndl.). Es sind meist Porlinge, die an Bäumen wachsen, und deren Fruchtkörper am Stamm wie ein Stuhl oder eine Bank aussehen. Es heißt, dass sich die Elfen nachts auf diesen Pilzen ausruhen, wenn sie lange durch die Lüfte geflogen sind oder im Pilzdorf zu lange getanzt haben. In diesen Porlingen, auf denen Elfen gesessen haben, muss auch etwas von ihrer andersweltlichen Kraft haften geblieben sein. Solche Elfenbänke sind magisch und werden als Zaubermedizin verwendet. In der Tat enthalten viele Porlinge pharmakologisch wirksame Inhaltsstoffe.

In Japan gibt es einen sehr großen Glanzporling *(Polyporus* sp.), der »Affenstuhlpilz« heißt. Er ist tatsächlich so groß, dass es sich ein Affe auf ihm gemütlich machen kann. Die Japaner verehren solche Pilze. Besonders große und schöne Exemplare werden als Meditationsobjekte benutzt.

Rechts: Der Wikinger Hägar, der Schreckliche, beim Pilzesammeln. (Kartoon von Dick Browne)

Unten: Der Baumschwamm *(Polyporus* sp.) sieht aus wie eine Sitzbank.

Links: Der Affenstuhlpilz *(Polyporus* sp.) als japanisches Meditationsobjekt.

Rechts: Der Krötenstuhl auf einer Postkarte von Edwin Giesbers.

In vielen Sprachen gibt es Pilze, die ebenfalls als »Stuhl« bezeichnet werden: im Englischen ist der Name *Toadstool* verbreitet, in Holland heißen Pilze im allgemeinen *Paddestoelen* (»Krötenstühle«). Im deutschen Sprachraum findet man die Namen »Krottenschwamm« oder »Krötenstuhl«.

Der Krötenstuhl ist meist ein Fliegenpilz *(Amanita muscaria)*. Die Assoziation von Kröten und Pilzen ist sehr alt. Wir finden sie schon in der antiken Literatur. Damals glaubte man, dass sich Kröten, die allgemein als giftig gedeutet wurden, gerne unter den Schirm des Pilzes hocken oder auf dessen Hut Platz nehmen. Durch die Berührung mit dem Krötensekret sollte der Pilz dann seine Giftigkeit erhalten.

Allerdings war die Kröte im alten Europa eine Göttin, wenn nicht sogar die Große Göttin selbst. Und ihr Stuhl war ein entheogener Thron. Deshalb ist der Krötenstuhl heilig, jedenfalls bei den Heiden. – Pilze gehören also zum magischen Mobiliar der Anderswelt.

»Sein Name ist das Licht der Erde, weil sein Hut sehr rot ist. Wenn du ihn kaust, wirst du blass, blutleer. Er setzt dein Bewusstsein aus (= verwirrt dich). Dort an modernden Pinien kommt der Pilz hervor. Es gibt ihn nur in den Pinienhainen.«
(CHAN K'IN MA'AX; Lakandonischer Schamane, Mexiko, ca. 1890-2000)

Links: Sand, der mythologische Ursprung der Welt der Lakandonen.

Rechts: Der mexikanische Fliegenpilz *(Amanita muscaria* var. *mexicana)* hat eine fast purpurviolette Farbe.
(Illustration von Bernhard Borchert aus SCHENK 1954: 27)

Das Licht der Erde

Am Anfang des Seins gab es ein Götterpaar: Ka'k'och (»Zwei-Brüllaffe«) und seine Gemahlin. Sie saßen im Sand und überlegten, was sie tun könnten. Da nahmen sie ein paar Kieselsteine – wie die entstanden sind, ist nicht beschrieben, sie waren einfach plötzlich da. Die beiden nahmen also ein paar dieser Kieselsteine und warfen sie auf den Sand. Da begannen sich die Steine in Pilze zu verwandeln. Manche blieben Pilze, aber andere nahmen die Gestalten von Kräutern, Büschen und Bäumen an. Da die Bäume aus Pilzen entstanden sind, war in ihnen noch der pilzliche Urgrund enthalten und sie begannen, Baumpilze auszutreiben. Deshalb ist der Wald, die Welt, bis heute voller Pilze, die in der Erde wohnen, die aus dem Dschungelboden sprießen und die an Bäumen gedeihen. (Ursprungsmythe der Nördlichen Lakandonen)

Dieser Wald wurde die Welt, die Lebenswelt der Lakandonen, eines kleinen Mayavolks, das bis heute im südmexikanischen Regenwald, der Selva Lacandona, im Bundesstaat Chiapas lebt. Die Lakandonen haben eine gewisse Scheu vor Pilzen, denn sie assoziieren sie mit der Unterwelt Xibalba, dem Reich des Kisin (des »Furzers«), des Herrn des Todes. Kisin und seine Familie ernähren sich nicht von Maisfladen und Bohnen wie die Menschen, sondern von Baumpilzen und Fliegen. Deshalb heißen die flachen, an verrottenden Baumstämmen wachsenden Pilze *u yoch wah Kisin,* »die Maisfladenspeise des Furzers«. Sie gehören zu den Pilzen, die allgemein *kuxum che'*, »das Lebende am Baum/Holz«, genannt werden. Sie werden von den Menschen weder als Zunder noch als Heilmittel genutzt. Denn sie sind die

Ganz oben: Ein Baumpilz *(kuxum che')*, den die Lakandonen zu den Speisen des Herrn des Todes zählen.
(Naha', Chiapas, Mexiko)

Oben: Dieser fladenartige Baumpilz wird von den Lakandonen *u yoch wah kisin,* »die Maisfladenspeise des Furzers«, genannt. Er gehört zur Nahrung der Unterirdischen; die Menschen meiden ihn.

Speise der Wesen und Ahnen, die in der Unterwelt hausen. Von dort kommen die Pilze, die auch *kuxum lu'um,* »die Lebenden der Erde«, genannt werden. Sie sind so etwas wie Boten aus der Toten- und Unterwelt. Manche von ihnen, zum Beispiel weiße Trichterlinge (*Lyophyllum decastes, Lactarius* sp., *Pleurothus smithii)* werden gegessen. Sogar der Fliegenpilz *(Amanita muscaria* var. *mexicana)* wird gelegentlich verspeist. Er hat seine »Wurzeln« in Xibalba, reckt aber seinen Kopf aus der Erde. Er heißt *äh kib lu'um,* »das Licht der Erde«. Aber er kann einem den Kopf verdrehen. Und dann sieht die Welt ganz anders aus.

Pilzsteine

Dass Pilze in der alten Mayakultur eine große rituelle und schamanische Bedeutung besaßen, kann man an den sogenannten Pilzsteinen sehen. Diese Pilzsteine sind kleine, aus hartem Gestein gefertigte Skulpturen, die wie ein Pilz, wie ein *Boletus* oder eine *Amanita* aussehen. Unten am Stiel ist oftmals eine Figur, ein andersweltliches Tier oder ein Gesicht eingearbeitet. In vielen Gebieten der Mayaländer sind solche Pilzsteine gefunden worden. Oft hat man sie in rituellen Zusammenhängen ausgegraben. Sie standen vor Altären oder Opfernischen. Die meisten Forscher sind sich einig darüber, dass diese Skulpturen Zeugen einer Pilzverehrung, eines Pilzkultes oder des schamanischen Gebrauches darstellen.

Neben den Pilzsteinen gibt es noch andere Quellen, die auf das »Licht der Erde« ein Licht werfen.

Aus der vorspanischen Zeit sind vier verschiedene Handschriften der Maya (Codices) erhalten geblieben. Diese Codices waren Almanache und dienten den Priestern als Handbücher bei der Divination. Der amerikanische Mykologe Bernard Lowy interpretiert eine Stelle im *Madrid Codex* (= *Codex Tro-Cortesianus,* S: 51b) als rituelle Opferung eines Fliegenpilzes: Sie zeigt den sogenannten »Gott M« (da der Name nicht bekannt ist, haben Archäologen die verschiedenen Götter nach den Buchstaben des Alphabetes tituliert), der (nach Lowy) einer Gottheit im Tempel über einem Gefäß mit Rauschtrank *(balche)* einen Fliegenpilz darbringt. Bei einer vergleichbaren Szene *(Madrid Codex,* S. 95b) steht über dem »Pilz«, der von Gott M überreicht wird, die Glyphe Cimi, »Tod, gestorben«. – Der durchweg langnasige Gott M wird oft bei der Feuerbohrung, beim Blutopfer, beim Schlagen des Blitzes und mit einem Wanderstab dargestellt. Gelegentlich trägt er einen Skorpionschwanz. Seine Namenshieroglyphe ist ein schwarz umrandetes Auge der alten Götter – möglicherweise wird dadurch seine Fähigkeit zum magischen Sehen angedeutet. Im *Madrid Codex* ist er öfter als in den anderen Handschriften dargestellt. Er erscheint dort auch im Zusammenhang mit der Bienengottheit *(Ah Muzen Cab),* der Bienenzucht und dem Honig, der zur Herstellung des *balche*-Trunkes notwendig ist. Er hat auch Beziehungen zum Tod und zur Unterwelt

Pilzsteine

Aus dem südlichen Mesoamerika, hauptsächlich Chiapas (Mexiko), Guatemala und El Salvador, sind mehrere um die 30 Zentimeter hohe Steinartefakte bekannt, die in der Fach- und Populärliteratur als »Pilzsteine« bezeichnet werden. Diese Steinartefakte sind zum Teil weit über 2000 Jahre alt. Der deutsche Geograf Carl Sapper hielt sie für »Pilzförmige Götzenbilder« (1898). Der amerikanische Gelehrte Daniel G. Brinton war der Meinung, bei diesen Objekten handle es sich um Mondsymbole (1898). Der amerikanische Archäologe Thomas W. Gann hingegen sah in ihnen Phallussymbole (1911). R. Gordon Wasson, der Begründer der Ethnomykologie, glaubte in den Pilzsteinen das Symbol einer archaischen, entheogenen Pilzreligion zu erkennen (1961). Der deutsche Altamerikanist Ulrich Köhler hält die Pilzsteine für Töpferei-Formen (1976) und der mexikanische Mykologe Gastón Guzmán sieht in den Pilzsteinen Repräsentationen von Speisepilzen *(Boletus edulis)* (1984). Am meisten verbreitet ist die Ansicht, dass es sich bei den Pilzsteinen um rituelle Objekte handelt, die mit der Einnahme von Fliegenpilzen oder psilocybinhaltigen Pilzen verbunden waren. Heutzutage sammeln *Psilocybe*-Pilzfreunde aus aller Welt Reproduktionen solcher Pilzsteine, um damit ihre Hausaltäre zu schmücken.

Ein Pilzstein der alten Maya aus El Salvador, aus dem 2. bis 3. Jh. n. Chr. Er ist 33,5 Zentimeter hoch und gehört zu den ausdrucksstärksten Exemplaren.

Xibalba. Er gehört vielleicht zu den *bolon ti kuh*, den »Neun Göttern der Unterwelt«.

Auch im *Codex Dresdensis* – der *Codex Dresdensis* ist die bedeutendste präkolumbianische Mayahandschrift – gibt es einige Göttergestalten, die ikonografische Elemente aufweisen, die sehr stark an den Mexikanischen Zauberpilz *(Psilocybe mexicana)* erinnern. Aus den Darstellungen könnte man schließen, dass die Pilze rituell verspeist, ja sogar für bestimmte Rituale gezüchtet wurden. Einige Gestalten erinnern an den »Herabsteigenden Gott«. Sie halten in ihren Händen Gebilde, die sie offensichtlich aus dem Himmel auf die Erde bringen. Wurden die Pilze der Götter zu den Blüten der Erde?

Links: Der schwarze Gott M der Maya wird auf dieser Seite des *Codex Madrid* (51b) beim Feuerbohren (oben), beim Opfern eines Fliegenpilzes (Mitte) und beim Schlagen des Blitzes (daneben) dargestellt. (Museo de America-Collection, Madrid)

Rechts: Die untere Opferszene zeigt eine schlangenumwundene Säule, auf der eine Gruppe von spitzhütigen Pilzen *(Psilocybe)* sitzt. (Sächsische Landesbibliothek – Staats- und Universitätsbibliothek Dresden, *Codex Dresdensis,* Mscr. Dresd. R. 310, Codexteil Av, fol. 27, um 1250)

Als die Europäer in die Neue Welt drängten, begegneten sie erstmals Schamanen, die abschätzig als »Zauberer« und »Schwarzkünstler« bezeichnet wurden. Ihre Götter oder Hilfsgeister wurden als Götzen, Idole und Teufelswerk degradiert; ihre heiligen Tränke als Hexengebräu diffamiert. Die Schamanen waren sowieso des Teufels, weil ihre Hilfsgeister und Gottheiten durch die Christenbrille die Familiare der Hexen oder die Trugbilder des Satans oder der Teufel persönlich waren. Schamanismus = Teufelsanbeterei!
Die einst heiligen Pflanzen und Pilze des Schamanentums gelten allesamt bis heute als »Teufelsdrogen«. Aber sie sind nur ein winziges Beispiel für den Prozess der »Dämonisierung der Natur«.
Die durch die heiligen Zauberpflanzen ausgelösten Visionen wurden als Einflüsterungen des Satans bezeichnet. Der rituelle Umgang mit Götzen und Teufelskräutern wurde als Hexerei gedeutet und als Angriff auf den christlichen Glauben betrachtet. Die Schamanen und Kräuterkundigen wurden als Zauberer *(hechiceros)* oder Hexer *(brujos)*, die mit dem Teufel paktieren, angeklagt. Wahrsagerei und Orakel galten als Versuchungen des Teufels. Die Menschen, die der Götzenanbeterei frönten, Teufelskräuter nahmen und Zauberern vertrauten, galten als dem Bösen verfallen – es sei denn, sie ließen sich bekehren, um ihre Seelen zu retten. Kurzum: Alle Elemente der einheimischen Sakral- und Ritualtradition wurden dämonisiert und als Ausdruck des Bösen bekämpft.

»Die Pilze sind für die Erforschung des inneren Bewusstseins das, was die Fernrohre für die Erforschung des äußeren Weltalls sind.« (Micky Remann, 1989: 258)

Schamanismus ist keine Religion, sondern eine Technik menschlichen Verhaltens. Schamanen sind Menschen, die aufgrund ihrer Begabung und verschiedenen pharmakologischen, nonpharmakologischen und kombinierten Techniken in andere Wirklichkeiten *reisen* können und durch ihre dortigen Aktivitäten die hiesige »normale« Wirklichkeit wunschgemäß verändern. Der Schamane nimmt in seiner ethnischen Gemeinschaft eine kulturell definierte Rolle ein. Er ist der Bewahrer des traditionellen Wissens (Mythologie, Kosmologie usw.), Ratgeber, Orakel und Heiler. Er ist der Spezialist für Krankheiten, die durch Wesenheiten aus der anderen Wirklichkeit oder durch »schwarze Schamanen/ Zauberer« verursacht wurden. Beim Schamanisieren reist sein Geist/Bewusstsein in die unsichtbare Welt, um die Krankheitsursache aufzuspüren und zu vernichten. Die meisten Schamanen benutzen für ihre Reise psychoaktive Substanzen. Dabei hat sich herausgestellt, dass die Schamanen pharmakologisch völlig verschieden wirkende Substanzen für denselben Zweck, nämlich Trance oder Ekstase, nutzen können. Diese Tatsache ist noch ein neurophysiologisches Rätsel. Zu den wichtigsten Schamanenpflanzen gehören Fliegenpilze, Zauberpilze, Hanf, Ibogastrauch, Peyotekaktus, Stechapfel, Engelstrompete, Tabak, Ayahuasca, San Pedro-Kaktus, Ololiuqui, Bilsenkraut, Koka und Schlafmohn.

Der »bepilzte« Schamane ist Sänger, Dichter und Zauberer zugleich. Das gesungene Wort hat Zauberkraft. Denn es stammt vom Pilz der Götter. »Lateinisch *cantare* wird im Allgemeinen mit ›singen‹ übersetzt; ursprünglich aber heißt es:

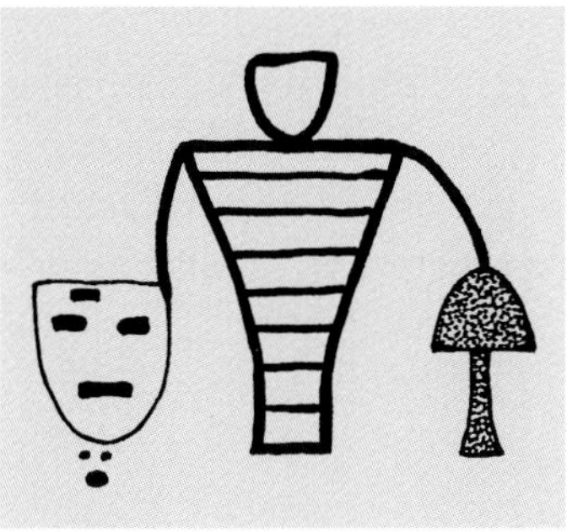

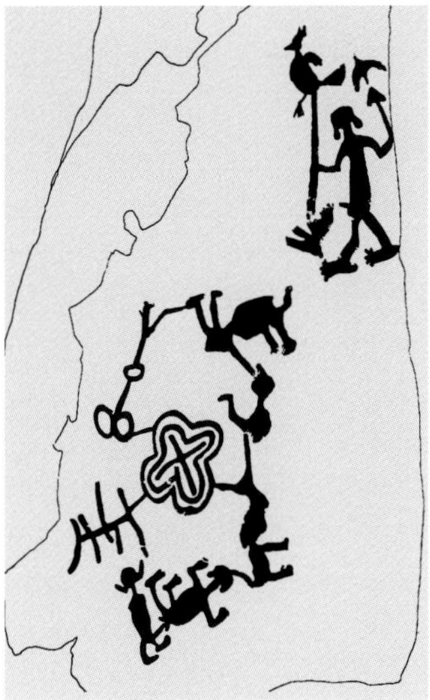

»Man sagte von ihm [dem *naualli* = Zauberer],
dass er die Unterwelt kennt,
dass er im Himmel Bescheid weiß.
Er weiß, wann es regnen wird,
oder ob es nicht regnen wird.
Es fragen ihn um Rat die Prinzen, die Fürsten
und die Gemeinen.«

(Information von Bernardino de Sahagún
aus: *Historia general de las cosas de Nueva España)*

Links: Schamane mit Maske (links) und heiligem Pilz (rechts). Möglicherweise wird durch die Maske die mit der Kraft des Pilzes erwirkte Wirklichkeitsveränderung angedeutet. (Petroglyphe, Classic Vernal Style, Dry Fork Valley, Utah, USA)

Rechts: Schamane mit Pilzstab und den Vögeln der visionären Schau. (Petroglyphe, Rio Grande Style; San Cristobal, Galisteo Basin, New Mexico, USA)

›zaubern, durch Zauber schaffen‹. Man spürt den Übergang, den es da irgendwann einmal gegeben haben muss: indem der Mensch durch den Laut – den Ur-Laut – zauberte, Veränderungen bewirkte, begann er, die Ur-Laute musikalisierend, zu singen.« (Berendt 1985: 69)

Fleisch der Götter, Pilze der Sprache

Zauberpilze, Rauschpilze, Psilos mit psychoaktiven oder psychedelischen Wirkungen gibt es auf der ganzen Welt. Bekannt geworden sind sie vor allem durch ihren rituellen Gebrauch im alten Mexiko und bei den heutigen Indianern Mesoamerikas.

Wann die Ureinwohner Amerikas die wunderbaren Eigenschaften der Pilzarten, die die Wirkstoffe Psilocybin und Psilocin enthalten, zuerst entdeckt und wegen ihrer magischen Kräfte rituell genutzt haben, ist unbekannt. Auf jeden Fall lange bevor die ersten Europäer in die Neue Welt eindrangen. Die spanischen Konquistadoren stießen sofort bei ihrer Ankunft in Mexiko-Tenochtitlán (ab 1519) auf den einheimischen Gebrauch bestimmter »heiliger« Pilze, die Visionen auslösen konnten.

Wegen ihrer ungewöhnlichen Eigenschaften und heilenden Kräfte wurden und werden die psilocybinhaltigen Pilze als etwas Heiliges, Göttliches verehrt, oder sogar selbst als Gottheiten angesehen. Deshalb nannten die Azteken solche »wunderbaren« Pilze *teonanácatl,* »Fleisch der Götter« oder »Gött[lich]er-Pilz«. Wer sie rituell verspeist, betritt das Reich der göttlichen Wesen, kann die Seelen Kranker wiederfinden und wahrsagen. Der Bepilzte wird zum *Nahualli,* zum Zauberer oder Schamanen.

Manche präkolumbianischen Bilderhandschriften der Azteken *(tlacuilolli)* und anderer mesoamerikanischer Völker zeigen Szenen, die gemeinhin als Pilzrituale gedeutet werden. Besonders einige Seiten in der mixtekischen Handschrift, die unter dem Namen *Codex Vindobonensis Mexicanus I* bekannt geworden ist, vermitteln den Eindruck einer entheogenen Zeremonie. Mehrere Figuren sitzen, rituell angeordnet, mit jeweils zwei Pilzen (Paaren!) in ihren Händen (CASO 1963).

In der kolonialzeitlichen Literatur Neu-Spaniens gibt es zahlreiche Texte, die die Pilze, deren Wirkungen sowie den rituellen und medizinischen Gebrauch bezeugen.

1535 wurde in Tlatelolco das *Colegio Imperial de Santa Cruz* eingeweiht. Diese Lehranstalt ließ der erste spanische Vizekönig von Neuspanien, Antonio de Mendoza (1490–1552), errichten. In ihr wurden die Söhne aztekischer Adeliger von Franziskanermönchen unterwiesen. Nur wenige Jahre nach der militärischen Conquista (1523) trat dort der Franziskaner Fray Bernardino de Sahagún (1499–1590) seinen Dienst an. In den folgenden Jahren (1578–1580) entstand dort sein epochales Werk *Historia general de las cosas de Nueva España.* (= Codicé Florentino)

In einem Prolog schrieb er: »Mir wurde aufgetragen, in heiligem Gehorsam gegenüber meinen Ordensoberen, in mexikanischer Sprache niederzuschreiben, was mir für die Lehre, die Kultur und die Bewahrung des Christentums unter diesen Eingeborenen in diesem Neuspanien und zur Unterstützung der Helfer und Priester, die sie unterweisen, nützlich erschien.« (SAHAGÚN, Prolog, Buch II)

Sein propagandistisches Werk sollte also der Missionierung, das heißt der aktiven Kulturzerstörung dienen. Andererseits ist Sahagúns Werk eine einzigartige ethnohistorische Quelle. Die Texte wurden von gelehrten Azteken mit lateinischen Lettern in ihrer Sprache, dem *Nahuatl,* verfasst. Es liegen auch einige Farbtafeln bei.

»Fleisch der Götter« oder »Scheiße des Teufels« – In dieser frühkolonialzeitlichen Darstellung der heiligen Pilze *(teonanacatl* = »Fleisch der Götter«; *Psilocybe mexicana)* offenbart sich der franziskanische Einfluss. Der Pilzgeist (über den Pilzen) wird nach dem Muster europäischer Dämonenbilder (à la Hieronymus Bosch) gezeichnet. (Illustration 516 »Nanacatl« aus: *Códice Florentino,* Libro 11, Fol. 142 v.; Biblioteca Medicea Laurenziana, Florenz, Med.Pal.220 c.294v)

Der Franziskanermönch Sahagun hat zwei wichtige Informationen in seine *Historia* übernommen. Im Buch 11 heißt es: »Nanacatl. Sie werden Teonanacatl, ›Fleisch der Götter‹, genannt. Sie wachsen in den Ebenen, im Gras. Der Kopf ist klein und rund, der Stengel lang und dünn. Er ist bitter und kratzt, er brennt in der Kehle. Er macht einen töricht; er verwirrt einen, bedrängt einen. Er ist Heilmittel bei Fieber, bei Gicht. Nur zwei, drei werden gegessen. Er macht traurig, bedrückt, bedrängt; er lässt einen fliehen, erschrecken, sich verstecken. Derjenige, der viele von ihnen isst, sieht viele Dinge, die ihn erschrecken und die ihn erheitern. Er flieht, erhängt sich selbst, stürzt sich von einem Felsen, schreit, hat Angst. Man isst ihn mit Honig. Ich esse Pilze; ich nehme Pilze. Von einem, der hochmütig, dreist, eitel ist, sagt man: ›Er hat sich selbst bepilzt‹.« (SAHAGUN XI, 7)

Ein weiterer aztekischer Text im Werke Sahaguns berichtet rudimentär über die Pilz-Rituale: »Das erste, was man bei derlei Zusammenkünften aß, war ein schwarzer Pilz, den sie Nanacatl nannten. Er wirkt berauschend, erzeugt Visionen und reizt zu unzüchtigen Handlungen. Sie nehmen das Zeug schon früh am Morgen des Festtages und trinken vor dem Aufstehen Kakao. Die Pilze essen sie mit Honig. Wenn sie sich mit ihnen trunken gemacht haben, beginnen sie erregt zu werden. Einige singen, andere weinen, andere sitzen in ihren Zimmern, als ob sie tief in Sorgen versunken wären. Sie haben Visionen, in denen sie sich selbst sterben sehen, und das tut ihnen bitterlich leid. Andere wiederum erschauen Szenen, wo sie von wilden Tieren angefallen werden und glauben aufgefressen zu werden. Einige haben schöne Träume, meinen sehr reich zu sein und viele Sklaven zu besitzen. Andere aber haben recht peinliche Träume: Sie haben das Gefühl, als seien sie beim Ehebruch ertappt worden oder als wären sie arge Fälscher oder Diebe, die nun ihrer Bestrafung entgegensehen. So haben alle ihre Visionen. Ist der Rausch, den die Pilze hervorrufen, vorbei, sprechen sie über das, was sie geträumt haben und einer erzählt dem anderen seine Visionen.« (SAHAGUN IX)

»Ein mexikanischer Indianer, der aus den Händen des Heilpriesters den sakralen Pilz Teonanacatl empfängt, wird etwas vollkommen anderes erwarten und erleben – und wird vor allem sein Erlebnis auch ganz anders deuten – als ein europäischer oder amerikanischer Psychiater, der dieselbe Substanz (als Psilocybin) entweder im Selbstversuch benützt, um durch eine ›Modellpsychose‹ Einblick in die Innenwelt gewisser Schizophrener zu gewinnen oder aber sie einem Patienten verabreicht, um vermittels einer solchen ›Psycholyse‹ verdrängte Erlebnisinhalte rascher zutage zu fördern. Deshalb: Es gibt keinen Rausch und kein Rauschmittel, über die als solche ein Urteil gefällt werden könnte.«
(RUDOLF GELPKE, *Vom Rausch im Orient und Okzident*, 1995[II]: 165)

Der spanische Missionar Diego Duran (15. Jh.) hat in seiner *Historia de las Indias de Nueva España* mehrfach darauf hingewiesen, dass Pilze bei Festlichkeiten eingenommen bzw. »wie Wein getrunken« wurden: »Niemand hat erwähnt, dass irgendwer irgendwelchen Wein getrunken hätte oder gar betrunken wurde; nur Pilze aus dem Wald, die sie roh verzehrten, durch die sie glücklich und außer sich wurden, sind erwähnt, aber der Wein nicht. Erwähnt wird lediglich die riesige Menge Schokolade, die bei diesen Festen getrunken wurde.« (DIEGO DURAN über das Krönungsfest des aztekischen Kaisers Ahuitzotl; ca. 1486 (gedruckt 1596; vgl. WASSON 1983: 248f.)

»Sie nannten diese Pilze *teunanacatlh* in ihrer Sprache, was ›Fleisch Gottes‹, oder des Teufels, den sie angebetet haben, [bedeutet] und in dieser Art, mit dieser bitteren Speise, erhielten sie von ihrem grausamen Gott die Kommunion.« – So heißt es in dem Buch *Memoriales o Libro de las Cosas de la Nueva España* (1541) des Fray Toribio de Benavente o Motolinia (ca. 1482–1569).

»Die heiligen Pilze haben nicht nur eine Funktion in der Heilbehandlung der María Sabina, sondern sie bilden den eigentlichen Kern derselben. Die zentrale Stellung, die den Pilzen zukommt, zeigt sich darin, dass die Schamanin sich nur als Sprachrohr derselben, als ›Sprachrohr Gottes‹, der in den Pilzen wohnt, betrachtet.«
(Albert Hofmann, *María Sabina und die heiligen Pilze,* 1993b: 219)

Die heiligen Pilze der Mazateken *(Psilocybe caerulescens* var. *mazatecorum)* heißen auch *Niños Santos,* »Heilige Knaben«. María Sabina sagte dazu: »Die *niños* sind das Blut Christi.« (Tafel aus Wasson)

Gegenüber: Seite aus einer präkolumbischen Bilderhandschrift aus dem alten Mexiko. Links oben ein »bepilzter Schamane« im Jaguarfell. Rechts daneben ist ein herabsteigender Gott zu sehen, der möglicherweise Pilze sammelt. Unten zwei rituelle Opferszenen. Rechts wird eine geopferte menschliche Gestalt auf einem Altar ausgebreitet. Ihrem geöffneten Körper entwächst ein Baum oder eine Kulturpflanze.
(Codex Borgia, Mexiko, präkolumbisch, Biblioteca Apostolica Vaticana, Borg.mess.1, fol. 53)

Bis zum Anfang des 20. Jahrhunderts glaubte man in der Wissenschaft, dass diese ethnohistorischen Pilzrituale im Zuge der Christianisierung und mexikanischen Inquisition ausgerottet wären. Glücklicherweise haben sich die Gelehrten getäuscht. Nach einigen Hinweisen von Kollegen spürte der Ethnobotaniker Richard E. Schultes dem heiligen Pilz nach, fand Indianer, die ihn noch schamanisch benutzten und konnte die Arten bestimmen. Die mexikanischen Zauberpilze gehörten vor allen der Gattung *Psilocybe* an. An Schultes' Artikel anknüpfend reiste R. Gordon Wasson nach Oaxaca, einem von vielen Stämmen bevölkerten mexikanischen Bundesstaat. Dort traf er auf die Schamanin oder Curandera (»Heilerin«) María Sabina. Sie willigte ein, dass Gordon und seine Frau an einem schamanischen Pilzritual teilnahmen. In der Nacht vom 29. auf den 30. Juni gingen die beiden Forscher wagemutig zu einer *velada,* wie die nächtlichen Pilzkreise heißen. Wasson erlebte bei dem Ritual eine mystische Erfahrung, die ihm die Augen für die Wunder der Welt öffneten.

Der schamanische Gebrauch von psilocybinhaltigen Pilzen ist bei den Mazateken bis heute lebendig geblieben. María Sabina (1894–1985), die Botin der heiligen Pilze, eine Schamanin und Heilerin, hat sie bekannt gemacht: »Ich weiß nicht, wann ich geboren wurde. Aber meine Mutter, María Concepción, sagte mir, dass ich am Morgen des Tages zur Welt gekommen sei, an dem man das Fest der Jungfrau Magdalena gefeiert hat. Das war in Río Santiago, einem Ort des Gemeindebezirks Huautla, des »Ortes des Adlers«. Keiner meiner Vorfahren kannte sein eigenes Alter.«

Von der Weisheit der »sprechenden« Pilze lernte sie alles, was sie benötigte: »Ich brauchte nicht in irgendeine Schule zu gehen, um eine Weise *[sabia* = ›Schamanin‹]

zu werden. Wir Weisen brauchen das, was man in der Schule macht, nicht zu lernen. Die Weisheit besitzt man von Geburt an. Und sie kommt mit einem in die Welt mit dem Augenblick der Geburt, so als wäre es die Plazenta. Die Pilze haben mir nämlich offenbart, wie es in den Tagen war, als ich noch im Mutterleib war. Das ist eine Vision, in der ich mich in einen Fötus verwandelt sehe, in einen erleuchteten Fötus.«

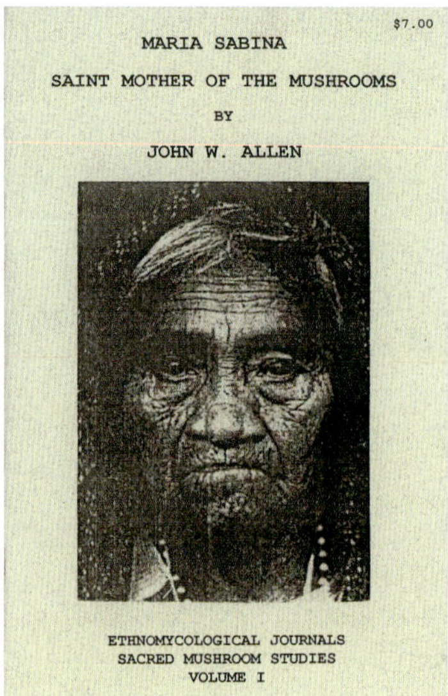

María Sabina auf der Titelseite des »Ethnomycological Journals«, Volume I. (Faksimile von Allen 1997)

María Sabina gehörte zu den seltenen Schamaninnen, die sich sprachlich gut artikulieren konnten. So erzählte sie über ihr schamanisches Weltbild und die Bedeutung der Zauberpilze: »Es liegt eine Welt jenseits der unseren, eine Welt, die weit weg, ganz nah und unsichtbar ist. Und es ist dort, wo Gott weilt, wo die Toten weilen, die Geister und die Heiligen, eine Welt, in der alles schon geschehen und alles bekannt ist. Jene Welt spricht. Sie hat eine eigene Sprache. Ich gebe wieder, was sie sagt. Der heilige Pilz nimmt mich bei der Hand und führt mich in jene Welt, in der alles bekannt ist. Sie sind es, die heiligen Pilze, die auf eine Weise sprechen, die ich verstehen kann. Ich frage sie, und sie antworten mir. Wenn ich von der Reise zurückkehre, die ich mit ihnen unternommen habe, so erzähle ich, was sie mir erzählt haben und was sie mir gezeigt haben.«

So erzählten ihr die Zauberpilze, warum ihre Patienten krank waren oder litten, und was man dagegen tun konnte. Schließlich sind es »Pilze der Sprache«.

An einem Pilzkreis nehmen nicht nur Patienten, sondern auch Gesunde teil. Die Gesunden können wichtige Visionen sehen, aus denen sie lernen. Außerdem geben sie dem Kreis der Pilzesser Kraft und Konstanz.

Bei einem Pilzritual nimmt die Schamanin die größte Menge Pilze. Danach reicht sie jedem Teilnehmer mit Copal (Weihrauch) beräucherte Pilzquantitäten, die ihr angemessen zu sein scheinen. María Sabina liebte hohe Dosierungen. Denn nur, wenn man von der »Kralle des Jaguars« gepackt werde, erhalte man wesentliche, spirituelle Lehren. Sie ist eben eine echte Pilzschamanin gewesen. Es ist auf jeden Fall María Sabina zu verdanken, dass wir heute so viel über die psychoaktiven Pilze wissen und dass wir aus ihrem Gebrauch so viel Nutzen ziehen können.

Der psilocybinhaltige Pilz unterscheidet sich von den anderen psychoaktiven Substanzen (LSD, Ayahuasca, Peyote) dadurch, dass er selbst etwas zu *sagen* hat. Die Indianerin nennt seine Offenbarungen oder Mitteilungen *Lenguaje,* »Sprache«. Damit ist der Pilz ein »Pflanzenlehrer« oder eine »Meisterpflanze«. Der Pilz selbst wird zum Lehrer, zu einem »Pilzlehrer«. Der Pilz verhindert sogar die Etablierung von Drogengurus, weil er selbst *spricht.* Wenn María Sabina in ihren Gesängen am Ende einer Zeile singt: »... sagt er«, dann bedeutet das, dass es der Pilz ist, der da spricht. Der Pilz ist der Komponist und Sprecher; der Schamane oder die Heilerin sind nur die Sprachrohre oder Lautsprecher des eigentlichen Redners. Deshalb heißen die Zauberpilze bei den Mazateken »Pilze der Sprache«.

Für die Mixe, ebenfalls ein mexikanischer Indianerstamm in Oaxaca, ist die wichtigste Gottheit die Erdmutter Naaxwin (wörtlich »das Auge der Erde«). Die

Erde gilt ihnen als Hort der Weisheit; die Erdmutter ist allwissend und hat Einblick in Vergangenheit, Gegenwart und Zukunft. Da die Pilze aus der Erde heraus wachsen, werden sie als »extrem weise« und voller Wissen angesehen. Ursprünglich glaubten die Mixe, dass die Pilze aus den Gebeinen urzeitlicher Weiser und Propheten geboren wurden. Nach einer anderen Vision gelten sie als Wahrsager, weil sie mit dem Blut Christi gleichgesetzt werden. Es heißt, als Jesus am Kreuze hing, floss Blut aus seinem Herzen auf die Erde. Aus diesem Blut erblühten zahlreiche Blumen und essbare Pilze. Zum Schluss kamen die Zauberpilze *(Psilocybe* spp.) hervor und verdrängten die früher ergrünten Pflanzen. Deswegen heißen sie *na:shwin mux,* »Pilze der Mutter Erde«. Dementsprechend heißen die Botschaften der Pilze »Stimmen der Erde«.

Die Mixe kennen verschiedene Heiler-Typen. Es sind vor allem die meist weiblichen Schamanen, die die Zauberpilze rituell benutzen. Sie werden für divinatorische Zwecke gegessen. Mit ihnen können Krankheitsursachen erkannt, Tod und Verlust von Familienmitgliedern vorhergesehen, verlorene Objekte lokalisiert, Diebe und Zauberer entlarvt und Lösungen für familiäre Probleme gefunden werden. Die Pilze können auch dazu verhelfen, verborgene Schätze aufzuspüren, Ruinen zu entdecken und rituelles Wissen zu erfahren. Normalerweise sprechen die Pilze Mixe, manchmal aber auch Zapotekisch. Bei den Mixe ist sogar noch der alte vorspanische Tonalamatl-Wahrsagekalender in Gebrauch. Manche Schamanen benutzen die Pilze im Zusammenhang mit der Kalender-Divination.

Die Zauberpilze werden auch als Heilmittel bei verschiedenen Krankheiten wie Magen-Darm-Störungen, Migräne und Kopfschmerzen, Schwellungen, Knochenbrüchen, epileptischen Anfällen sowie bei akuten und chronischen Leiden eingenommen. Die meisten Mixe, die keine Schamanen sind, scheuen die Pilze und nehmen sie nur bei Krankheiten in kleinen (subpsychedelischen) Dosierungen ein. Sie fürchten die Konfrontation mit den Pilzen, die zu ihnen sprechen würden und Unangenehmes enthüllen könnten.

Zauberpilze können nur im Sommer geerntet werden. Es heißt, sie gedeihen lediglich auf heiligem Boden. Wenn man auf einen Pilz stößt, soll man ihm drei Kerzen opfern, vor ihm niederknien und folgendes Gebet sprechen: »*Tum 'Uh,* die du bist die Königin von allem, was da ist, und die du hier als Heiler aller Krankheiten stehst. Ich sage dir, dass ich dich von diesem Orte mitnehme zu dem Platz, um die Krankheit, die über mein Haus gekommen ist, zu heilen, denn du bist genannt das große Wesen der Erde. Verzeih diese Störung, aber ich trage dich zu dem Platz, an dem die kranke Person ist, sodass du erhellst, woran sie erkrankt ist. Ich verehre dich. Du bist der Meister von allem und du enthüllst alles den Kranken.« (Lipp 1991: 189)

Die gesammelten Pilze werden vorsichtig auf dem Hausaltar platziert oder für drei Tage in der Dorfkirche aufbewahrt. Sie bekommen ein Opfer von Weihrauch (Copal). Dann werden sie entweder frisch oder sonnengetrocknet verzehrt. Drei

Tage vor dem Genuss der Pilze muss die Person sexuell abstinent sein und darf weder Geflügel oder Schwein noch Eier oder Gemüse essen. Das Trinken von Alkohol (Mescal) ist ebenso verboten wie der Gebrauch anderer Drogen oder Medikamente. Die Person soll während dieser Zeit auch auf landwirtschaftliche Tätigkeiten verzichten. Am Morgen des vierten Tages nimmt die Person ein Bad und ein leichtes Frühstück (nur Maisspeisen). Den Tag über fastet sie. Am nächsten Morgen nach der nächtlichen Sitzung *(velada)* muss die Person eine große Menge Chilischoten zu sich nehmen und für den nächsten Monat auf Fleisch und Alkohol verzichten. Die Pilze werden dann in Paaren gegessen und auch nach Paaren dosiert: drei Paare für Kinder, sieben Paare für Frauen, neun Paare für Männer. Aber manche nehmen auch zwölf oder dreizehn Paare ein. Manchmal werden nur die Hüte gegessen. Man soll jeweils nur die Pilze einer Spezies zu sich nehmen. Aus dem Vermischen von Arten könnten unangenehme, das heißt bedrohliche Visionen resultieren.

In Mexiko werden verschiedene Zauberpilzarten genutzt. Die in Oaxaca ansässigen Zapoteken nehmen den *Psilocybe zapotecorum* ein.
(Tafel aus Wasson, 1957)

Bevor die Pilze gegessen werden, müssen zwei Eier neben sie gelegt worden sein. Dazu wird Copal (Weihrauch) verbrannt und eine Kerze angezündet. Vor dem Verzehr spricht man ein Gebet an den Pilz: »Die Ihr gesegnet seid! Jetzt werde ich Euch schlucken, damit Ihr die Krankheit, die ich habe, heilt. Bitte gebt mir das Wissen, das ich benötige, Ihr, die Ihr alles wisst, was ich brauche und was ich habe, über meine Probleme. Ich erbitte Euren Rat; sagt und diviniert mir, was ich wissen muss, aber tut mir nichts an. Ich wünsche mir weder ein böses Herz noch Schlechtigkeit. Ich möchte nur etwas über meine Probleme, Krankheiten und andere Dinge, die Ihr für mich tun könnt, wissen. Ich bitte Euch, erschreckt mich nicht, zeigt mir nichts Böses, aber verschweigt auch nichts. Dies ist für einen Menschen mit einem reinen Herzen. Ihr könnt vieles erreichen, und ich bitte Euch, tut es für mich. Ich bitte nun noch um Verzeihung, dass Ihr diese Nacht in meinem Magen seid.« (Lipp 1991: 190). Nachdem die Pilze im Stück mit etwas Wasser heruntergeschluckt wurden, soll Ruhe einkehren. Es heißt, die Pilze sowie alle anderen Zauberpflanzen mögen keinen Lärm und brechen das Sprechen ab, wenn sie sich gestört fühlen. Normalerweise wird die Person, die die Pilze gegesssen hat, von ein oder zwei Freunden oder Familienangehörigen begleitet. Sie sollen darauf achten, was der Bepilzte von sich gibt, und können ihn gegebenenfalls bei Problemen mit Copal beräuchern. Die Visionen, die auftreten, sind kulturell geformt. Zuerst sieht man Schlangen und Jaguare. Wenn sie wieder verschwunden sind, erscheinen Sonne und Mond als Junge und Mädchen, die Kinder des Windes und die Erdmutter. Oft hören die Bepilzten nur Stimmen, die ihnen Ratschläge erteilen, Diagnosen erstellen oder sie nach dem Grund der Pilzeinnahme befragen. In diesen Visionen erhalten die meisten Personen tiefe Einsichten über ihren Gesundheitszustand und lernen, wie sie heil und gesund werden können.

Die Pilze gelten so lange als ungefährlich, wie sie in der richtigen Weise, das heißt im vorgeschriebenen Ritual und zeremoniellen Zusammenhang benutzt wer-

»Der Pilz ist eine Antenne.«

(Mohan Rai, nepalesischer Schamane)

den. Unangenehme Erfahrungen und bedrohliche Visionen werden als Strafe für Personen, die sich nicht rituell gereinigt haben oder die ein anderes Tabu gebrochen haben, aufgefasst. Ebenso werden niederträchtige Intentionen vom Pilz mit Horrorvisionen bestraft. Es heißt auch, dass Personen, die den Pilz mit unreinem Herzen und respektlos essen, mit ewigem Wahnsinn geschlagen werden können.

Der kosmische Schirm

Der Sonnen- oder Regenschirm *(Chhatri)* über der Statue des Affengottes Hanuman ist in den Augen der Schamanen ein göttlicher Pilz *(kalunge chiaw)*, der kosmische Schirm *(chhatri chiaw)*. (Kathmandu. Nepal)

Die Wiederentdeckung der mexikanischen Zauberpilze hat dazu geführt, dass begeisterte junge Ethnologen oder Ethnomykologen in aller Welt Ausschau hielten, ob sich nicht noch woanders als in Mexiko ein lebendiger schamanischer Kult finden ließe. Viele junge Forscher konnten sich nicht vorstellen, dass nicht auch in anderen Gebieten der Erde psychedelische Pilze entdeckt und schamanisch genutzt werden. Vor einigen Jahren haben Claudia Müller-Ebeling und ich (der Autor) in Nepal den schamanischen Gebrauch von verschiedensten Pilzen »entdeckt«; das heißt, wir hatten das große Glück, dass uns einige Schamanen und Schamaninnen in ihr Wissen eingeweiht haben.

Dabei stellten wir zunächst fest, dass Nepal ein durchaus mykophiles Land ist, in dem viele Pilze, besonders Kaiserlinge *(Amanita caesarea)* und Trichterlinge gegessen werden; dass einige Pilzarten als Heilmittel in der Volksmedizin Verwendung finden; dass manche Arten den Ruf als Aphrodisiaka und Tonika genießen. Allerdings stellten wir auch fest, dass die Schamanen und Schamaninnen Pilze ganz anders gebrauchen als ihre Kollegen in Mexiko bzw. Mittelamerika. So veranstalten sie keine nächtlichen Pilzkreise, um ihre Patienten mit auf die *Reise* zu nehmen, sondern benutzen sie meist alleine für verschiedene Zwecke. Sie verwenden auch Pilzarten, die keine psychoaktive Wirkung haben, aber rituell bedeutsam sind.

Im Himalaya gibt es sehr viele Pilzarten, Tausende; sie fruktifizieren fast ausschließlich im Monsun, der Regenzeit; dann aber heftig. Es gibt sehr viele essbare Arten, die auch reichlich von der Bergbevölkerung genutzt werden. In einigen Gebieten des zentralen Himalayas kommen zwei der wichtigsten medizinischen Pilze ganz Ostasiens in beträchtlichen Mengen vor: die Glanzporlinge *(Ganoderma lucidum)* und die Kernkeulen *(Cordyceps sinensis)*. Diese beiden Heilpilze gehören zu den wichtigsten Arzneien der Traditionellen Chinesischen Medizin. Deshalb sammeln viele Nepali und Tibeter diese beiden Arten, um sie, meist über tibetische Zwischenhändler, nach China zu verkaufen – natürlich völlig unter Preis. Aber da die Nepali ein eher bescheidenes Volk sind, treiben sie die Preise nicht in die Höhe, obwohl es möglich wäre. Das einträgliche Geschäft schadet den Schamanen, denn gerade diese beiden Arten sind für sie besonders wichtig. Obwohl sie nicht psychoaktiv sind, gehören sie doch zu den heiligen Pilzen, den »kosmischen Schirmen«. Übrigens sind die Schirme an den Götterstatuen nur für »normale«

Oben links: Nepali beim Sichten essbarer Pilze für das tägliche Curry.

Oben rechts: Schamanen verschiedener Ethnien Nepals diskutieren über die Eigenschaften und Verwendbarkeiten von Pilzen. (Kathmandu, Nepal)

Rechts: Der Autor Christian Rätsch bei der ethnomykologischen Feldforschung im Himalaya. (Foto: cme)

Rechts: Der heilige Pilz als Attribut des Schamanengottes Ganesha. (Detail aus einem Thanka, Kathmandu, Nepal)

Links: Darstellung eines Schamanen, wie er in der anderen, für normale Menschen nicht sichtbaren Anderswelt aussieht. (Detail aus einem schamanischen Thanka aus Kathmandu, Nepal)

Links: Der Sherpa-Schamane Myingmar nimmt etwas pulverisierten Pilz ein, um besser auf *Reisen* gehen zu können.

Mitte: Der Sherpa-Schamane Myingmar mit den Fruchtkörpern des *dengeru chiaw,* des Lackporlings *(Ganoderma lucidum).* Dieser Pilz gilt den Schamanen im Himalaya als kosmischer Schirm und Schutz bei der *Reise* in die Anderswelt. In der Anderswelt können die Schamanen die Ursache einer Krankheit oder eines Leidens eines Patienten finden. Meist sehen sie die dorthin verlaufene Seele des Patienten. Dank ihrer Kraft können sie die verlorene Seele ergreifen und in den Körper des Betroffenen zurückbringen.

Rechts: Der Kirati Mohan Rai zeigt, wie man zwei Fruchtkörper des Glanzporlings *(Ganoderma lucidum)* als Schamanentrommel nutzen kann. In Nepal heißt es, solange diese Pilze wachsen, können die Schamanen heilen, selbst wenn sie zu arm sind, um eine richtige Schamanentrommel *(dengeru)* zu besitzen. Für die Schamanen im Himalaya ist die Trommel nicht das Gerät, mit dem die Trance ausgelöst wird, sondern mit dessen äußerst komplizierten Rhythmen man steuern kann. Die Trommel dient der »Navigation« in der Anderswelt.

Menschen Regen- oder Sonnenschirme der Götter. Für die Schamanen sind sie Symbole der heiligen Pilze.

Die Schamanen *(Jhankris)* im Himalaya (Nepal) sagen, dass sie unter dem Schutz des kosmischen Schirmes stehen. Die Schamanen und Schamaninnen kennen 108 solcher kosmischen Schirme; es sind Pilze, die sie in ihren Mantren (Zauberformeln) und Beschwörungen anrufen, um von ihnen geschützt zu werden, wenn sie sich auf die *Reise* in andere Welten begeben.

Die Zahl 108 ist eine Idealisierung und ein Euphemismus für viele. Ich habe keinen Schamanen getroffen, der die 108 Arten aufzählen konnte. Aber alle stimmten darin überein, dass der erstgenannte immer der Glanzlackporling *(Ganoderma lucidum),* der chinesische Pilz der Unsterblichkeit, sein muss. Er heißt im Himalaya *dengeru chiaw,* »Schamanentrommel-Pilz«. Sein Fruchtkörper befindet sich bei der Schamanen*reise* hinter dem Schamanen. Das heißt, der Stiel ist hinter seinem Rücken, der Hut liegt hinter dem Hals und über dem Kopf. Es ist für die Schamanen sehr wichtig, von hinten geschützt zu sein, wenn sie ihre Abenteuer in den anderen Welten bestehen.

Das in Nepal vielbenutzte Wort *takre chyau* wird entweder als »Geweihpilz« oder »Schamanenpilz« verstanden. Es bezeichnet nicht eine einzige Pilzart, sondern Pilze, deren Fruchtkörper an ein Geweih oder Gehörn erinnern (zum Beispiel *Clavicularia* sp. oder eine besondere Wuchsform von *Ganoderma* spp.). Es heißt, Hirsche und Bären essen diese Pilze sehr gerne. Für die Schamanen sind sie Reisepilze, um besser in die obere Welt *reisen* zu können und um Bären und Hirsche als Krafttiere oder Verbündete zu kontaktieren. Das Geweih (vgl. »Geweihtes«) verbindet Himmel und Erde oder Hirn und Himmel. Die *takre chiaw* werden im Mantra (Zauberformel) immer angerufen, um von der gewöhnlich unsichtbaren Mittelwelt in die ohnehin nicht sichtbare Oberwelt zu gelangen.

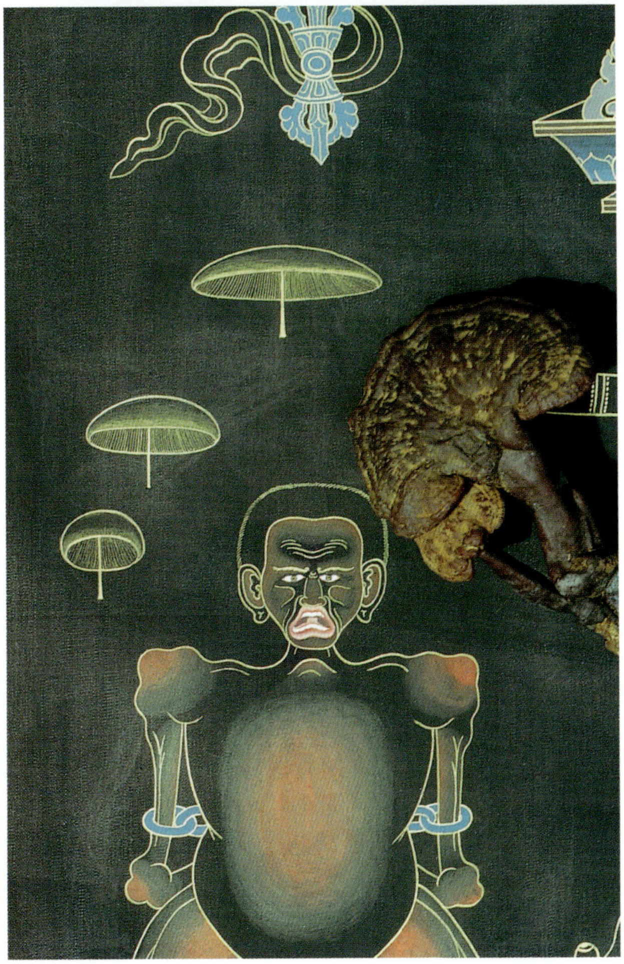

Oben rechts: Das ab 3000 Metern Höhe lebende Yak liefert den dort lebenden Menschen nicht nur Milchprodukte, Fleisch, Leder, Knochen usw., sondern auch den Dung, auf dem der heilige Schamanenpilz gedeiht.

Oben: Der *Gobar chiaw (Panaeolus* sp.) gedeiht auf Yakdung, kommt also im Himalaya erst über dreitausend Metern Höhe vor. (Foto: cme)

Links oben: Die Kirati-Schamanin Parvati Rai betrachtet den heiligen Pilz *Gobar chiau* (»Yakdung-Pilz; *Panaeolus* sp.). Er wird nicht nur von den Schamanen eingenommen, um Erkenntnisse zu gewinnen, sondern ist einer der 108 kosmischen Schirme. (Kalinchok, Nepal)

Links Mitte: Am oberen Ende der hölzernen *Phurbas* (»Geisterdolche«), den Waffen der himalayischen Schamanen im Kampf gegen Dämonen, sind abstrahierte Pilze, die »kosmischen Schirme«, in verschiedenen Abstraktionsgraden dargestellt.

Links: Der Fruchtkörper des Lackporlings *(Ganoderma lucidum)*, der *dengeru chiauw* (»Schamanentrommelpilz«), auf einem geheimen schamanischen Thanka, wo er als kosmischer Schirm dargestellt ist. (Nepal)

Rechts: Der Sherpa-Schamane Myingmar zeigt zwei kosmische Schirme, die er in seinen Heilritualen als Schutzkörper anruft *(Amanita* spp.).

Ganz rechts: Ein nepalesischer Schamane zeigt den *kak chiauw* oder *kakhuti chiao* (Nepali »Krähen-/Rabenpilz«), eine unbestimmte Art der Gattung *Psathyrella* (Faserling).
In schamanischen Ritualen wird mit diesem Pilz die Krähe oder der Rabe als Hilfsgeist beschworen.
(Kathmandu, Nepal)

Oben von links nach rechts:
Drei Pilze, die von Schamanen des Himalaya (Nepal) als »kosmische Schirme« genannt wurden:
Panaeolus sphinctrinus,
Panaeolus auxillum,
Psilocabe coprinus.

Die psychoaktiven Pilze, die in Nepal vorkommen, zum Beispiel *Psilocybe subcubensis, Panaeolus* spp., werden von den dortigen Schamanen meist ganz alleine eingenommen. Dazu gehen sie in eine Höhle, weihen den Pilz mit einem Mantra und verspeisen ihn. Die Schamanen fragen den Pilz um Rat, beispielsweise über bisher unbekannte Heilmittel oder Heilverfahren. Sie lernen vom Pilz direkt. Dieses »Pilzwissen« wenden sie dann bei späteren Heilritualen an.

Pilzpetroglyphen aus Tassili: Bepilzte Schamanen. (Foto: Giorgio Samorini)

Gegenüber rechts: »Ein Spaziergang am Himmel« heißt dieser Stahlstich von GRANDVILLE (1803–1847). Darauf wird der Zusammenhang von Mond, den Pilzen, dem Schirm, den Eulen und Apparaturen über dem göttlichen Himmelswagen zum Sternbild des Großen Bären deutlich.

»Die kosmische Säule der Ostjaken hat sieben Einschnitte, auf denen der Schamane zum Himmel steigt, und vor der Initiation liegt der Samojeden-Schamane sieben Tage und sieben Nächte ohne Bewusstsein, oder isst [Fliegen]-Pilze mit sieben Flecken ...«

(FRANZ CARL ENDRES und ANNEMARIE SCHIMMEL, *Das Mysterium der Zahl*)

Pilze zum Schamanisieren

Die wichtigste Eigenschaft des Schamanen ist seine Fähigkeit, in andere Welten, in die Anderswelt, in andere gewöhnlich unsichtbare Wirklichkeiten *reisen* zu können. Die meisten Schamanen benutzen zu dieser Art des Schamanisierens Zauberpflanzen, die »Pflanzen der Götter«, oder Zauberpilze. Bei diesen heiligen Pflanzen und Pilzen handelt es sich durchweg um psychoaktive Gewächse. Ihre Wirkstoffe (Psilocybin) lösen in unserem Nervensystem Zustände aus, in denen wir Visionen von anderen Welten und fremden Wesen erhalten. Jeder Mensch kann mit solchen Wirkstoffen außergewöhnliche Bewusstseinszustände erfahren, seine Wahrnehmungen von sich selbst und der »Welt da draußen« verändern vorübergehend die Fähigkeiten zum Reisen der Schamanen an sich selbst erleben.

Von links nach rechts:
Der Blauende Düngerling *(Panaeolus cyanescens)* gehört zu den Zauberpilzen mit hoher Wirkstoffkonzentration.

Der Zarte Düngerling *(Panaeolus sphinctrinus)* gehört zu den suspekten Zauberpilzen; dennoch wird er von Schamanen gebraucht.

Der Dunkelrandige Düngerling *(Panaeolus subbalteatus)* gehört zu den potenten Zauberpilzen; er wächst auf Pferdeäpfeln.

Psathyrella sind Pilze, die mit der Elfen- und Feenwelt assoziiert werden. Sie sind nur schwach psychoaktiv.

»Mit Drogen wie Psilocybin ist es den meisten Menschen möglich, jene andere Welt mit geringer Mühe und nahezu ohne jeglichen persönlichen Schaden zu betreten.« (HUXLEY 1983: 210)

Psychoaktive Pilze, die zum Schamanisieren benutzt werden
(Auswahl)

Amanita muscaria	Eurasien, Nordamerika
Amanita pantherina	Sibirien
Boletus spp.	Papua-Neuguinea
Conocybe spp.	Mexiko
Gymnopilus spp.	Japan
Inocybe spp.	weltweit
Lycoperdon spp.	Mexiko
Panaeolus subbalteatus	ehemals Germanien, Korea
Panaeolus spp.	Himalaya, weltweit
Pluteus spp.	unbekannt
Psathyrella spp.	Mexiko, Himalaya
Psilocybe (Stropharia) cubensis	Mexiko; weltweit
Psilocybe cyanescens	weltweit
Psilocybe semilanceata	Alpengebiet
Psilocybe spp.	weltweit

»Der ›Weg des Pilzes‹ ist alt, ehrwürdig und für viele heilig. Ich bin zuversichtlich, dass die Fähigkeit der Pilze, dem Menschen zu einer neuen Art von Bewusstsein zu verhelfen, entdeckt wird. Dabei sollte man vorsichtig, aufmerksam, respektvoll und weise sein. Der Pilz wird unser Lehrer sein.« (Paul Stamets, 1999: 8)

Links: Der »Flying Saucer Mushroom« genannte *Psilocybe azureszens* ist der potenteste Zauberpilz. Er stammt aus Astoria, Oregon; inzwischen hat er sich auch in Europa verbreitet.

Mitte: Der Blauende oder Wellige Düngerling *(Psilocybe cyanescens)* gehört zu den stärksten Zauberpilzen.

Rechts: Der Spitzkegelige Kahlkopf *(Psilocybe semilanceata)* ist nahezu weltweit verbreitet. Er wächst auf Kuhfladen oder alten Kuhweiden. Er heißt auch »Narrenschwamm«.

Dabei wird man jedoch kein Schamane. Man erlebt lediglich eine schamanische Erfahrung. Sie kann sehr heilsam, aber auch erschreckend und bedrohlich sein. Sie kann zu »Himmelsreisen«, »Paradiesaufenthalten«, aber auch zu »Horrortrips« führen. In traditionellen Kulturen nehmen die Ritualteilnehmer nur im Beisein und unter dem Schutz eines Schamanen oder einer Schamanin Zauberpflanzen oder Zauberpilze zu sich. Denn der Schamane ist ihr Reiseleiter. Er kann die Teilnehmer in himmlische Höhen und durch tiefe Höllenschlünde mitnehmen oder dorthin schicken. Der Schamane kann vor allem eines: den bepilzten Teilnehmer wieder sicher in seine Welt zurückbringen. Und das ist sehr wichtig, denn sonst ist die Erfahrung fast wertlos.

Es gibt viele Arten von Zauberpilzen, die solche schamanischen *Reisen* ermöglichen. Am häufigsten werden psilocybinhaltige Arten der Gattungen *Psilocybe* und *Panaeolus* verwendet. Manchmal auch Fliegenpilze *(Amanita muscaria)* und Pantherpilze *(Amanita pantherina)*. Dabei muss beachtet werden, dass Amanita ganz anders wirkt als *Psilocybe*. *Psilocybe* wirkt sehr ähnlich wie die Mutterkorndroge LSD oder Peyotl *(Lophophora williamsii)*, sie löst starke Visionen aus. *Amanita* wirkt eher wie Opium und führt zu Trancen oder Wachträumen.

All diese Zauberpilze zum Schamanisieren sind weltweit verbreitet. Ihr schamanischer Gebrauch ist sicherlich sehr alt. Wie alt, wissen wir nicht. Möglicherweise über 10 000 Jahre alt. Darauf deuten die Petroglyphen der nordafrikanischen Tassili-Ebene hin.

Heute wissen wir, dass Zauberpilze schon im alten Mesoamerika (Tolteken, Azteken, Maya) schamanisch genutzt wurden, aber wir wissen auch, dass die Schamanen anderer Völker, zum Beispiel im Himalaya (Kirati, Tamang), ebenfalls Zauberpilze rituell verspeisen. Aus Papua-Neuguinea ist der Gebrauch von *Nonda,* einer *Boletus*-Art, bekannt geworden; *Nonda* soll temporäre »Verrücktheit« bewirken. Viele Völker in Sibirien (Tungusen, Kamtschadalen, Ostjaken, Samojeden) sowie die Sami (Lappen) und die Japaner benutzen den Fliegenpilz zum Schamanisieren. Zudem gibt es zahlreiche Theorien über den rituellen Gebrauch der Zauberpilze in prähistorischen und antiken Kulturen (Ägypten, Griechenland, Alpenraum). Die ethnomykologische Forschung hat gerade erst begonnen. Wir werden sicherlich noch bedeutsame Funde machen, schriftliche Quellen entdecken und ethnografische Beobachtungen dazu anstellen.

Psilocybinhaltige Pilze sollten nur nach reiflicher Überlegung und unter strenger Beachtung der Theorie von Dosis, Set und Setting eingenommen werden. Nur wenn ein Pilz zur richtigen Zeit, am rechten Ort mit der individuell genauen Dosierung eingenommen wird, kann er seine mystische Heilkraft entfalten. Bis zu einem Gramm getrockneter Pilze *Psilocybe cubensis* haben meist keine Wirkung auf das Bewusstsein, haben aber heilsame und tonisierende Kräfte. Ein bis zwei Gramm sind leicht psychoaktiv, oft mit sehr aphrodisierender Komponente. Zwei bis fünf Gramm öffnen die Welt der Visionen – schön oder schrecklich, voller Lust oder Leid, dionysisch oder apollinisch!

Rückseite des Buchumschlages eines alten holländischen Pilzbuches, 1929.

Andere Arten müssen ihrem Gehalt an Psilocybin entsprechend dosiert werden. So ist die volle Dosis von *Psilocybe cubensis* 5 Gramm; die von *Psilocybe semilanceata* 3 Gramm, die von *Psilocybe cyanescens* 1,3 Gramm; die von *Panaeolus cyanescens* höchstens ein Gramm. Aber es ist nicht schlimm, wenn man eine Überdosis nimmt; die Wirkstoffe sind völlig ungiftig. Man muss die Dosis auch auf einmal nehmen. Nachdosierungen sind sinnlos; sie wirken nicht mehr. Es kommt auf die Anfangsdosis an. Wenn alle Rezeptoren mit Psilocybin bzw. Psilocin besetzt sind, kann es keine Steigerung mehr geben. Wer aber wirklich in die andere Welt reisen möchte, wer es wirklich wissen will, der sollte eine höhere Dosis nehmen. Die ist garantiert beglückend und erschreckend genug. Es kann verzücken oder verängstigen, wenn man den schamanischen Raum betritt.

Pilze und Spiritualität

»Die Wirkungen der Pilze *[Psilocybe cubensis]* begannen, sich als durch meinen Körper laufende Energiewellen zu manifestieren. Die meinen Augen dargebotene Schönheit erschien mir noch wertvoller.
Plötzlich glitt eine große Schlange aus der uns umgebenden Wüste auf mich zu und schlüpfte in meinen Körper. Als Nächstes merkte ich, dass ich selbst die Schlange geworden war. Kaum hatte ich mich an diesen Zustand gewöhnt, stieß ein großer Adler herab und packte mich mit seinen Krallen. Mein Körper erzitterte von dem Stoß, aber ich fühlte keinen Schmerz. Der Adler hatte mich sicher im Griff, stieg wieder hoch, flog direkt in den Himmel hinein, bis er mit dem Sonnenlicht eins wurde. Meine persönliche Identität als abgetrenntes Bewusstsein löste sich auf. Alles, was blieb, war die Vereinigung mit dem Licht.«

(TOM PINKSON, *Reinigung, Tod und Wiedergeburt*, 1993: 144)

Der Kubanische Düngerling *(Psilocybe cubensis)* gehört weltweit zu den beliebtesten Substanzen, die für das spirituelle Wachstum verspeist werden. (Wildwachsende Exemplare aus Palenque, Chiapas, Mexiko)

»Die Pilze sind die Quelle der Gnosis«

TERENCE MCKENNA (1991: 97)

Der Gebrauch von Zauberpilzen *(Psilocybe, Panaeolus)*, die im Schamanismus zum Schamanisieren benutzt werden, hat starkes Interesse bei modernen Menschen der westlichen Welt geweckt. Zauberpilze können spirituelle Erfahrungen ermöglichen. Und genau die werden gesucht. Spiritualität ist keine Religion, kein Glaubenssystem, sondern eine rein persönliche Erfahrung. Es ist die Erfahrung der Einheit der Natur, von der man ein Teil ist. Sie zeigt die Heiligkeit des gesamten Seins.

Viele moderne Menschen nehmen an rituellen Pilzkreisen teil, um Visionen zu erhalten, nach denen sie ihr Leben ordnen und vervollständigen können – ganz wie in einer schamanischen Kultur. Die eigene Vision gibt Antworten auf die Fragen, die großen und die kleinen.

Für viele Menschen sind die Zauberpilze zu Gefährten und Lehrern geworden. Sie zeigen ihnen ihre eigene Bedeutung für das Universum und geben klare Anweisungen, wie sie ihr Leben lebenswerter gestalten können. Die Pilze verstärken bei den meisten Genießern ihre Liebe zur Natur, fördern Toleranz, Respekt vor allem Sein und Lebensglück. Allerdings nur, wenn die Zauberpilze im rechten Rahmen gegessen werden. Am besten verspeist man sie mit einem Schamanen oder einer Schamanin, oder in der Obhut erfahrener Pilzesser. Nimmt man die Zauberpilze am falschen Ort und zur falschen Zeit, können sie schrecklich wirken,

»Der Pilz schenkt den Menschen die universelle Liebe –
zu sich selbst und anderen Menschen,
zu den Pflanzen und Tieren,
zur Erde und der Galaxis,
zu den Göttern und Göttinnen,
aber vor allem zu den Pilzen.«
(Ein Bepilzter)

Ängste und Wahnvorstellungen auslösen. In diesem Zusammenhang wird viel über die angebliche »Drogenpsychose« debattiert. Manche Psychiater glauben nämlich, dass die Zauberpilze psychoseähnliche Zustände bewirken und schließlich eine Psychose auslösen. Deshalb wurde früher in der Psychiatrie von Pilzwirkstoffen als »Psychotomimetika«, also Stoffen, die eine Psychose imitieren, und der Erfahrung mit Pilzen als »Modellpsychose« gesprochen. Diese negativen und pathologisierenden Ansichten werden natürlich gerne von der Presse aufgenommen und völlig oberflächlich durch Zeitungen und Zeitschriften verbreitet.

Besonders beliebt in den Medien ist auch der Begriff »Horrortrip«. Was das eigentlich sein soll, wird nie diskutiert. Ein Mensch, der Zauberpilze gegessen hat, kann sich selbst, seinen Traumata und dunklen Seiten begegnen. Solche Erfahrungen können Angst, Furcht und Schrecken bewirken. Aber gerade die Begegnung mit seinem eigenen Schatten ist therapeutisch von großem Nutzen. Wer nie seinen schlummernden Ängsten ausgesetzt wird, wer nie das Dunkle gesehen hat, kann sich auch nicht davon befreien. Er bleibt ein Sklave seines Unbewussten. Begegnet man seinen Ängsten, kann man ihre Ursachen erkennen und sie so bewältigen. Die Konfrontation mit dem Schatten ist meist heilsam. Deshalb sind die sogenannten Horrortrips wichtige Stationen in der spirituellen Entwicklung.

Populär ist auch die Annahme, dass ein Mensch, der Pilze oder etwas Ähnliches (zum Beispiel LSD) genommen hat, auf dem Trip hängenbleibt, nicht wieder herunterkommt. Solche Menschen sind meist latent psychotisch. Bei ihrer Begegnung mit der anderen Welt kann die Psychose ausbrechen. Und dann kann sie auch behandelt werden. Vielleicht war dies für manchen der richtige Weg. Wenn in einer schamanischen Kultur so etwas passiert, bekommt der Betroffene vom Schamanen nochmals Pilze zu essen; der Schamane kann ihn dann wieder runterbringen, zurückbringen und heilen. Aber unsere Psychiater sind leider keine Schamanen; sie verabreichen lieber teure Neuroleptika und sperren die Kranken in eine Anstalt.

Die Pilze sind ein wahres Naturwunder. Ihre Lebenszyklen sind so fremdartig, dass man sie wirklich für Außerirdische oder Aliens halten könnte – Terence McKenna (1946–2000) glaubt, dass sie von den Sternen als eine Art »kosmische Flaschenpost« zu uns gelangt seien. Aber ich glaube, sie sind ganz tief mit unserem Planeten, mit unserer Kultur und vor allem mit unserem Bewusstsein verwurzelt. Es haben noch niemals so viele Menschen psychedelische Pilz-Erfahrungen gemacht wie heute. Der Pilz wird zunehmend als heiliges Wesen, als Naturgottheit oder spiritueller Wegbereiter verehrt. Selbst Menschen, die in psychotherapeutischen Settings die Pilzwirkstoffe verabreicht bekamen, sind mit religiösen Gefühlen erfüllt und haben oft tiefe spirituelle Einsichten, durch die sie ihr Leiden überwinden können. Zahlreich sind die Menschen, die mit den Zauberpilzen Freundschaft geschlossen haben, und die die Heiligkeit der Natur erkennen, zu der auch sie gehören.

Stropharia cubensis sowie die *Psilocybe*-Arten enthalten die Tryptaminderivate Psilocybin und wenig Psilocin. Psilocybin ist eines der physiologisch ungiftigsten Entheogene überhaupt; psychologisch öffnet es die Tore zur wunderbaren, aber auch sehr gefahrvollen Welt der Schamanen. »Jedenfalls gibt *psilocybe* einem das Gefühl universeller Erleuchtung« (RANKE-GRAVES 1985: 49) –, kann aber auch schreckliche Seelenqualen bereiten. Am psilocybinhaltigen Pilz zeigen sich die beiden Seiten des Pharmakons. Er kann Himmelsreisen, Glückseligkeit, Vereinigung mit dem mystischen Licht bewirken, aber einen genauso in den Rachen des Kerberos werfen. Auch hier hängt die Wirkung von der Dosierung, aber zusätzlich von der inneren Einstellung und dem äußeren Setting ab. Es ist ein wesentlicher Unterschied, ob man den Pilz im Sonnentempel des Apollon oder auf dem gespenstischen Friedhof der Hekate verspeist.

Die Große Göttin Demeter, die vor allem in den Mysterienkulten von Eleusis verehrt wurde, trägt ein Gebilde auf dem Kopf, das durchaus auf einen in ihren Riten genutzten Pilz hinweisen könnte. (Museum von Eleusis = Elefzis; 16 km von Athen)

Pilzrituale dienen dem Wachstum der eigenen Spiritualität. Die rituelle Pilzanwendung ist aber auch für viele eine Einweihung in die Mysterien. Pilzerfahrungen werden oft als mystische Einheitserlebnisse erlebt. Mystische Erfahrungen liefern viele Erkenntnisse über die Natur der Existenz.

Die Bedeutungen der Mysterien sollten eigentlich mysteriös sein. Sind sie aber nicht. Denn es haben genug antike Autoren darüber berichtet. Die Mysterien der Antike waren Kulte, die an bestimmte Orte gebunden und bestimmten Gottheiten geweiht waren.

Für Aldous Huxley war die Einnahme psychedelischer Pilze Teil eines »angewandten Mystizismus«. In einem Brief vom 29. Februar 1962, also kurz vor seinem Tode, schrieb er, es sei »eine Methode, die dem Einzelnen helfen soll, das Beste aus seinem transzendentalen Erlebnis zu gewinnen und von seinen Einsichten in die ›andere Welt‹ bei den Angelegenheiten ›dieser Welt‹ Gebrauch zu machen. Meister Eckhardt schrieb, dass das, ›was durch Kontemplation gewonnen wird, mit Liebe weitergegeben werden muss‹. Im Wesentlichen müssen wir das entwickeln – die Kunst, mit Liebe und Verstand das weiterzugeben, was wir in der Vision und in dem Erlebnis der Selbsttranszendenz und des Einsseins mit dem Universum gewonnen haben.«

»Die Wirkung des mystischen Erlebnisses auf das alltägliche Leben ist überall als Probe auf seine Gültigkeit betrachtet worden.«

(Aldous Huxley, Brief vom 20. Mai 1957)

Das kosmische Ei und andere Pilzmysterien

Das Ei ist ein weitverbreitetes Symbol für Fruchtbarkeit und Schöpfung. Es wird oft kultisch verehrt und magisch genutzt. Eierschalen werden an manchen Orten, zum Beispiel in Mexiko und auf den Philippinen, als Schutzamulette vor dem Haus an Bäumen und Sträuchern aufgehängt oder auf die spitzen Blätter von Agaven, Yucas und ähnlichen stacheligen Pflanzen gepflockt. Die Eierschale soll Haus und Hof, Mensch und Tier vor Schadenzauber bewahren. Eierschalen oder künstliche Nachbildungen von Eiern werden in Bäume gehängt, weil sie den Ursprung der Schöpfung symbolisieren, den Baum zum heiligen Weltenbaum machen und die Menschen segnen. Daher kommt auch der Brauch der Ostereier. Sie werden vom Hasen gelegt, heißt es, und sind ein wesentliches Attribut der Liebesgöttin. Da ein Ei ein komplettes Geschöpf ausbilden kann, ist es ein Zeichen des vollendeten Lebens.

Eier spielen auch im Schamanismus, in vielen Volksheilritualen und in der Zauberei eine Rolle. Mit einem frischen Hühnerei kann beispielsweise der Körper eines Kranken abgerieben werden. Oder aber das Ei wird aufgeschlagen und auf Flecken oder Anomalien hin untersucht. Anhand solcher Veränderungen kann der geübte Heiler eine Krankheitsdiagnose erstellen. Denn das Ei ist das ursprüngliche mikrokosmische Abbild des Menschen. Eier gelten als göttlich oder als Zaubereier. Sie dienen und nützen dem Menschen.

Oben: Pilzliches Hexenei.

Rechts: Die bunten Ostereier, die der Hase legt, werden oft mit dem Fliegenpilz zusammen dargestellt. Der Fliegenpilz bildet zu Ostern jedoch keine Fruchtkörper.

Es gibt aber noch andere Eier, die Hexeneier. Sie sind keine Gelege von Vögeln, sondern von Hexen und Teufeln. Sie sind eiförmige Stadien mancher Pilze. Ihnen haftet die Aura des Dunklen und Schadenbringenden an. Allerdings sind die Hexeneier der Urgrund der Schöpfung der Pilzfruchtkörper, die sich wie ein Phallus aus dem Pilzei herausschieben und gerade zum Himmel recken. In dieser Naturbeobachtung haben die Menschen ein mikrokosmisches Abbild der Schöpfung als sexuellen Akt erkannt. Man sah in den Hexeneiern und den Phallen der Erde ein Mysterium, ein »Geheimnis«, eine Art initiatorische Einweihung in das Wesen der Natur. Denn die Natur war das eigentlich Göttliche. Das Wort Natur kommt vom lateinischen »Natura«, dem Namen der allesgebärenden Göttin.

Der Omphalos von Delphi, dargestellt in einer antiken Skulptur. Der heilige Omphalos war ein phallisches oder pilzhutförmiges Steingebilde, das mit Edelsteinbändern verziert wurde. Der Nabel der Welt gehört zu den delphischen Mysterien.

Eier sind Symbole des erweiterten Bewusstseins: »Das Kosmische Ei, das Weltei oder der Stein der Weisen steht in engem Zusammenhang mit der Schlange, die ebenso das Symbol der Erkenntnis wie der grenzenlosen Mobilität des Geistes ist. Die Schlange ist das stets umherschweifende Wesen, das selbst in die kleinsten Schlitze und Risse der Erde einzudringen vermag. Die Schlange, die sich in den Schwanz beißt, der Uroboros, ist außerdem der vollkommene Kreis, das Bild der Totalität in ihrer ursprünglichen Einheit. Ferner ist das Schlangenknäuel, der Knoten, auch der Punkt, in dem alle Energien zusammenlaufen. Und genau aus dieser Bündelung entsteht das Ei – oder der Stein der Weisen. Aus diesem Ei ist alles einmal hervorgegangen, da es bereits alles Künftige in sich birgt. Die Symbolik des Eies gibt keine Rätsel auf. Es ist die *Einheit in konzentrierter Form.* Dabei ist es aber nicht der Ursprung selbst, *weil es den absoluten Ursprung nicht gibt.*« (MARKALE 1989: 226) – Das Welten-Ei, ein Ei, aus dem die Welten hervorbrechen, wie die Visionen eines Bepilzten.

Das Welten-Ei scheint auch mit dem *Sphairos,* der »Ur-Kugel« des vorsokratischen »Schamanen« Empedokles (5. Jh. v. Ch.), der Kranke heilen, Alte verjüngen, Regen machen, Tote beschwören sowie sehen, dichten und lehren konnte, verwandt zu sein. Aus dieser Ur-Kugel sind bei der Schöpfung alle Elemente, Formen und Erscheinungen der Welt hervorgegangen.

Erstaunlicherweise durften die orphischen Bacchos-Diener keine Eier essen, »wohl weil die Welt aus dem Ei entstanden ist oder weil aus dem Ei ein Lebewesen entstehen würde – es würde durch das Essen getötet.« (MERKELBACH 1988: 29) Vielleicht rührt aus dieser Vorstellung die Angst, die viele Menschen vor den »Hexeneiern« (Vela von *Amanita muscaria, Phallus impudicus, Anthurus archeri)* bis heute hegen.

Eines der wenigen antiken Zeugnisse der psychoaktiven Anwendung von Pilzen stammt von Antiphanes, der schrieb, dass ein Pilz, der mit der Eiche assoziiert war (Zeus-Ammon!), Hellsichtigkeit bewirke, wenn er verspeist werde (ANTIPHANES *Frg.* 227). Auch Plinius führt ein magisches »Kraut« an, das verdächtig nach einem entheogenen Pilz klingt: »Die *Achaimenis,* von der Farbe des Bernsteins, wachse ohne Blatt in Indien im Gebiet der Taradastiler [ein unbekannter Volksstamm]; wenn Verbrecher sie in Wein zu sich nähmen, seien sie unter Qualen voll geständig unter dem Eindruck verschiedener Göttererscheinungen.« (PLINIUS, XXIV, 161)

Das antike Modell des Omphalos, des »Nabels der Welt«, von Delphi.
Es sieht dem Pilzhut von *Psilocybe semilanceata* verblüffend ähnlich.

Der orphische Welten-Pilz

Der antike Dionysos war zum einen ein Fruchtbarkeitsgott, der in ländlichen Festen als Herr der Pflanzen verehrt wurde; zum anderen war er ein schamanischer Gott der Psychopharmaka, der in ekstatischen Kulten gefeiert wurde und sich in geheimen Mysterien offenbarte.

Dionysos wurde besonders von den spätantiken Orphikern verehrt. Nach der orphischen Tradition ist der gesamte Kosmos aus einem Weltenei hervorgegangen. Dazu wurde das Weltenei von einer Schlange zum Leben erweckt. Es brach ein schöpferischer Phallus aus dem Ei, der sich zum ersten »geflügelten« Dionysos ausbreitete. Diese Geschichte ist eine deutliche Metapher für das Pilzwachstum, das in den antiken Quellen ganz ähnlich beschrieben wird:

»Omega (›Großes O‹) bezeichnet offenbar das Welt-Ei der orphischen Mysterien, das vom Demiurgen aufgespalten wurde, als er das Universum schuf [...] Die Erschaffung der Welt resultierte, wie die Orphiker meinten, aus einer sexuellen Vereinigung zwischen der Großen Göttin und der Welt-Schlange Ophion. Die Große Göttin selbst nahm die Gestalt einer Schlange an und paarte sich mit Ophion [...] Die Göttin legte sodann das Welt-Ei, das unendliche Möglichkeiten barg, an sich aber nichts vermochte, solange es nicht vom Demiurgen aufgespalten wurde. Der Demiurg war Helios, die Sonne, mit der die Orphiker ihren Gott Apollon gleichsetzten – was nur natürlich war, weil die Sonne ja die Schlangeneier ausbrütet; und das Ausbrüten der Welt wurde alljährlich beim Frühlingsfest der Sonne gefeiert, dem im Alphabet der Vokal Omikron zugewiesen wurde.« (Ranke-Graves 1985: 293)

In manchen Gräbern von Böotien fand man Dionysos-Skulpturen, die ein Ei in der Hand halten. In der Orakelstadt Delphi gibt es ein antikes Modell des Omphalos (»Nabel der Welt«), das nicht nur wie die obere Hälfte eines Eies aussieht, sondern wie das perfekte Abbild eines *Psilocybe semilanceata*-Pilzhutes wirkt. Sollte dieses Artefakt das geheime Zeichen einer antiken Pilzreligion oder von Pilzmysterien um den phallischen Ekstasegott Dionysos gewesen sein?

Das Löwentor von der Pilzstadt Mykene

Auch in der antiken Mythologie finden sich Pilzmetaphern, die auf die ihnen eigenen Kräfte schließen lassen. Der Zeussohn Perseus, der heilige König von Argos, schloss sich dem Dionysoskult an und nannte seinen von Kyklopen oder Titanen erbauten Palast Mykene *(mykenai)*, von *mykes*, »Pilz«. (Vielleicht ist die Kykladeninsel Mykonos eine »Pilzinsel«?) Er hatte auf dem Hügel inmitten des fruchtbaren Tales einen Pilz gefunden, aus dem eine Quelle hervorging. (KLEMENS VON ALEXANDRIA, *An die Griechen* III, 45; APOLLODORUS II, 4, 4–5) So wäre der Anfang der mykenischen Zivilisation eine Pilzvision gewesen: »Perseus ging zurück nach Argos ... und so überredete er den Megapenthes ..., ihm die Herrschaft zu vertauschen. Nachdem er dessen Gebiet erhalten hatte, gründete er Mykenai. Denn dort verlor er den Knauf seines Schwertes, und dies Zeichen hielt er für eine Vorbedeutung für die Gründung einer Stadt. Ich hörte auch, dass, als ihn dürstete, er einen Pilz *[mykos]* von der Erde aufgenommen habe, und weil er von dem daraus rinnenden Wasser trank und sich erfrischte, habe er dem Ort den Namen Mykenai gegegben.« (PAUSANIAS, *Reisen in Griechenland*, II, 16–3)
Sollte das aus dem Pilz »rinnende Wasser« eine Anspielung auf den blauenden Effekt des psilocybinhaltigen Pilzstieles sein? – Plinius kannte wahrscheinlich auch blauende Zauberpilze, die er aber, wie so viele nach ihm, irrtümlich für tödliches Gift hielt: »Von gewissen [Pilzen] erkennt man die Giftigkeit leicht an der fahlroten Farbe, am ekligen Aussehen, an der bläulichen Färbung im Inneren, an den furchigen Lamellen und am ringsum blassen Saum. Bei einigen findet man diese Merkmale nicht; trocken und der Trüffel ähnlich, tragen sie gleichsam weiße Tropfen von ihrer Haut auf dem Hut.« (PLINIUS XXII, 93)
Das um 1400/1300 v.Chr. entstandene Relief im Löwentor von Mykene – der Löwe ist ein Tier des Dionysos und wie alle Wildkatzen ein typisch schamanisches Tier – sieht ebenfalls wie ein Pilzhut im Querschnitt aus.

Mythos und Mykes

Der Gott Dionysos, dargestellt als Ekstatiker. Ihm waren alle Rauschmittel heilig, ebenso die Pilze, die Phallen der Erde. Der Kreis mit seinen geometrischen Mustern erinnert an eine typisch psychedelische Vision. (Spätantikes Mosaik aus Korinth)

Gegenüber: Das Löwentor von Mykene, der Pilzstadt.

Robert Ranke Graves glaubt, dass das Ambrosia, mit dem die Kentauren im Herbst Dionysos verehrt haben, Fliegenpilze waren – immerhin gedeihen Fliegenpilze in Griechenland noch heute. In der Antike war Griechenland zudem ein bewaldetes, liebliches Land. Erst die Massenabholzung der griechischen Wälder durch machtbesessene Politiker zum Bau von Kriegsschiffen hat das heute so »typisch« karge Landschaftsbild entstehen lassen. Er vermutet auch, dass die Mänaden nicht nur von efeugeschwängertem Wein, sondern ebenfalls vom Fliegenpilz berauscht waren. Joseph Wohlberg hält den thrakischen Dionysos Sabazios für die Entsprechung des indischen Soma und persischen Haoma und vertritt die Theorie, dass der thrakische Gott mit dem Fliegenpilz identisch sei (1990). Carl Ruck hält sogar das geheime Opfer der Hyperboreer an den delischen Apollon für einen Fliegenpilz und damit für die letzte Erinnerung an das indogermanische Soma. (RUCK 1983)

Neben dem Fliegenpilz sieht Ranke-Graves auch in dem *Panaeolus papilionaceus,* der »noch heute von portugiesischen Hexen eingenommen wird«, einen weiteren Anwärter für das göttliche Ambrosia und den göttlichen Nektar (1985: 49). Er führt zur Unterstützung seiner Hypothese verschiedene Mythen sowie Darstellungen in Kunstwerken an. Darunter eine attische Vase, auf der zwischen den Hufen von Nessus, dem Kentauren, ein Pilz sprießt. Dieses pilzliche Ambrosia wurde später das Sakrament der eleusischen und orphischen Mysterien. Ranke-Graves bringt sogar das Wort *kekyon* (= Kykeon) etymologisch mit *mykon,* »Pilz«, in Verbindung.

In der griechischen Folklore sollen noch heute Pilze als »Nahrung der Götter« bezeichnet werden. »Heute kommen in Griechenland halluzinogene Pilzarten vor. Im Unterschied zu den giftigen werden sie als ›verrückte Pilze‹ bezeichnet, und die Landbevölkerung weiß, dass sie wie der Wein, allerdings auf völlig andere Weise berauschend wirken.« (WASSON et al. 1984: 155) In Italien sind die häufigsten psychedelischen Pilze die Spitzkegeligen Kahlköpfe *(Psilocybe semilanceata).* Man nimmt an, dass sie dort seit 10 000 bis 12 000 Jahren heimisch sind. In Norditalien (Monte Bego, Valcamonica) gibt es verschiedene spätneolithische Felsbilder, die Darstellungen von Pilzen in schamanischen Zusammenhängen zeigen.

Möglicherweise kannte Plinius sogar die entheogenen Kahlköpfe, die mit einem Zeus-Kult in Zusammenhang standen. Neben den essbaren und giftigen Pilzen nennt Plinius Pilze, die er als ungenießbar, aber nicht als schädlich klassifiziert. Darunter finden sich »die weißen, wie mit der Spitzen Priestermütze *(apex)* des Flamen auf ihren kennzeichnenden Strünken« (XXII, 95). Die Priestermütze ist eine kegelförmige, aus dem Fell eines Opferlammes gefertigte Kopfbedeckung, die mit einem wolleumwundenen Olivenzweig geziert war. Sie war das Kennzeichen des *Flamen Dialis,* das ist der Jupiterpriester! Deshalb wird angenommen, dass sie einem geheimen Zauberpilzkult huldigten.

Dass Pilze eine besondere religiöse oder rituelle Bedeutung hatten, kann man an Ketten, die aus Perlen in eindeutiger Pilzform gefertigt sind, erkennen. Solche Pilzketten wurden sowohl in minoischer als auch in hellenistischer Zeit angefertigt. Im Museum von Heraklion (Kreta) kann man ein derartiges kunstvolles Schmuckstück bewundern. In der Bronzezeit sind Keramikfiguren charakteristisch gewesen, die unter dem Namen *kourotrophos* (»Milchamme«) bekannt sind. Dabei haben die Ammen sowie die gesäugten Kinder die Gestalt von Pilzen. Auf einem etruskischen Bronzespiegel ist der thessalische Held Ixion, übrigens ein Onkel des legendären Asklepios, mit Adlerflügeln über einem Pilz tanzend dargestellt. Auf einer Amphore aus dem 4. Jh. v. Chr. wird Perseus zusammen mit der enthaupteten Medusa, die »den Kopf verloren hat«, dargestellt. Über dem Helden schweben langstielige Pilze mit kleinen rundlichen Köpfen. Wenn etwas aussieht wie ein Pilz, dann ist es auch ein Pilz. Und all diese Pilzbilder erinnern stark an die Kahlköpfe *(Psilocybe)*.

Dionysos wurde von den Mänaden in Gestalt des Stieres verehrt. Nun ist der Kot des Stieres ein idealer Nährboden für verschiedene Pilze (zum Beispiel Düngerlinge sowie die *Psilocybe cubensis)*, die möglicherweise in den dionysischen Orgien eine wesentliche Rolle spielten. Das Symbol des Bromios (»Donnerers«) Dionysos, des Erde aufreißenden Stieres, war der *Phallos*, der »in einer gebräuchlichen Metapher ebenfalls *mykes* hieß«. (WASSON et al. 1984: 55) Es heißt immer wieder, dass Dionysos in der Gestalt eines Phallus verehrt wurde. Der Phallus war ein Stück des zerstückelten Gottes. Bedeutet dies nicht auch, dass er in Form des Pilzes verehrt und verspeist wurde? – Schließlich gibt es mehrere attische Vasen, auf denen Gartenszenen dargestellt sind. Frauen begießen oder pflücken Phalloi, die zugleich wie Pilze, aber auch wiederum wie männliche Glieder aussehen.

Der junge Fliegenpilz erinnert stark an einen Phallus.

Pilze und Religion

»Der Mensch kann nichts Größeres empfangen, und der Gott nichts Würdigeres mitteilen, als die Wahrheit ... Nicht durch Silber und Gold ist die Gottheit glückselig, noch durch Donner und Blitz mächtig, sondern durch Einsicht und Weisheit.«(PLUTARCH, *Über Isis und Osiris*, cap. 1)

Ein Mandala aus Zauberpflanzen und Zauberpilzen als T-Shirt-Aufdruck. Das Zentrum wird von einem Peyote-Kaktus gebildet. Er stellt die Erde im Kosmos dar. Auf seiner Oberfläche wachsen Zauberpilze. Die vier Himmelsrichtungen werden durch Hanfblätter markiert.

Die Religion ist ein Glaubenssystem, dem ein Dogma oder Doktrinen zugrunde liegen, das einen Religionsstifter und Verkünder hat, das von Priestern an die Gläubigen vermittelt wird, und das in organisierten, hierarchisch strukturierten Kirchen bewahrt wird. Aldous Huxley schrieb in einem Essay von 1958 für die *Saturday Evening Post* dazu: »Jede hochentwickelte Religion besteht gleichzeitig aus mehreren verschiedenen Ebenen. Sie besteht einmal aus einer Reihe abstrakter Begriffe für die Welt und die Herrschaft über die Welt. Sie besteht aus einer Reihe von Riten und Sakramenten, sie besteht darin, in einer traditionellen Weise mit Symbolen umzugehen, in denen sich die Glaubensvorstellungen von der kosmischen Ordnung ausdrücken. Und sie besteht aus Gefühlen wie Liebe, Angst und Verehrung, die durch diesen Umgang mit Symbolen hervorgerufen werden.« In diesem Sinne haben manche Menschen religiöse Gefühle für die psychedelischen Pilze, die Symbole für die mystische Erfahrung innerhalb eines religiösen Glaubenssystems.

Es gibt sogar synkretistische Religionsformen, bei denen die mexikanischen Zauberpilze, das Fleisch der Götter, als Sakrament betrachtet und eingenommen werden: »Tatsächlich gibt es eine mündlich überlieferte Geschichte von einem blonden Mensch-Gott, Quetzalcoatl (Gefiederte Schlange), der Mexiko durchwanderte, die Kranken heilte und den Grundsatz der universellen Liebe lehrte. Eine der vielen Mythen über ihn erzählt, wie er die ›heiligen Pilze‹ – *teonanacatl,* das ›Fleisch der Götter‹ – dem ›edlen Kind‹ – *Piltzintecuhtli* – schenkte. Bei Quetzalcoatls Wanderung durch Mexiko soll das ›Fleisch der Götter‹ überall da gewachsen sein, wo er auf den Boden spuckte oder sein Blut aus kleinen Wunden getropft war. Als die Spanier Mexiko eroberten, ersetzte der Katholizismus die einheimische Religion. Christus und Quetzalcoatl wurden jedoch in einigen Teilen des Landes von den Indianern gleichgesetzt.« – So heißt es in dem Buch *Heilen und Schamanismus* von ALBERTO VILLOLDO und STANLEY KRIPPNER (1986: 204).

Die Geschichte vom Jesuspilz

Jesus soll nach der Deutung der Bibel ein Fliegenpilz gewesen sein! – »›Jesus‹, wie der ›Dionysos‹ der verwandten bacchischen Religion, ist nichts anderes als eine Personifikation des Heiligen Pilzes, der ›Beschmierte‹ oder Gesalbte, der ›Christus‹, die phallische Erscheinungsweise des uralten Fruchtbarkeitsgottes Yaweh/ Zeus.« (ALLEGRO 2000: 41)

»Wir dürfen spekulieren, ob der erste Gebrauch in der Frühzeit der Menschheitsgeschichte eine gleichsam explosionsartige Erschütterung des menschlichen Geistes bewirkt und solche fantastischen Vorstellungen erzeugt haben mag, wie wir sie aus der Mythologie der alten Völker kennen. Sicher ist nur, dass der magische Pilz selbst als eine Gottheit angesehen wurde und dass er scheinbar wunderbare und unheimliche Eigenschaften besitzt, die bei Frühmenschen Ehrfurcht und Angst hervorreifen. Diese beiden Gefühle sind aber Wesensmerkmale der Religion.
Später, als neue Lebensformen und besonders eine schriftliche Kultur aufkamen, verschwand diese Pilzereligion vermutlich bis auf Relikte in Randzonen, abgelegenen Gebieten und als religiöses Brauchtum bei geheimen Zeremonien und Mysterien. Der alte Pilzkult und seine Wurzeln fielen der Vergessenheit anheim. Ehrfurcht und Angst, die beiden beherrschenden Grundeinstellungen, blieben, und sie prägten über Jahrhunderte den kulturellen Umgang mit Pilzen.«
(HELMUT WERNER, *Die Magie der Zauberpflanzen, Edelsteine, Duftstoffe und Farben*, 1993: 80f.)

Gegenüber: Eine Kathedrale der entheogenen Pilze.
(Gemälde von FRED WEIDMANN, * 1938)

So steht es bei dem Londoner John M. Allegro (1923–1988), einem studierten Theologen und Altphilologen für semitische Sprachen, Mitentzifferer der Schriftrollen vom Toten Meer (Qumran). Allegro stellte ein kühne Theorie auf: Die Juden waren kein erwähltes, sondern vom Fliegenpilz berauschtes Volk. Das »Urchristentum« war ein mystischer Geheimkult, bei dem Fliegenpilze verspeist wurden. Dadurch wurden psychoaktive Pilze zum »Ursprung unserer Religionen«. Das Wort »Jesus« bezeichnet keinen Menschen, sondern ist ein Deckname für den Fliegenpilz. Die Evangelien sind verschlüsselte Geheimlehren über den Kult des heiligen Pilzes. Die Kirche hat diese Botschaft jedoch nicht verstanden oder verdrängt. Allegro kritisiert die Kirche nicht im Geringsten, er hält sie lediglich für überflüssig. Als er seine Hypothesen, gestützt auf jahrzehntelange philologische Detektivarbeit, in seinem Buch *Der Geheimkult des heiligen Pilzes* (1971) veröffentlichte, erntete er heftige Kritik von akademischer Seite, die ihm »hochtrabenden Unsinn« bescheinigte.

Allegros »hochtrabender Unsinn« hat jedoch auch Früchte getragen. Der US-amerikanische Psychologe und Ethnobotaniker Clark Heinrich (geb. 1945) hegt zwar kritische Vorbehalte dem Werk Allegros gegenüber, knüpft aber doch daran an. Dabei geht er nicht linguistisch vor, sondern interpretiert die alten Texte, als

WITTHÜSER & WESTRUPP, *Der Jesus-Pilz – Musik vom Evangelium* (Albumcover; LP: Ohr, 1971; CD: ZYX, 1996) – ein Krautrock-Klassiker zum Bröseln ...

> »Die Jesus-Geschichte ist eine der mysteriösesten von allen Religionen ... Das Mysterium Jesu ist, dass es im Christentum kein Mysterium mehr gibt. Alles ist inzwischen erklärt worden.«
> (HEINRICH 1998: 148)

seien sie Kult-Informationen. So sieht er auch in der Bibel allerhand Allegorien für den Fliegenpilz und dessen kultische Einnahme. Vor allem die Geschichte der Heiligen Könige soll ein Mythos vom heiligen Pilz sein: »Diese persischen Zauberer *[magoi]* waren vermutlich Haoma-Priester, und Haoma war ja zumindest anfänglich identisch mit Soma, dem heiligen Getränk, das man aus dem Fliegenpilz herstellte. Ihre Anwesenheit bei der Geburt Jesu stellt eine direkte Verbindung zur alten indogermanischen Religion des geopferten und verzehrten Gottes dar.« (HEINRICH 1998: 157) Es wird noch gewagter: »Vielleicht brachten die wandernden Drogenhändler, die drei Könige, eine getrocknete, fremde Substanz aus dem Osten in die Gegend?« (HEINRICH 1998: 29) – Die Heiligen Könige als Drogendealer!

Heinrich interpretiert die ganze Jesus-Geschichte als eine Metapher für den Fliegenpilz, dessen Eigenheiten und Wirkungen: »Wie Jesus wird der Fliegenpilz von einer Jungfrau geboren, der ungepflügten Erde, und hat keinen offensichtlichen Vater außer dem himmlischen, der mit Wolken und fruchtbarem Regen den Pilz anregt, aus der jungfräulichen Erde hervorzubrechen. In seinem Kindheitsstadium liegt der Pilz in der Erde wie in einer Höhle und ist vollständig von der weißen Universalhülle umgeben wie von einem Wickeltuch ... Die Krippe ist also ein Vorbote für das letzte Abendmahl Jesu, bei dem er selbst zu Speise und Trank seiner Jünger wird.« (HEINRICH 1998: 156)

Wenn Jesus ein Fliegenpilz ist, dann ist Weihnachten die Feier der Geburt des heiligen Fliegenpilzes. Schenker und Geschenk sind dasselbe. Wenn man den Fliegenpilz isst, also Jesus verspeist, dann wird man zum immergrünen Weltenbaum und verbindet sich mit den drei Welten. Der Weihnachtsbeschenkte erfährt sich als Weltenachse *(axis mundi)*, als Zentrum des Universums und erlebt das Heilige im Hier und Jetzt. Das Licht geht an!

Man kann in einem Ritual sehen, was man will, wenn man darin für sich einen Sinn sieht, ist es mit Sinn erfüllt, ganz gleich mit welchem, denn jeder Sinn ist richtig und gleichwertig, da jeder Sinngeber das Zentrum seines/des Universums ist.

1, 2

3, 4

5, 6

7, 8

9, 10

Die Naturgeschichte des Fliegenpilzes, samt kulturellen Deutungen:

1 Der frisch aus der Volva aufgebrochene Hut des Fliegenpilzes. Jesus in der Krippe oder im Hexenei.

2 Der sich entfaltende Fliegenpilzhut. Das orphische Weltenei oder das Schlangenei der Druiden.Das Welten-Ei, ein Ei, aus dem die Welten hervorbrechen, wie die Visionen eines Bepilzten.

3 Der ausgebreitete Fliegenpilzhut. Das Sonnenrad oder ein Zwergenteller oder ein Hexentisch oder ein Krötenstuhl.

4 Ein stark gefleckter, runder Fliegenpilzkopf. Er trägt die Signatur der visionären Welt, er ist ein Tunnel zum Licht, er ist weiß-rot.

5 Die gelbe Unterart des Fliegenpilzes *(Amanita muscaria* ssp. *flavivolvata,* Washington/USA). Der Trip schwelgt nicht in Rottönen sondern strahlt wie Sonnenschein.

6 Die gelbe Haut ist von sternförmigen Flocken bereift.

7 Frisch gejagte Fliegenpilze, fertig zum Genuss (Telluride, Colorado, USA, 1997). Sie können zum Beispiel als Carpaccio roh verzehrt oder als Pilzpfanne zubereitet werden. Der Pilz eignet sich auch zum Kandieren. Oder er wird in Wodka eingelegt.

8 Es ist ein Leichtes, in diesem Fliegenpilz seinen wichtelförmigen Geist mit Hut zu erkennen.

9 Der typische Fliegenpilz in Nordamerika hat eine hellere Färbung, mehr »Gold«. (Astoria, Oregon, USA, 1996)

10 Der getrocknete Fliegenpilzhut nimmt einen samtenen Glanz und eine goldrötliche Farbe an: das Rabenbrot. Fertig für den Knaster-Klaus!

Auch andere Völker identifizieren Jesus mit dem heiligen Pilz und verehren ihn sogar mit dem rituellen Verzehr. In Mexiko wird der *El Niño,* »Der Junge«, mit dem Zauberpilz *(Psilocybe* spp., u.a.) identifiziert; er wird auch als heidnischer Pilzgott in christlichem Gewande – weiß-roter Mantel! – in quasikatholischen Kirchen angebetet.

In Mexiko, dem Land, das uns so viele Pflanzen für die Weihnachtsbotanik geschenkt hat, ist Jesus der vorspanische Maisgott, der, genau wie die Maispflanze, jedes Jahr neu geboren (gepflanzt) und getötet (geerntet) wird.

Gegenüber links: *El Niño*, »Der Junge«, ein heiliges Kind, in dem sich der jugendliche Maisgott der Maya, der aztekische Blumenprinz Xochipilli und der katholische Jesus Christus synkretistisch vereinigt haben. Das heilige Kind ist ebenfalls der anthropomorphisierte Zauberpilz der mexikanischen Schamanen, der bei Verzehr ungeheure Visionen auslösen kann. (Altarfigur in einer Kirche von San Cristobal de Las Casas im Hochland von Chiapas, Mexiko)

Zur Chemie und Wirkung des Fliegenpilzes

Der frische Fliegenpilz enthält Cholin, Acetylcholin, Muscarin, Muscaridin, Muscazon, reichlich Ibotensäure, sehr wenig Muscimol sowie die seltenen Spurenelemente Selen und Vanadium. Der getrocknete Fliegenpilz enthält durch Decarboxylierung der Ibotensäure reichlich Muscimol, das für die psychoaktive Wirkung verantwortlich ist.
Frische Fliegenpilze sind in ihrer Wirkung nicht so gut wie getrocknete. Bei dem frischen Material kann es zu leichter Übelkeit kommen. Die getrockneten Pilze können gegessen oder geraucht werden (zum Beispiel mit Bilsenkraut und Hanf vermischt). Die wirksame Dosis des Fliegenpilzes ist wie bei kaum einem anderen Entheogen individuell extrem unterschiedlich (vorsichtig herantesten bzw. herantasten!).

»Estar tokat del bolet.« – »Vom Pilze berührt sein.«

(Katalanische Redewendung)

Fliegenpilzkirchen

Jeder Tourist, der nach Barcelona in Katalonien reist, wird wie magisch vom Garten des Parque Güell angezogen. Dieses Gesamtkunstwerk beinhaltet zwei kirchenartige Gebäude, auf deren Turmspitzen keine christlichen Kreuze prangen, sondern heidnische Fliegenpilze sitzen.

Die meisten Touristen werden wahrscheinlich kaum bemerken, dass es sich bei diesen architektonischen Auswölbungen um Fliegenpilze handelt, die einen spirituellen Hintergrund haben. Dass sie einen Bedeutungszusammenhang zwischen Fliegenpilz und Kruzifix anzeigen, wissen die meisten nicht; die es wissen, halten ihren Mund; und die, die den Fliegenpilz kennen, verneigen sich vor dem künstlerischen Architekten, der diese Wunderwerke – eine Art europäisches Disneyland – geschaffen hat.

Die katalanische Stadt Barcelona, erbaut auf dem römischen Forum Barcina, ist heute stark geprägt von der Kunst und Architektur des Antoni Gaudí (1852–1926). In seinem Park Güell, im Norden der großen Metropole, bestechen die beiden Bauwerke am Eingang. Heilige Gebäude im »wagnerianischen« Jugendstil, die nicht von christlichen Kreuzen gekrönt werden, sondern von mächtigen, phallischen Fliegenpilzen: Der Phallus Gottes! Eine *iconografía gaudiniana*.

Ob Antoni Gaudí selbst ein heimlicher Genießer des »Verrückten Pirols« war, ist nicht eindeutig geklärt, aber durchaus wahrscheinlich; immerhin ist einer seiner Biografen, Joan Llarch, davon ausgegangen, dass Gaudí als mykophiler Künstler Fliegenpilzerfahrungen hatte. Bekannt ist, dass Gaudí gerne *leche con lechuga*, »Milch mit Lattich«, das heißt mit narkotisierend wirkendem Lactucarium trank. Der Ausdruck *leche con lechuga* könnte sich aber auch auf eine Zubereitung aus

Gegenüber rechts oben: Der Weihnachtsmann fährt mit seinem Schlitten durch den verschneiten Wald, der von Fliegenpilzen bewachsen ist. (Illustration aus einem Kinderbuch)

Gegenüber rechts unten: Der jugendliche Maisgott der Maya in Form eines kruden Holzkreuzes auf einem Hausaltar. Zu Weihnachten und anderen Festen wird ihm ein rot-weißes Gewand im alten Mayastil angelegt. (Pixoy, Yucatán, Mexiko; 1981)

Die Fliegenpilzkirchen im Parque Güell, Barcelona, Spanien. Dieser Freizeitpark ist ein Gesamtkunstwerk des visionären Architekten und Künstlers Antonio Gaudí (1852–1926), dessen Werke das Stadtbild von Barcelona entscheidend geprägt haben.

Rechts: Diese halbplastische Darstellung vom Sündenfall am Baum der Erkenntnis auf einer Kirchentür von Hildesheim (Barnwardstür, um 1015) hat viele Ethnomykologen heftig erregt. Sie sehen in der Darstellung des Baums der Erkenntnis ein Abbild der Zauberpilze. Kunsthistoriker verneinen diese Interpretation, weil es sich um typisch mittelalterliche Baumdarstellungen handelt.

Unten: In diesem Fresko in einer Kirche (Plainancourt-Kapelle, Frankreich) aus dem 13. Jahrhundert ist die biblische Versuchungszene am Baum der Erkenntnis dargestellt. Viele Forscher sehen in dieser Wandmalerei eine Darstellung des heiligen Fliegenpilzes.

Der Fliegenpilz heißt im Katalanischen *matamosque,* »Fliegenkiller«, *oriol foll,* »Verrückter Pirol«, *reig de fageda* oder *reig bord,* »falscher Agaricus«, und wird im mykophilen Katalanien (Catalunya) traditionell als Rauschmittel eingenommen, um »vom Pilze berührt zu werden«.

»In der Steiermark gilt auch noch der heilige Antonius, der Einsiedler, als Schwammheiliger.« (Marzell 1935/36: 28)

Milch, Latex vom Wilden Lattich *(Lactuca virosa)* und Fliegenpilzextrakt beziehen. Immerhin bedeutet das von *lechuga* abgeleitete, anthropomorphisierende Wort *lechuguino* im saloppen Spanisch soviel wie »Dandy« oder »Geck«. – Vielleicht liegt hier ein linguistischer Verweis auf das geckenhafte Pilzwesen vor. Die katalanische und spanische Folklore ist dicht bevölkert mit *duendes y gnomos,* »Kobolden und Gnomen«, also dem gutbekannten Pilzvölkchen.

Der Fliegenpilz wird oft als der »echte« Baum der Erkenntnis angesehen. Um diese Anschauung oder Deutung zu belegen, werden Wandbilder und andere Bildwerke in alten Kirchen herangezogen.

Links: Das Mutterkorn bevorzugt zwar den Roggen, kann aber auch Weizen befallen.

Rechts: Der taumelerzeugende, berauschende Taumel-Lolch *(Lolium temulentum)* ist eines der Gräser, die von Schlauchpilzen befallen werden und dadurch Mutterkornalkaloide enthalten.

Gegenüber oben: Die Mutterkornsklerotien sind in der Getreideähre als dunkle, vergrößerte Körner zu erkennen.

Gegenüber unten: Mutterkorn *(Claviceps* sp.) auf einer Grasähre.

Das Mutterkorn und der heilige Antonius

Es gibt eine Naturerscheinung, die vom Volksmund nicht unbedingt zu den Pilzen gezählt wird: das Mutterkorn *(Claviceps purpurea)*. Aber das Mutterkorn ist ein Pilz, und zwar ein auffälliger. Mutterkorn schmarotzt bevorzugt an Roggen. Wenn es ein Ährenkorn befallen hat, wird dieses zu einer dunkelvioletten bis schwarzbraunen Monströsität anwachsen: einem schwarzen Zapfen in der Kornähre; es ist das Sklerotium des *Claviceps purpurea*-Pilzes. Für andere ist dies das Werk der Hexen oder anderer Gestalten aus der Halbwelt, wie Bilwitz oder Roggenwolf, die durch ihre Durchschreitungen eines Kornfeldes die Ähren »verzaubern« – wir würden heute sagen: »infizieren«.

Der Name Mutterkorn bezieht sich auf die Gebärmutter, denn Mutterkorn wurde vielfach gynäkologisch verwendet.

Explizit erwähnt wird das Mutterkorn bei den späteren »Vätern der Botanik«. Das Mutterkorn ist eigentlich das Überwinterungsstadium eines Schlauchpilzes, der als Parasit verschiedene Getreide (Roggen, Weizen, Gerste) und Gräser (Taumellolch = Trunkenweizen, *Lolium temulentum; Paspalum*-Arten) befallen kann. Die volkstümlichen Namen »Rockenmutter, Afterkorn, Todtenkorn, Tollkorn und Mutterkorn« weisen auf die Wirkungen und Anwendungen hin. Seit dem Mittelalter wird das Mutterkorn von Hebammen zu Einleitungen von Geburten verwendet. Als erste schriftliche Quelle, die das Mutterkorn als solches nennt, gilt das *Kräuterbuch* des Lonicerus (= Adam Lonitzer, 1528–1586): »Von den Kornzapfen, *Latine Clavi Siliginis:* Man findet oftmals in den Ähren des Rockens oder Korns lange schwarze harte schmale Zapfen, welche benebens und zwischen dem Korn, so in den Ähren ist, herauswachsen und sich lang heraustun, wie lange Nägelein anzusehen; sind innwendig weiß, wie das Korn, und dem Korn gar unschädlich. Solche Kornzapfen werden von den Weibern für eine sonderliche Hilfe und be-

Andere Namen des Mutterkorns

Wolfzahn, Hexenzahn, Stiefmutterkorn, Kornmutter, Roggenmutter, Getreidemutter, Großmutter, Mehlmutter, Brotvater, Horn, Bockshorn, Hahnsporn, Vogelsporn, Kraihenkrallen, Teufelsklaue, Wolfszahn, Kornzapfen, Ranck-Korn, Roggewegge, Engelsbrot, Kornengel, Butz, Brandkorn, Schwarzkorn, Giftkorn, Afterkorn, Rabenkorn, Ebersbrot, Hundebrot, Hahnenkorn, Teufelsmargen, Wolf, Hungerkorn, Kummerroggen, Kindesmord, Dollkorn, Taubkorn, Klabauter

währte Arznei für das Aufsteigen und Wehetum der Mutter gehalten, wenn man derselbigen drei etlichmal einnimmt und gebraucht.« (LONICERUS, *Kräuterbuch,* Ausgabe von 1679)

Es ist sehr wahrscheinlich, dass das Mutterkorn schon in der Antike bekannt war. Im Getreide konnte es verheerende Seuchen, das berüchtigte »Antoniusfeuer« (Brandseuche), das sich besonders im Mittelalter verbreitete, verursachen. Beim römischen Naturforscher und Dichter Lucrez (etwa 94–55 v. Chr.) gibt es ein paar Hinweise, die als Beschreibung des Antoniusfeuers gedeutet werden können:

»Plötzlich senkt sich nun diese neue, verheerende Pestluft
Nieder aufs Wasser hin oder sie nistet sich ein in die Feldfrucht ...«
»... der ganze Leib war von brandigen Schwären gerötet,
Wie wenn das ›heilige Feuer‹ *(ignis sacer)* sich über die Glieder verbreitet.
Vollends im Innern der Menschen, da brannte es bis auf die Knochen,
Brannte im Magen so loh wie die Flamme im Innern der Erde.«
(LUCREZ, *Von der Natur* VI, 1125; 1166ff.)

Lukrez verzeichnet des Weiteren:

»Völlig verwirrter Verstand mit Angstzuständen und Schwermut,
Finstere Stirn und scharfer, ja wütender Blick aus den Augen;
Ferner ein ängstlich erregtes Gehör und Brausen im Ohre ...«

Und er musste ernüchtert feststellen, dass es kein wirksames Gegengift gibt:

»Auch gabs's keine Arznei, die bei allen sich bewährte;
Denn was dem einen vergönnte, in volleren Zügen zu atmen,
Lebenerhaltende Luft und des Himmels Räume zu schauen, ...
Das war vernichtendes Gift für den anderen und brachte den Tod ihm.«
(ebd. 1226ff.)

Links: Der katholische Antonius gilt als Patron der vom »Heiligen Feuer« (Ergotismus) Befallenen. Er sollte die Menschen vor dem Getreidebrand schützen. Skulptur im Antoniterkloster von Colmar (Elsaß). Das altägyptische Tau-Zeichen am Ende seines Stabes ist sein Attribut.

Rechts: Tafel aus dem Antoniusaltar (1505–1516) von Matthias Grünewald (um 1475/1480–1528) im Kloster Colmar (Elsaß). Unten rechts sitzt eine vom »Antoniusfeuer« *(Ignis sacer)* ergriffene Person.

Die aus dem Getreide gesiebten Mutterkörner *(Secale cornutum)* können je nach Klima, Jahreszeit, Standort und Boden verschiedene Alkaloide, die sogenannten Mutterkorn- oder Ergotalkaloide ausbilden. Manche Alkaloide sind halluzinogen, andere giftig und einige sind tatsächlich als spezifische Mittel für gynäkologische Zwecke wertvoll. Leider gibt es keine alten Quellen, die arzneiliche Verwendungen dieser starken Rohdroge anführen.

Gegen Ende des Mittelalters wurde entdeckt, dass die Mutterkörner *(Secale cornutum)*, im Brot verarbeitet, zu halluzinatorischen oder gangränosen Zuständen führen konnten. Deshalb nannte man dieses mutterkorndurchsetzte Brot »Brot der Träume«. Da der Gehalt der durch das Mutterkorn ausgelösten Halluzinationen den damaligen Vorstellungen der Hölle entsprachen und der heilige Antonius in seiner Wüsteneinsiedelei von ähnlichen Halluzinationen, vor allem von antiken Göttern, heimgesucht wurde, ihnen aber widerstand, wählte man den heiligen Antonius als Patron dieser epidemischen Krankheit aus. Denn er hat, den spätantiken Schriften zufolge, den Versuchungen der antiken Götter, die inzwischen zu Dämonen erklärt worden waren, widerstanden. Deshalb wurde er zum Schutzherrn des Heiligen Feuers erhoben.

Der berühmte Isenheimer Altar des Matthias Grünewald (um 1470–1528) erinnert an das Mutterkorn-Antoniusfeuer: »Dieser Altar stand vielmehr an einem abgeschiedenen Ort, vor einer abgeschiedenen, seltsamen Gemeinde: in einer Hospitalkirche zu Isenheim [Elsaß], die einem Antoniterkloster zugehörte. Der heilige Antonius war Schutzpatron der Aussätzigen, jener Unseligen, die von einer Seuche überfallen waren, die man zu jener Zeit den ›Höllenbrand‹ oder das ›Brennende Leiden‹ nannte. Seit dem 10. Jahrhundert ging diese verwüstende Seuche durch das Abendland, an der Tausende starben. Das Kloster zu Isenheim war ein Aussätzigenhaus, ein Hospital für solche kranken Leute. Für diese Bresthaften, dem langsamen schwärenden Tod verfallenen Menschen war der Altar bestimmt. Er war das große Heiltum ihrer Kirche.« (FRAENGER 1983: 11f.)

Der französische Arzt Gay Didier, der im Dienst des Antoniter-Spitales in Saint Antoine du Viennois stand, schrieb 1560 in seinem Werk *Epitome Chirugieae* über das »Feuer« des heiligen Antonius: »Das Feuer besteht in einer mortifizierenden Gangraen eines Gliedes, man nennt es auch Sankt-Antonius- oder Sankt-Martialis-Feuer. Es ist bemerkenswert festzustellen, dass bei dieser Krankheit solcher Schmerz und solche Hitze entstehen, dass sie einer wirklichen Verbrennung gleichkommen.«

Der Mutterkornpilz kann je nach Wirtspflanze, Klima und Standort unterschiedlich wirkende Alkaloide (die Mutterkorn-Alkaloide Ergotamin, Ergotin, Ergocristin, Ergokryptin, Ergocornin, Ergometrin; daneben Ergoclavin, Histamin, Tyramin, Cholin, Acetylcholin) ausbilden. Zum einen handelt es sich um giftige Alkaloide, zum anderen um psychedelische. Die schädlichen Alkaloide des Mutterkorns *(Claviceps purpurea)* erzeugen zwei verschiedene Formen von Ergotismus (Mutterkornvergiftung, Brandseuche und Krampfseuche): »Die Brandseuche begann mit Erbrechen und Durchfall, mit Kribbeln in den Fingern und entzündlichen Erscheinungen, die von heftig brennenden Schmerzen begleitet waren. Nach einigen Tagen stellten sich dann die Zeichen der Gangrän ein. Die Glieder begannen sich zuerst an den Fingern und Zehen blau-schwarz zu verfärben und mumifizierten. Bei starken Vergiftungen konnte es so weit kommen, dass

Flüssiger Mutterkornauszug, der in Mexiko noch ethnogynäkologisch verwendet wird. (Foto: Jonathan Ott)

Gegenüber: Eine dem Mutterkorn verwandte Art ist der Maisbrand bzw. eine Form davon *(Claviceps gigantea)*. Die Sklerotien dieser *Claviceps*-Art sind nicht so gefährlich wie das echte Mutterkorn. Man kann sie geröstet sogar essen. (Naha', Chiapas, Mexiko)

sich Arme und Beine vollständig ohne Blutverlust vom Körper ablösten. Auf die gangränöse Form des Ergotismus bezogen sich die Krankheitsbezeichnungen wie ›mal des ardents‹, ›ignis sacer‹, ›heiliges Feuer‹. Bei der konvulsiven Form des Ergotismus, die mit ähnlichen Symptomen wie die gangränöse begann, standen schwere nervöse Störungen im Vordergrund. Es traten schmerzhafte Muskelkontraktionen, namentlich der Extremitäten auf, die schließlich in epilepsieartige Krämpfe übergingen.« (HOFMANN 1964: 8)

Das Mutterkorn von Weizen, Gerste und Roggen enthält grundsätzlich die gleichen Alkaloide (Ergotamin- und Ergotoxingruppe, Ergonovin und gelegentlich Spuren von Lysergsäureamid). Die halluzinogenen Wirkstoffe Lysergsäureamid, Lysergsäurehydroxyäthylamid und Ergonovin sind im Gegensatz zu den gefährlichen Toxinen wasserlöslich und dadurch voneinander zu trennen. Die Berichte über die Wirkungen von Ergonovin und Methylergonovin sind leider recht unbefriedigend, weitere ethnopharmakologische Forschung ist notwendig. LSD ist eine geringfügige chemische Variante des Lysergsäureamides, das vom Mutterkorn produziert werden kann. LSD ist ein Psychopharmakon, ein Heilmittel der Seele, dessen entheogene Wirkung sehr gut bekannt ist.

Safran *(Crocus sativus)* und Breitwegerich *(Plantago major)* galten seit dem Mittelalter als Antidoten gegen das Antoniusfeuer. Ob sie wirklich dagegen wirksam waren, ist bisher nicht bekannt. Seit dem Mittelalter werden Mutterkörner in der volkstümlichen Gynäkologie als Wehenmittel, zur Beschleunigung der Geburt und zur Behandlung der nachgeburtlichen Komplikationen verwendet. Im 18. Jahrhundert wurden Mutterkörner in Thüringen als blutstillendes Mittel eingesetzt. *Pulvis parturiens* hieß das zermahlene Mutterkorn im 19. Jahrhundert; es wurde u.a. bei Lähmungen gegeben, aber auch zur Abtreibung benutzt. (MOST 1843: 457)

Der durchaus gefährliche Gebrauch von Mutterkorn bei der Geburtshilfe hat sicherlich viele Opfer gefordert. Aber die isolierten Substanzen gehören noch heute zu den pharmazeutischen Arzneien, die zur Einleitung der Wehen usw. benutzt werden.

Vom allgemein bekannten Mutterkorn *(Claviceps purpurea, Secale cornutum)* gibt es verwandte Arten, die ebenfalls auf Getreidearten und Grassorten als Schmarotzer leben. Manche dieser Grassorten *(Paspalum, Cyperus)* werden ethnomedizinisch benutzt, meist in der Ethnogynäkologie. Jedoch steht hier die Forschung noch am Anfang.

Mutterkorn wird heute nicht mehr allopathisch benutzt, da die Standardisierung der Droge fast unmöglich ist. Präparate daraus werden nur noch in der Homöopathie (Secale cornutum hom. *HAB1,* Secale cornutum hom. *HPUS78)* entsprechend dem Arzneimittelbild, zum Beispiel bei Gebärmutterkrämpfen, Krampfleiden oder Migräne, eingesetzt.

Pilze zum Hexen

Gegenüber: Der Fliegenpilz gilt oft als Pilz der Hexen.
Kleines Bild: Eine Hexe marschiert durch den Wald; ihr zu Füßen wachsen Fliegenpilze. (Federzeichnung von Heinrich Vogler, »Die Hexe«; um 1900)

Unten: Der Netzpilz *(Dictyophora phalloides* DESV.) gehört zur Familie der Phallaceae. Er ist weltweit in den Tropen verbreitet. In manchen Gegenden wird er als »Hexenpilz« oder als »Pilz der Zauberer« bezeichnet. In Mexiko (Oaxaca) wird er von den Chinanteken zusammen mit dem Zauberpilz *Psilocybe mexicana* rituell verwendet. In Thailand wird dieser auffällige Pilz bei geheimen Riten der Zauberei verwendet. Obwohl chemische Studien fehlen, wird vermutet, dass er psychoaktiv wirken könnte.

Hexen sind in allen Kulturen bekannt. Hexen sind Menschen, die aufgrund bestimmter Umstände zauberische Kräfte entfalten können, um damit Schaden zu stiften. Hexen sind keine Erfindung der Inquisition. Aber die Definition und Charakterisierung der »Hexen«, wie sie von katholischer Seite beschrieben werden, sind Erfindungen der Kirche. Für Christen sind Hexen Frauen, manchmal auch Männer, die mit dem Teufel oder Satan einen Pakt geschlossen haben. Dadurch werden ihnen die magischen Kräfte verliehen, Schadenzauber auszuüben. Schadenzauber kann als Todeszauber, als Liebeszauber, als Wetterzauber wirken oder Krankheitsplagen, Hungersnöte, Seuchen und Pestilenzien hervorrufen. Aus christlicher Sicht sind Hexen käuflich, das heißt sie führen ihre Schadenzauber im Auftrage eines Bürgers oder Politikers aus, ganz gezielt, um unliebsame Genossen oder Konkurrenten loszuwerden.

In anderen Kulturen, die nicht christlich oder monotheistisch geprägt, sondern die schamanisch sind, sind Hexen für ihre niederträchtigen Machenschaften bekannt, die aber von Schamanen bekämpft oder vereitelt werden können. In Nepal etwa heißt es: »Nur weil es Hexen (Bokshis) gibt, werden Schamanen (Jhankris) benötigt.« Die Schamanen können gegen die Schadenzauber der Hexen vorgehen, sie bekämpfen und sie meist, aber nicht immer, besiegen. Krankheiten, die von den Hexen kommen, werden von den Schamanen geheilt. Nur weil es Hexen gibt, gibt es auch Schamanen. Die Hexen handeln zum Übel der Menschen, die Schamanen arbeiten für das Heil der Menschen. In Nepal werden die schadenbringenden Hexen von den bedrohten Menschen durch Opfergaben milde gestimmt. Wer den Hexen opfert, bleibt von ihrem Zauber verschont. Den Hexen wird ein spezielles Räucherwerk, der »Hexenrauch« (der getrocknete Pilze enthält), geopfert. Daran laben sie sich und lassen von potenziellen Opfern ab. Ganz ähnlich ist es in vielen anderen schamanischen und heidnischen Kulturen.

In vielen Kulturen weltweit glauben die Menschen, dass Hexen vor allem Pilze, besonders natürlich sogenannte »Giftpilze« zum Hexen, zum Zaubern, zum Schadenstiften verwenden. Pilze, die sonst niemand kennt, Pilze, die nachts leuchten, Pilze, die verzaubern können, sollen den Hexen allein bekannt sein. Niemand kennt ihre Namen, ihre Standorte, ihre Wirkungen, ihre Zubereitungen. Dennoch kennt der Volksmund zahlreiche Namen für Pilze, die auf die Hexen und ihre Hexereien hinweisen. So gibt es den »Hexenröhrling« oder »Hexenpilz« *(Boletus luridus* SCHAEFF.), der tatsächlich giftig sein kann: »Für *Boletus luridus* (Netzstieliger Hexen-Röhrling) wurde verschiedentlich eine alkoholsensibilisierende Wirkung angegeben, für die es aber keine eindeutige Bestätigung gibt.« (BRESINSKY und BESL 1985: 125) Er ist roh giftig, aber zubereitet für manche Personen zwar unbekömmlich, ansonsten essbar. Der Hexenröhrling wird oft mit dem schwach giftigen Satanspilz *(Boletus satanas)* verwechselt.

»Im Birkenwald
Rieselt der Wind und rinnt leis
Durch herzförmiges Laub.
Die Stämme leuchten schneeweiß.

Aus dem Gras
Sprießt ein Zauber-Ei,
Rundet sich rot, fleckt sich weiß
Und springt entzwei.

Eine Hexe wünscht ich mir,
Vierzehn Jahre alt.
Ich ritte mit ihr
Durch den Fliegenpilzwald.

Mit Salben gesalbt, fliegt
Wie die Schwalbe sie schnell
Durch den grünen Wald.
Zarte Haut, glattes Fell.

Was mit Zauberkraft
Sie leise berührt,
Verliert sein Gewicht und wird
In die Lüfte entführt.

Stock, Stiel oder Bank,
Es ist gleich. Sie hebt, hebt
Rund und zart den Leib.
Sanft fliegt sie und schwebt.

Ich merks, der Wald ist verhext.
Wer vom Fliegenpilz isst,
Der wird verrückt, der tanzt,
Singt, fliegt und vergisst.«

(Friedrich Georg Jünger, *Fliegenpilze*)

Hexenpilze: Hexen in volkstümlichen Pilznamen

Netzstieliger Hexen-Röhrling *(Boletus luridus)*
Glattstieliger Hexen-Röhrling *(Boletus queletii)*
Schuppenstichiger Hexenröhrling *(Boletus erythropus miniatoporus)*
Hexenspitzet *(Boletus cervinus = Elaphomyces cervinus,* die Hirschbrunst)
Hexenbeutel *(Lycoperdon)*
Hexenei *(Phallus impudicus,* die Stinkmorchel)
Hexenei *(Lycoperdon* sp., auch Hasenei genannt)
Hexenschwammerl *(Nostoc commune* VAUCH = Erdgallert)
Hexenfürzle *(Lycoperdon)*
Hexendreck *(Nostoc commune* = Erdgallert)
Hexenmehl *(Lycoperdon)*
Hexenpilz *(Lycoperdon)*
Hexenschiss *(Lycoperdon)*
Hexenschwamm *(Lycoperdon)*
Hexenstaub *(Lycoperdon)*
Hexenbesen *(Cecidium;* Gallbildung an Pilzen, verursacht durch bestimmte Viren)
Hexenbutter *(Plasmodium:* Entwicklungsstadium der meisten Schleimpilze oder *Myxomycota)*
Trudenfurz *(Lycoperdon)* [Trude = Hexe]
Heksenboleet (ndl. *Boletus minitaporus)*
Witch's Hat (engl. »Hexenhut«; *Hygrophorus conicus)*

Fruchtkörper des Kartoffelbovists *(Scleroderma citrinum)*, ein Pilz, der mit Hexen und Teufeln assoziiert ist, der aber auch als Heilmittel geschnupft wird. (Sporenstaub = Hexenmehl)

Gegenüber: Oblaten zu dem Märchen Hänsel und Gretel. Hier werden die Fliegenpilze mit dem wilden Wald und mit der Hexe assoziiert.

Hexeneier? Knollenpilze!

Die Stäublinge oder Boviste *(Lycoperdon, Bovista)* werden im Volksglauben häufig mit Hexen (Truden, Hasen) und Teufeln in Verbindung gebracht. Man glaubt im Schwäbischen, dass die Boviste von den »Resten der Hexenmetten« herrühren. Boviste sind auch oft unter dem Namen »Kartoffelboviste« bekannt. Wenn man auf die reifen Fruchtkörper, die in der Tat einer rohen Kartoffel ähneln, tritt, zerplatzt das Hexenei und verbreitet explosionsartig seinen dunklen Sporenstaub. Der Sporenstaub heißt »Hexenstaub, Hexenmehl« oder »Hexenpulver«. Damit können die Hexen angeblich zaubern. Es wird auch berichtet, dass das Hexenpulver von den Hexen geraucht oder geräuchert oder sogar geschnupft wird. Wozu, weiß leider niemand!

»Hexendreck« und Myxomyceten

»Die Frau, die Mittwochs [also am alten Wodanstag] buttert, ist eine Hexe.«

(Handwörterbuch des Deutschen Aberglaubens)

Der Gallert- oder Schleimpilz *Nostoc commune* (oder *Tremella nostoc* L.), der im Volksmund eindeutige Namen für die Ausscheidungen der Hexen trägt, wie »Hexenkäse, Hexendreck, Hexengespei«, aber auch als »Drachenscheiß« oder »Teufelsdreck« bezeichnet wird, hat die Menschen zu allerlei Spekulationen angeregt. Bei Paracelsus ist der *nostoch est species ignis,* eine Art »alchemistisches Feuer«. Auch Goethe hat sich für diese eigentümliche Gallertmasse interessiert, vor allem wegen des angenommenen Zusammenhangs dieses Geschöpfes zu den himmlischen Erscheinungen. Er heißt in vielen Gebieten, Dialekten und Sprachen »Sternschnuppe«: »Die Landleute nennen diese Pflanze *[sic] Sternschnuppen* und halten sie für himmlische Spenden, denn nach der rohen Volksphysik werden die Sterne geschneuzt ...« (MARZELL) Das heißt, es handelt sich um Sternenschnodder ...

»Man erblickt in der Erdgallerte allerlei Ausscheidungen der Hexe, des Drachens, des Teufels und empfindet bei ihrem Erscheinen – meist unter der Waldstreu – eine Art Furcht. Man wirft die Erdgallerte ins Feuer und glaubt, so der Hexe den Hintern zu verbrennen. Die Hexe (der Drache), von der (dem) der Fladen stammt, will den Nutzen (Milchertrag) der Kühe haben. Um dies zu verhindern, muss man die Erdgallerte verbrennen.« (MARZELL)

Es heißt, die Hexenbutter entsteht, wenn die Hexen zu viel getrunken haben; dann speien sie aus der Luft ihre Kotze aus, vornehmlich in Kohlgärten. Hexen lassen sich von ihren dienstbaren Geistern, Hasen, Kröten, Katzen und den Schmetterlingen von Bauernhöfen geklaute Milch zu Butter, zur »Hexenbutter« verwandeln. Man erkennt die Hexenbutter, wenn man dreimal mit einem Messer Kreuze hineinsticht. Dann wird die »Butter« der Hexen zu einem Kuhfladen. (Vielleicht ein besonders guter Nährboden für Zauberpilze ...)

Der gelbe Schleimpilz wird im Volksmund auch Hexenbutter genannt, weil er an den Butterfässern wächst und dadurch verhindert, dass die Milch Butter gibt: eine schleimige, gelbe Masse, die an Bäumen, Häusern und Gerätschaften klebt. Diese Art von »Hexenbutter« ist heute biologisch als ein Schleimpilz identifiziert worden.

Heute, im Zeitalter des Naturschutzes, freuen wir uns über jeden vorbeifliegenden Schmetterling. Früher dachte man, dass die Schmetterlinge verwandelte Hexen seien, die es auf die Mette, den Rahm der Sahne, abgesehen haben. »Schmettern« ist das alte Wort für Verarbeitungen in Molkereiprodukte, vor allem Butter. Deshalb heißt der Schmetterling auf Englisch *Butterfly,* »Butter-Fliege«. Schmetterlinge sind Hexen, die entweder fertige Butter stehlen (mit ihrem langen aufgerollten Rüssel) oder verhindern, dass beim Buttern die Butter entsteht.

Myxomyceten oder Schleimpilze

»MYXOMYCETEN, FASZINIEREND IN IHRER EINZIGARTIGEN SCHÖNHEIT, SIND ERSCHEINUNGSBILDER DES GROSSEN GEHEIMNISSES DER SCHÖPFUNG.« (NEUBERT et al., 1993)

Die Myxomyceten (Schleimpilze, Erdgallerte) gehören zu den merkwürdigsten Lebewesen unserer Welt. Sie sind oft als halb Tier und halb Pflanze beschrieben worden, sind jedoch weder das eine noch das andere. Auch sind sie trotz ihres Namens »Schleimpilze« keine echten Pilze. Sie sind eine Abteilung von Organismen, die mit den Urtieren (Protozoen), speziell mit Amöben verwandt sind.
Sie sind chlorophyllfreie Organismen mit echten Zellkernen. Aus den Sporen entstehen begeißelte Schwärmerzellen (Myxoflagellaten), die zu einer Plasmamasse (Plasmodium) zusammenfließen; eine Art Einzelzelle mit Millionen von Zellkernen. Das Plasmodium erscheint wie ein amorpher, formloser Schleimbeutel. Diese Schleimklumpen können sich bewegen, sie können kriechen oder wandern. Sie können sich auch an einem Ort festsetzen und zu einem harten Körper erstarren. Das ist ihr Ruhezustand. Dann nehmen sie oft skurrile Gestalten an. Sie ernähren sich von Bakterien und anderen kleinen Organismen.
Das Plasmodium, die Riesenzelle, kann auch zertrennt werden bzw. sich selbst in kleinere Einheiten auftrennen. Die Teile können dann unabhängig voneinander kriechen und sich auch wieder zusammenschließen. Die Zellkerne gehören zu einem Kollektiv, das sich anders verhält als die Schwärmerzelle alleine.
Die Schleimpilze haben in der Ethnomykologie nur wenig Bedeutung. In den meisten Ethnien werden sie als Verwandte von Flechten oder Schimmel betrachtet. In der deutschen Umgangssprache gibt es nur wenige Namen für Myxomyceten: Blutmilchpilz *(Lycogala epidendrum)*; Drachendreck, Hexenbutter oder Gelbe Lohblüte *(Fuligo septica)*; Löwenfrüchtchen *(Leocarpus fragilis)*; Fadenstäubling (*Stemonitis* spp.), Hexendreck *(Nostoc commune)*.

Drachendreck, Hexenbutter oder Gelbe Lohblüte (*Fuligo septica*) (Aus NEUBERT/NOWOTNY/BAUMANN 1993)

Hexenpilze

Manchmal wird der irrational als giftig angesehene Fliegenpilz *(Amanita muscaria)* als »Hexenpilz« bezeichnet. Manche Leute glauben, dass der Fliegenpilz von den Hexen entweder als Zutat zu Hexentränken, Hexenräucherwerk oder Hexensalben gebraucht wird. Denn nur Hexen können mit »Giftpilzen« umgehen und sie schadenbringend einsetzen. Pilze gehören in jede gute »Hexenküche«. Neuerdings glauben viele Menschen, dass die Hexen, die auf ihren Besen zur Walpurgisnachtorgie auf den Brocken reiten, Fliegenpilze als Flughilfsmittel essen würden. Diese Assoziation von Hexe und Fliegenpilz erscheint in Druckgrafiken, auf Notgeldscheinen und auf Postkarten.

Manche glauben, dass die Hexen den Fliegenpilz *(Amanita muscaria)* essen, um in der anschließenden Trance eine Astralreise zu unternehmen. Zum gleichen Zwecke soll auch der Blasse oder Behangene Düngerling *(Panaeolus papilionaceus)* »noch heute von portugiesischen Hexen eingenommen« werden. (Ranke-Graves 1985: 49) In der wissenschaftlichen Literatur ist die psychoaktive Wirkung dieser Art jedoch umstritten.

Gegenüber oben: Auf dieser Postkarte aus dem Harz wird die auf dem Besen zum Brocken reitende bzw. fliegende Hexe mit Fliegenpilzen abgebildet. Dabei bedenkt der Volksglaube gar nicht die Tatsache, dass Fliegenpilze zur Walpurgisnacht (die Nacht auf den 1. Mai) niemals ihre Fruchtkörper ausbilden. Die erscheinen frühestens Ende September/Anfang Oktober.

Gegenüber unten: Notgeldscheine vom Brocken im Harz von 1921 (»Brockengutscheine«) mit Szenen aus Goethes *Faust I*, »Walpurgisnacht«:
10-Pfennige-Schein: Mephisto führt Faust an Fliegenpilzen vorbei zum Hexensabbat auf dem Brocken.
75-Pfennige-Schein: Faust und Mephisto tanzen mit Hexen; am Rande des Tanzplatzes stehen Fliegenpilze!.

Gebannt im Hexenring

Wenn die Fruchtkörper bestimmter Pilze im Wald oder auf einer Lichtung einen Ring bilden, spricht der deutsche Volksmund vom »Hexenring«. In England wird dasselbe Phänomen als *Fairies' Ring*, als »Feenkreis« oder »Elfenring«, bezeichnet. Die englische Folklore diesbezüglich unterscheidet sich von der deutschen, ist aber mit ihr verwandt.

Im Prinzip können viele Pilzarten Hexenringe bilden. Am häufigsten trifft man jedoch auf Fliegenpilze und Stinkmorcheln (auch »Totenschwamm« genannt). Seltener sind Hexenringe bei Arten der psychedelischen Gattungen *Psilocybe* oder *Panaeolus*. Aber auch »harmlose«, sogar essbare Arten bilden Hexenringe, wie etwa der Feldchampignon *(Psalliota campestris)* oder die Totentrompete *(Craterellus cornucopioides)*. Hexenringe entstehen, wenn sich ein Pilzmycel von einem Mittelpunkt aus strahlenförmig verbreitet und die Fruktifikation an den Endpunkten des Myzeliums gleichzeitig austreibt.

Pilzliche Hexenringe sollen im Volksglauben die Versammlungs- und Tanzplätze der Hexen sein. Dort paktieren sie mit dem Teufel und vollführen ihre Zaubereien. Deshalb soll man sie auf jeden Fall des Nachts nicht betreten, noch sich ihnen nähern. Selbst am Tage flieht man besser diese hexerischen Orte. Es könnte nämlich passieren, dass man am Waldboden gebannt haften bleibt, sich nicht mehr von der Stelle rühren kann und so das Opfer der menschenfressenden Hexen wird.

In den Hexenringen aus Pilzen werden seit je auch die magischen Kreise oder Zirkel der Hexen und Zauberer gesehen. Der magische Kreis wird von der Hexe, dem Zauberer oder Magier mit einem Besenstiel, Zauberstab oder Schwert in die Erde oder den Boden geritzt. Diese Zauberpraktik ist seit der Antike in der Literatur vieler Völker und Kulturen überliefert. Eigentlich ist der Kreis ein magischer Schutzwall für den Ausführenden von Beschwörungen von Geistern, Ahnen oder Gottheiten. Die beschworenen Wesen können der Person im Kreis nichts anhaben und müssen die Wünsche oder Befehle selbiger ausführen.

Der Pilzring ist ein natürlicher magischer Kreis, der angeblich für magische Rituale genutzt wird.

In Japan glaubt man (zum Teil bis heute), dass Fliegenpilze, die um eine Kiefer, ihren Wirtsbaum, einen Hexenring bilden, sich in fliegende Kobolde, die Tengus, verwandeln können. Tengus leben in den Bergen – oft in der Nähe von Shinto-Schreinen. Es heißt, sie leben nur dort, wo es Nadelbäume, besonders Pinien und Japanische Zedern *(Cryptomeria)* gibt. Die Pinie gilt als »Baum des Tengu«. In einem modernen erotischen Roman des Japaners Nakagami Kenji wird von den Krähen-Tengus berichtet: »Auf dem höchsten Punkt des vom Tankaku-Schloss her ansteigenden Kiezberges, zu Füßen einer riesigen Kiefer, deren dicken Stamm zu umspannen es zwei erwachsene Männer brauchte, hätten Krähenkobolde, ein

Ein Hexenring aus Zauberpilzen *(Psilocybe azurenscens).* (Foto: Paul Stamets)

»Wir finden oft im Walde oder auf Wiesen Pilze vor, die kreisförmig gewachsen sind. Das Volk, das sich diese eigenartige Erscheinung nicht recht zu erklären weiß, bezeichnet die Ringe als Hexenringe. Einem Aberglauben zufolge meinte man früher, die Hexen hätten hier nachts getanzt und die Pilzsamen im Kreise ausgestreut. Die Erscheinung erklärt sich aber viel einfacher und harmloser; da, wo im ersten Jahr ein Pilz wächst, wächst im nächsten Jahr keiner mehr, weil die Nahrung aufgebraucht ist. Das Pilzgeflecht ist aber inzwischen nach allen Seiten weitergewachsen, hat in alle Richtungen Ausläufer entsandt, die im neuen Jahr wieder Fruchtkörper treiben; und so geht es Jahr für Jahr weiter, sodass Hexenringe von 10 m und mehr entstehen können.«

(R. und G. Bikerich, *Das praktische Pilzbuch*, Berlin, 1948)

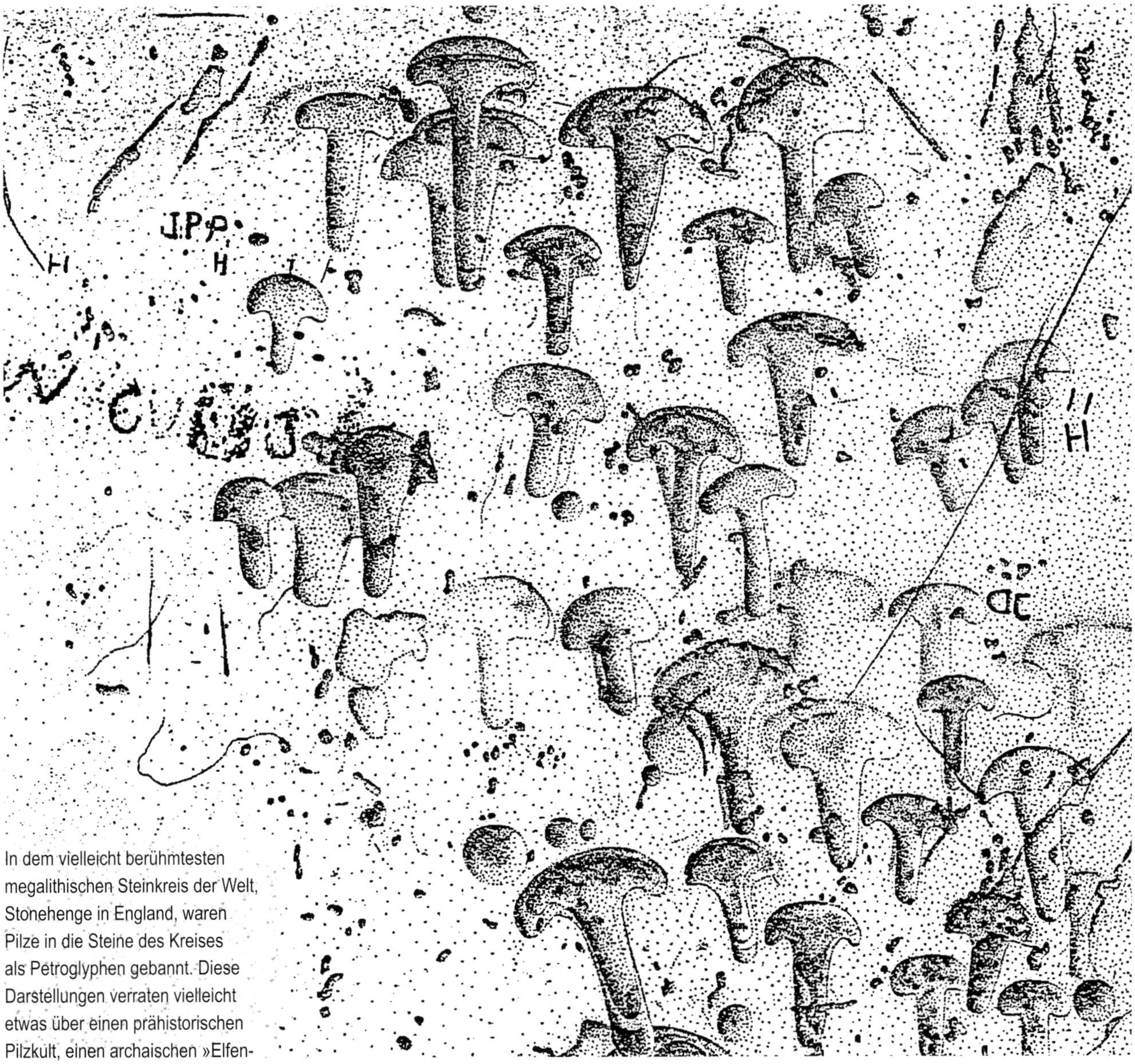

In dem vielleicht berühmtesten megalithischen Steinkreis der Welt, Stonehenge in England, waren Pilze in die Steine des Kreises als Petroglyphen gebannt. Diese Darstellungen verraten vielleicht etwas über einen prähistorischen Pilzkult, einen archaischen »Elfenkreis«. In einer Epoche der Geschichte von Stonhenge gab es die Periode der *Beaker People*, der »Becherleute«. Sie haben in dem Steinkreis große Becher hinterlassen, die nach Meinung einiger Archäologen zum Trinken pilzhaltiger Ritualtrünke gedient haben.

ganzer Schwarm, im Kreise dagesessen, wären aber, als sie bemerkten, dass er, Fumihiko, aus dem Dickicht heraus zu ihnen hinüberspähte, mit ausgebreiteten Flügeln aufgeflogen ... Da hätten jedoch unten am Berg die Hunde gebellt, und die Kobolde wären höher und höher in den Himmel gestiegen und flügelschlagend wie Krähen davongeflogen.« (KENJI 1994: 93) – Das heißt, die im Hexenring oder Elfenkreis um die Kiefer herum gedeihenden Fliegenpilze haben die Gestalt gewechselt und sind verschwunden.

Pilze zum Töten: die Boten des Todes

»Nach altem Glauben sitzen die Kröten auf bestimmten Pilzen und geben dabei von ihrer magischen Kraft an die Pilze ab. Sie machen sie so zu Giftpilzen.« (Bauer 1992: 48)

»Das Blauwerden einer Zwiebel oder eines silbernen Löffels beim Kochen der Schwämme ist ein unsicheres Zeichen ihrer Giftigkeit.« (Most 1843: 560)

Der Grüne Knollenblätterpilz *(Amanita phalloides)* ist der gefährlichste Giftpilz.

Viele Menschen haben Angst vor Pilzen, ganz allgemein. Für viele sind Pilze die Boten des Todes. Sie werden als todbringende Pilze betrachtet. So wundert es wenig, dass der englische Name für den wirklich stark giftigen Pilz, den Grünen Knollenblätterpilz *(Amanita phalloides), death angel,* »Todesengel« lautet. Aber entgegen der verbreiteten Meinung, dass es viele Giftpilze gibt, existieren tatsächlich nur wenige Arten, die zu einer tödlichen Vergiftung (Mykotoxikose) führen können.

Seit immer mehr darüber bekannt wird, dass Pilze Umweltgifte, zum Beispiel Schwermetalle oder radioaktive Stoffe enthalten, werden Pilze als Speise eher vermieden. Sie sind nicht die eigentlichen Gifte, nur die in ihren Fruchtkörpern eingelagerten Schwermetalle und radioaktiven Substanzen sind giftig.

Viele Pilze werden von Pilzbüchern und bei Pilzführungen als »ungenießbar« eingeschätzt. Diese Arten sind meist ungiftig, aber ekelig zu essen. Sie schmecken grauenhaft oder bereiten Magengrimmen. Wirklich gefährlich für die Gesundheit sind sie aber nicht.

Falten-Tintling *(Coprinus atramentarius)*, auch »Antialkoholikerpilz« genannt. Die toxische Wirkung bei diesem Pilz tritt erst in Verbindung mit Alkohol ein.

Manche Pilze sind unbekömmlich, weil sie Eiweiße enthalten, die der menschliche Magen und Darm nicht oder nur schlecht verdauen kann. Auch diese Arten sind ungefährlich.

Manche Menschen haben eine Allergie, zum Beispiel eine Art Heuschnupfen gegen bestimmte Pilzsporen. Heuschnupfen ist äußerst lästig, aber niemals tödlich. Manche Pilzeiweiße können jedoch zu tödlichem Ende führen, wenn Menschen bei häufigerem Genuss von Pilzmahlzeiten eine Allergie gegen bestimmte eiweißähnliche Substanzen in den Pilz-Fruchtkörpern ausgebildet haben. Manchmal ist diese Allergie angeboren. Auf solche Pilze, bei denen allergische Reaktionen auftreten, sollte man verzichten, denn sie tun einem nicht gut.

Es gibt einige Pilzarten, die erst in Kombination mit Alkohol toxisch wirken können, das heißt Vergiftungserscheinungen auslösen. Die berühmteste Art dieser toxikologischen Kategorie ist der Falten-Tintling *(Coprinus atramentarius)*. Er enthält einen Stoff namens Coprin. Diese Substanz verhindert den biologischen Abbau von Alkohol. Dadurch kann es zu einer Alkoholvergiftung *(Black Out* usw.) kommen.

Beim Genuss roher Pilze können Vergiftungserscheinungen auftreten, die bei denselben Arten nach dem Kochen oder Braten nicht geschehen, da die Erhitzung der Pilze oft zu chemischen Veränderungen führt. Die Hitze bewirkt, dass aus toxischen Inhaltsstoffen ungiftige Abbauprodukte werden.

Wie giftig sind Pilze eigentlich?

»Die bedeutendste Regel für den Pilzsammler dürfte wohl jene sein, dass es keine allgemein gültige Regel für das Erkennen von Giftpilzen gibt. Der alte Volksglaube, wonach giftige Pilze beispielsweise einen Silberlöffel schwarz färben, bei Verletzungen blau anlaufen oder etwa von Tieren gemieden würden, ist lebensgefährlich! Nur die exakte Kenntnis der jeweiligen Pilzart kann vor Verwechslungen und damit vor gesundheitlichem Schaden schützen.« (BRESINSKY und BESL 1985: 9)

Die Griechen waren offensichtlich ein überwiegend *mykophobes* (das heißt pilzablehnendes) Volk, was sich in den spärlichen Quellen über Pilze und die darin zum Ausdruck kommende Unkenntnis dieser Gewächse zeigt: »Es gibt zweierlei Arten von Pilzen, die essbaren und die tödlich giftigen. Die Ursachen für die Giftigkeit der Pilze sind mannigfach. So zum Beispiel, wenn sie unter rostigem Eisen oder unter angefaultem Tuch wachsen oder wenn sie in der Nähe einer Schlangenhöhle oder unter Bäumen mit tödlich giftigen Früchten vorkommen. Derartige Pilze weisen eine weichlich klebrige Oberfläche auf und verfaulen und zerfallen sofort nach dem Ablösen vom Erdboden. Diejenigen essbaren unter den Pilzen schmecken weder angenehm noch süß und zu reichlicher Genuss kann, wenn der

Der Fäulnispilz in Hildegard von Bingens Vision
Von Claudia Müller-Ebeling

Manche Völker suchen begeistert und vorurteilsfrei nach ess- und verwertbaren Pilzen. Andere begegnen ihnen aus Angst vor einer möglichen Vergiftung eher mit Skepsis. Die Frage, warum es pilzliebende, mykophile, und pilzfürchtende, mykophobe, Kulturen gibt, trieb den New Yorker Bankier Gordon Wasson zeitlebens um, denn im Gegensatz zu seiner russischstämmigen Frau Valentina begegnete er Pilzen nur mit großen Vorbehalten. Von ihrer gemeinsamen Forschung war schon detailliert die Rede.

Einen frühen, wenn nicht sogar den ältesten bildlichen Beleg für die mykophobe, pilzfeindliche Einstellung unseres westlichen Kulturkreises liefert die linke Spalte der Miniatur 5 *Die Seele und ihr Zelt* aus dem *Liber Scivias* der Hildegard von Bingen.

Diese Miniatur wird durch ein Zickzackband in zwei Spalten geteilt. Die Darstellung der linken Seite, die uns hier beschäftigt, zieht sich über die ganze Höhe des Bildfeldes; die rechte ist in fünf Register mit einzelnen Episoden unterteilt. Das Blatt illustriert links den Abstieg der Seele in den menschlichen Fötus und rechts, in einzelnen Feldern, ihren Aufstieg in ein goldenes Zelt, das die als nackter Mensch dargestellte Seele vor den Pfeilen des Widersachers schützen soll.

Hildegard von Bingen (1098–1179) wirkte als Äbtissin im von ihr gegründeten Benediktinerkloster Rupertsberg bei Bingen. Die bis heute verehrte Seherin empfing seit ihrem fünften Lebensjahr Visionen, die sie »bis ins hohe Alter begleiteten«, und wurde nach eigenem Bekunden »mit 42 Jahren und sieben Monaten« im Vollbesitz ihrer Lebenskraft aufgefordert, diese aufzuschreiben, um eine ganzheitliche Heilung zu bewirken und die Geistlichkeit aufzurütteln. Eine ihrer »bei klarem Verstand« empfangenen visionären Botschaften ist das *Liber Scivias* (Das Buch des Wissens), das in zehn Handschriften überliefert ist, wovon nur eine Abschrift, nämlich das Rupertsberger Exemplar, als Prachthandschrift mit Illuminationen ausgestattet wurde. Neuester kunsthistorischer Erkenntnis zufolge entstanden die bildlichen Darstellungen nach ihrem Tod.[1] Die insgesamt 26 Visionen sind in drei Büchern zusammengefasst. Das Thema des ersten Buches – dem die hier diskutierte Illumination angehört – ist der Schöpfung und der Gegenwart des Bösen durch den Fall Lucifers aus dem Engelreigen gewidmet.

Hildegard sah nach eigenem Bekunden einen »großen Glanz, der wie mit vielen Augen aufflammte und dessen vier Ecken in die vier Himmelsrichtungen wiesen«. Dieser mit Augen durchsetzte Rhombus der »scientia Dei«, der Weisheit Gottes, der sich oben vor einem mit Sternen durchsetzten blauen Firmament in strahlender Helligkeit abhebt, wird von einem Streifen durchschnitten, in welchem rote Kreise und ein auf die Seite gestellter Totenkopf zu sehen sind (der im Text nicht erwähnt wird). Daraus ergießt sich ein Strahl in den Uterus einer Frau, die unterhalb eines eiförmigen grünen Gebildes lagert. Über der schwangeren Frau befinden sich zwei Gruppen von Menschen, »welche Milch in ihren Gefäßen trugen und daraus Käse bereiteten«. Über der linken Personengruppe schwebt eine braune teuflische Gestalt, die einen deutlich zu erkennenden Pilz mit großem braunem Hut in die obere Schüssel legt, um die Käselaiber durch Beimischung von Fäulnis bitter zu machen, wie aus Hildegards Erklärungen hervorgeht.

Diese Miniatur illustriert, dass der ungeborenen Seele nicht nur göttliche Gaben, sondern auch teuflische Anfechtungen zuteil werden. Dies geht auch aus der hier zugrundeliegenden Darstellung hervor: Aus dem Strahl, der sich aus dem Rhombus der scientia Dei, in welchem der stilisierte Totenkopf enthalten ist, in den Fötus ergießt und auch aus dem Fäulnis bringenden Pilz, den der Teufel den Käselaibern unterschmuggelt, welche die zehn Männer der Gebärenden und dem neuen Lebewesen als Gaben darbringen.

Somit beinhaltet schon im 12. Jahrhundert die Beifügung eines Pilzes, der Fäulnis bewirkt, das kulturell prägende Muster todbringender Pilze, das im Folgenden die gesamte abendländische Kunstgeschichte durchzieht. Beginnend von diesem frühen Beispiel, über Illustrationen des Bibeltextes »Wer ruht, statt zu arbeiten, überlässt dem Teufel als Sämann giftiger Pflanzen und Unkrautes das Feld«, in denen der Teufel auf den Äckern müßiger Bauern Pilze gedeihen lässt (wie 1603 bei Jacob de Gheyn, »Der Teufel sät Unkraut«) bis hin zur negativen Deutung von Pilzen in Stillleben. Die negative Konnotation von Pilzen ist in der europäischen Kunstgeschichte vorherrschend und erklärt unsere mykophobe Haltung, die Gordon Wasson so sehr beschäftigt hat.

[1] Saurma-Jeltsch, Lieselotte, *Die Miniaturen im »Liber Scivias« der Hildegard von Bingen*, Wiesbaden: Dr. Ludwig Reichert Verlag, 1998: 5.

Die mykophobe, negative Einstellung der christlichen Welt gegenüber Pilzen illustriert dieses vielleicht früheste bildliche Zeugnis »Die Seele und ihr Zelt« aus dem *Liber Scivias* von Hildegard von Bingen (1098–1179), das zwischen 1141 und 1151 datiert wird. (Reproduktion ab einem Faksimile, da der Rupertsberger Codex seit dem 2. Weltkrieg verschollen ist.) Menschengruppen bringen der Gebärenden Schüsseln mit Käse dar. In das neu Geborene ergießt ein goldener Strahl die *scientia Dei*, das Wissen Gottes, das die mit Augen erfüllte Raute vor dem sternenbesäten Himmelszelt symbolisiert. Doch links im Bildoval schmuggelt ein Teufel einen Pilz mit breitem braunem Hut in den Käse der oberen Schüssel, um ihn »durch Beimischung von Fäulnis bitter« zu machen.

Körper sie nicht verdaut, schaden und zu Erstickungsanfällen führen und die Krankheit hervorrufen, die man die Tobsucht nennt. Dagegen hilft ein Salpetergetränk [Natron] oder eine Essig-Salz-Lösung, ebenso ein Aufguss von Bohnenkraut *[Satureia* sp.] oder Oreganum *[Origanum* spp.]. In gleicher Weise bekämpft man das Gift, wenn man den Mist des Hahnes in Essig auflöst und mit viel Honig vermischt trinkt.« (DIOSKURIDES IV, 83)

Früher wurden viele Pilze als giftig angesehen, obwohl zum Beispiel Fliegenpilze und Stinkmorcheln bei richtiger Zubereitung als Speisepilze gegessen werden können.

Möglicherweise kannte auch der »Toxikologe« Nikander (2. Jh. v. Chr.) die psychotropen und toxischen Eigenschaften gewisser Pilze, die er für die »Gärung der Erde« hielt: »Wenn ein böser, der Erde entsprossener Pilz, den man auch Schwamm nennt oder mit anderem Namen belegt, und der im Stande ist, ein Schwellen des Leibes und Beängstigung zu bewirken, über der Höhle einer Viper

Der Pantherpilz *(Amanita pantherina)* ist als Giftpilz gefürchtet und als Schamanendroge (Entheogen) begehrt. (Foto: Paul Stamets)

gewachsen ist, so ist das Gift, das er von sich gibt, desto gefährlicher. Hat jemand von einem solchen Schwamme gegessen, so hilft man ihm mit Rettich oder Raute oder Grünspan.« (NIKANDER, *Alexipharmaka,* V 521ff.) – Beim Grünspan sollte man allerdings vorsichtig sein; er kann giftiger als ein Pilzgift wirken!

Viele ungenießbare oder halluzinogene Pilze wurden schon in der Antike gefürchtet. Anscheinend ist der Fliegenpilz *(Amanita muscaria)* schon seit der Antike als Gift stigmatisiert. Das heißt, eine falsche Annahme wird durch Fehlinformation zur »Wahrheit«. Je mehr die verschiedenen Autoren seit der Antike über den Fliegenpilz geschrieben haben, desto mehr haben sie die Informationen aus den ihnen zugänglichen Quellen unbekümmert abgeschrieben. Bis heute gilt der Fliegenpilz in der populären Literatur als Giftpilz. Er trägt sein unauslöschliches Stigma mit sich auf dem Hute. Obwohl es weltweit in der toxikologischen Literatur keinen einzigen Fall einer tödlich endenden »Fliegenpilzvergiftung« gibt, glaubt man der Presse mehr als den Mykologen und Pharmakologen.

In der Volkskultur gilt der Fliegenpilz nicht nur als giftig, sondern ist geradezu das Symbol für den »bösen« *Giftpilz an sich* geworden. Dabei wird in der neueren Literatur berichtigt geschrieben, dass, wenn man den Fliegenpilz mit einer halluzinogenen Erwartung und entheogenem Respekt verspeist, er zu angenehmen Trancen und Träumen führt. Selbst der nah verwandte Pantherpilz *(Amanita pantherina),* der ähnlich wie ein Fliegenpilz aussieht, aber einen braunen Hut (auch mit weißen Flecken) trägt, galt früher als absolut tödlicher Giftpilz. Inzwischen hat sich die wissenschaftliche Meinung verändert: »*Amanita pantherina* ist ebenfalls eine verbreitete ›Freizeit- und Plauschdroge‹, die stärker wirkt als *Amanita muscaria.* Wird der Pilz in Erwartung eines halluzinogenen Effektes genossen, tritt eher eine angenehme Sensation ein. In vielen Gegenden der USA, in Russland, in Frankreich, in Italien wird der Pantherpilz auch als Speisepilz gegessen. Es könnte sich um toxinarme Variationen handeln. Die psychotrope Wirkung kann auch durch Rauchen der getrockneten Huthäute oder Pilzkörper erreicht werden.« (ROTH et al. 1990: 43f.)

Pilze für Giftmorde

Hexen sind im Volk bis heute gefürchtete Giftmischerinnen; allerdings sind nicht alle Giftmischer Hexen. In zahlreichen folkloristischen Traditionen sowie in der Literatur und anderen Medien wurde manchmal berichtet, dass eine Hexe jemanden mit einem tödlich wirkenden Pilzsud ermordet hat. In den meisten Quellen, die Hexen als Pilz-Giftmischerinnen ansehen, wird fast immer nur von »Giftpilzen« oder »giftigen Schwämmen« berichtet. Manchmal werden einige Arten angeführt: der Satanspilz *(Boletus satanas),* der Todesengel *(Amanita virosa)* und der Fliegenpilz *(Amanita muscaria).*

Immer wieder wird die Geschichte der Menschheit durch gezielte Morde, unter anderem durch Morde mit Giftpilzen, bestimmt. Da die meisten Giftpilze gut schmecken und nur langsam wirken, sind sie ein ideales Gift für gezielte Morde. Von solchen Morden waren vor allem die Königs- und Herrscherhäuser betroffen. Man lebte und lebt als Herrscher, König, Kaiser, Führer, Präsident oder Kanzler »im Namen des Volkes« ständig mit der Gefahr, eines unnatürlichen Todes zu sterben.

Eine Plastikfigur aus dem Fantasy-Laden: In einem Sarg liegt ein Skelett, dem Pilze aus den Beinknochen wachsen. – Pilze als Zeichen des Todes, des Vergehens.

Im antiken Rom waren Pilze zwar als Speise verbreitet, wurden aber von den naturentfremdeten gehobenen Schichten sehr gefürchtet, da mit ihnen politische Morde begangen wurden. Der berühmteste Giftmord mit einem Pilz wurde am Kaiser Tiberius Claudius von seiner Gemahlin verübt. Nach Sueton *(De Nerone* 33) hat Kaiser Nero die »vergifteten« Kaiserschwämme *(boletus),* an denen sein Stiefvater Claudius angeblich im Jahr 54 n. Chr. gestorben ist, als *Deorum cibus,* »Götterspeise«, bezeichnet! Die Vergiftung des Kaisers Claudius mit seiner geliebten Pilzspeise ist eine sehr merkwürdige Geschichte, die als noch nicht geklärt angesehen werden muss. Denn der Kaiser soll sofort nach seiner Mahlzeit tot umgefallen sein. Bisher hat man keinen Giftpilz entdeckt, der so schnell zum Tode führt!

Auch Plinius kannte verschiedene Giftpilze, vor denen er einen höllischen Respekt hatte. So konnte der köstliche Steinpilz *(Boletus edulis)* leicht mit dem sehr giftigen Satanspilz *(Boletus satanas* LENZ) oder dem etwas weniger giftigen Hexenpilz *(Boletus luridus* SCHAEFF.) verwechselt werden. Auch waren bestimmte Pilze dafür bekannt, dass aus ihnen schädliche Gifttränke gebraut wurden.

Mittel gegen Pilzvergiftungen

Als es früher Herrscher gab, gab es auch Vorkoster oder Mundschenke, hofeigene Medici oder Alchemisten, Gärtner und Versklavte. Alle antiken Herrscher waren wegen der möglichen Gefahr, vergiftet zu werden, auf ihre Hofapotheker angewiesen. Diese sollten möglichst Gegengifte gegen alle Arten von Giften mischen – am besten ein universelles Antidot gegen jede Art von Vergiftung. So erfanden sie den »Theriak«. Theriak sollte nicht nur alle Gifte unschädlich machen, sondern auch das Leben verlängern und verschönern. Letzteres gelang sicher, da der Hauptbestandteil des Theriak Opium war. Opium (der eingetrocknete Latex vom Schlafmohn, *Papaver somniferum)* ist wohl eines der besten Arzneimittel, die die Menschheit entdeckt hat. Es lindert nicht nur Schmerzen, neutralisiert Gift, heilt Krankheiten, beseitigt krankhafte Symptome und macht dazu glücklich. Der ganze Körper wird von einem wabernden Wohlgefühl, ganz ähnlich wie ein orgasmisches Empfinden, ergriffen. Der Geist wird in die Welt der Träume und Visionen, vor allem in florale Reiche göttlicher Frauen entrückt. Deshalb haben manche

> »Der Grüne Knollenblätterpilz gilt als der gefährlichste Giftpilz überhaupt. So ist er ... für 90% aller tödlichen Pilzvergiftungen verantwortlich.«
> (BRESINSKY und BESL 1985: 26)

In dem sehr erfolgreichen Kinderbuch *Babar der Elefant* wird dargestellt, wie ein Elefant durch den Genuss von Fliegenpilzen stirbt. Es ist jedoch kein Fall bekannt, in dem der Dickhäuter durch Fliegenpilze tödlich vergiftet wurde. (Doppelseite aus: Jean de Brunhoff, *Die Geschichte von Babar dem kleinen Elefanten,* Otto Maier Verlag Ravensburg, © 1939 by Librairie Hachette Paris)

In den meisten antiken, mittel- und neuzeitlichen Quellen wird immer wieder das Opium als universales Gegengift bei Pilzvergiftungen genannt – übrigens auch bei anderen Vergiftungen. Das Opium, der Saft des Schlafmohns, ist der eingedickte braune Saft, der als milchweißer Latex bei Beschädigung der Pflanzenhaut hervorquillt. Besonders stark fließt der schon von Novalis (1772–1801) gepriesene braune Saft aus der Frucht der »Blüte des Vergessens«, wenn man sie leicht ritzt. Die hervorquellenden Tropfen wurden als die »Tränen der Göttin« bezeichnet. Sie stehen für die Tränen, die Aphrodite beim Tod des geliebten Jünglings Adonis vergossen hat; oder für die Tränen der mykenischen Demeter, die ihr flossen, als ihre Tochter Persephone von Pluto in die Unterwelt entführt wurde. Die »Tränen der Göttinnen« helfen denen, die durch Pilzgift Schmerz und Leid erfuhren.

Marien distel.

Der Theriak ist das berühmteste Antidot der Antike, es galt als »Wundermittel der Wundermittel«. Er wurde von Andromachus, dem Leibarzt des Kaisers Nero (37–68 n. Chr.), entwickelt. Theriak enthielt neben Opium und Vipernfleisch verschiedene Würzkräuter, Wurzeln, Honig und Wein. Der Theriak war zunächst eine Weiterentwicklung des sogenannten *Mithridatium*, des Gegengiftes, das der tyrannische König Mithridates von Pontos (132–63 v. Chr.) selbst erdacht hat, weil er wegen seiner öffentlichen Gräueltaten in ständiger Angst vor Vergiftungen schwebte.

Gegenüber: Die Mariendistel (*Silybum marianum*, Compositae) gilt als einziges Phytotherapeutikum, das bei einer Knollenblätterpilzvergiftung helfen kann. (Stich aus dem *Kreutterbuch* des Johan Kentmann von 1563, fol. 297; Sächsische Landesbibliothek, Staats- und Universitätsbibliothek, Dresden)

Herrscher zur Vorbeugung gegen Vergiftung und Krankheit regelmäßig Opium genossen. – War der Herrscher entrückt, konnte sein Hofstaat unbehelligt Intrigen schmieden.

Außer Opium als Antidot bei Pilzvergiftungen waren aber noch andere Mittel in Gebrauch, die in der antiken Literatur genannt werden. Der griechische Arzt Dioskurides (III, 23) schrieb in seiner *Arzneimittellehre*, dass der Wermut *(Artemisia absinthium)* »ein gutes Mittel gegen die verderbliche Wirkung von [giftigen] Pilzen« sei. Das heißt, eventuell ist der Absinth (vielleicht auch das gleichnamige alkoholische Getränk) ein Antidot bei Pilzvergiftungen. Sein Zeitgenosse Plinius, der erste große Naturforscher, hat ebenso Angaben über Gegenmittel bei Pilzvergiftungen hinterlassen: Die Birnen *(Pyrus communis)* »sind gegen [giftige] Pilze und Schwämme wirksam und führen diese durch ihre Schwere und durch die Säure ihres Saftes ab ... Die Asche des Birnbaumholzes erweist sich noch wirksamer gegen Schwämme.« (PLINIUS XXIII, 115f.) Plinius, der offenbar die Lilien sehr geliebt hat, fügt des Weiteren hinzu: »Die Wurzeln der Lilie machen auf vielfache Weise ihre Blume berühmt; in Wein getrunken helfen sie gegen Schlangenbisse und gegen Giftpilze.« (XXI, 126) Außerdem sagt Plinius, dass Myrtenwein *(Myrtus communis)* gegen giftige Pilze wirksam sei. (XXIII, 159)

Die Reaktionen der damaligen Mundschenke waren leider nicht immer aufschlussreich. Manche Pilzgifte beginnen nämlich erst nach 24 Stunden zu wirken. Wenn ein Gericht zum Beispiel mit Knollenblätterpilzen versetzt war, konnte der Mundschenk oder Vorkoster nach 20 Minuten zwar »bestätigen«, dass das gereichte Gericht bekömmlich sei – und nach 24 Stunden tot sein.

Der als giftigster Pilz geltende Grüne Knollenblätterpilz *(Amanita phalloides)* ist ein naher Verwandter des Kaiserlings *(Amanita caesarea)* und des Fliegenpilzes *(Amanita muscaria)*. Er ist eigentlich unverkennbar, aber nicht jeder Mensch verfügt über die notwendige Wahrnehmung und kognitive Kompetenz. Wenn der Knollenblätterpilz jung ist, soll er angeblich leicht mit den kulinarisch begehrten Wiesen-Champignons *(Agaricus campestris)* verwechselbar sein. Selbst wenn man der Köchin beim Bereiten der Pilzsuppe über die Schulter schaut, könnte man noch keinen Verdacht schöpfen. Zudem schmeckt das Fruchtkörperfleisch sehr köstlich – ganz ähnlich wie der Kaiserling. Aber sobald man den Knollenblätterpilz verspeist hat, beginnt sein schauriges Vergiftungswerk. Die leberzersetzende Wirkung, die zum Tode führen kann, setzt 24 Stunden nach Einnahme des Gerichtes ein. Und dann ist jede Rettung zu spät. Es gibt bis heute kein wirkliches Gegengift für seinen Wirkstoff Amatoxin. Allerdings kann der Leberschaden vorsorglich verhindert werden, wenn die betroffene Person gleich nach Verspeisen dieser Giftpilze hohe Dosierungen von Extrakten aus der Mariendistel *(Silybum marianum)* einnimmt. Diese Phytotherapie soll schon einige Vergiftete gerettet haben. In der Schulmedizin ist sie allerdings umstritten.

Pilze im Märchen

»Die recht verstandene Welt, im Ganzen aufgefasst, *ist* wunderbar; aber es ist freilich auch nicht zu verwundern, dass in Bereichen, aus denen das Wunder durch Scheidekunst vertrieben worden ist, keins mehr zu sichten bleibt.«

(Heino Gehrts, *Schamanentum und Zaubermärchen*)

Ein Wichtel sitzt auf seinem »Krötenstuhl«, dem Fliegenpilz, und spielt traumverloren seine Querflöte. Dieses Motiv erinnert an die Eigenschaft des Fliegenpilzes, die Hörfähigkeiten zu beeinflussen und zu verstärken, und auditive Halluzinationen zu bewirken. (Nippes, Deutschland, ca. 2001)

In Märchen werden nicht nur Wunderblumen gesucht, sondern auch Wunderpilze. Beiden werden wunderbare Kräfte und Eigenschaften zugeschrieben. So heißt es, die Wunderpilze würden nur an schwer zugänglichen, heimlichen Orten wie Höhlen, Schluchten oder Bergspitzen wachsen. Oft heißt es, es gäbe nur ein einziges Exemplar. Außerdem sollen sie in der Dunkelheit leuchten, also Lichtgestalten sein. Sie sollen, genau wie der heilige Gral, unendliche göttliche Speisung schenken, jede Krankheit heilen können, also eine Panacee (Allheilmittel) sein, sie sollen das Leben verlängern (bis auf über tausend Jahre), ewige Jugend erhalten können, Frieden schaffen und Goldene Zeitalter einleiten, Glück und Wohlstand bringen.

Der Wunderpilz ist ein alter Menschheitstraum, der bisher in der Geschichte des *Homo sapiens* noch nicht eingetreten ist. Der Wunderpilz muss noch gefunden werden. Er täte unserer multikulturellen Welt sicher gut!

Aber in Märchen weisen die Wunderpilze auf die andere Wirklichkeit. Märchenforscher und Volkskundler diskutieren immer wieder die in vielen Märchen genannten Geheim- oder Wundermittel. So soll nach Michael Küttner, der die Grimm'schen Märchen auf psychedelische Handlungselemente untersucht hat, das Mus, das das tapfere Schneiderlein von einer wunderlichen Alten erhielt und dadurch unglaublich »trippige« Abenteuer erlebt, eine Fliegenpilzzubereitung gewesen sein. Darauf deute auch der Bezug zu den Fliegen – »Sieben auf einen Streich« – hin.

Oft werden in Märchen Pilze angeführt, aber meist nicht mit einem speziellen Namen benannt. Es scheint die allgemeine Gestalt der Pilze mit Stielen und Hüten zu sein, die den Pilz zum Märchenelement macht. Erstaunlich oft werden Kinderbücher mit Märchen aus der Zwergen- und Feenwelt mit Pilzen illustriert. In vielen Märchen wird davon berichtet, dass Zwerge, Kobolde, Wichtel, Elfen oder Feen in Pilzen wohnen, in den Häusern der Anderswelt.

»Ihr Elfen der Hügel, der Büsche, der Teiche und Wälder;
Und die ihr auf dem Sande mit spurlosem Fuße
Den ebbenden Neptun verjagt und vor ihm flieht,
Wenn er zurückkommt; ihr Püppchen, die ihr
Beim Mondenschein die grünen, sauren Ringe macht,
Wovon das Mutterschaf nicht frisst; und ihr, die ihr
Zum Zeitvertreib die mitternächt'gen Pilze macht.«
(William Shakespeare, *Der Sturm*, Akt 5, Szene 1)

Die Häuser der Anderswelt

Die Anderswelt, *The Other World*, ist eine Welt oder Wirklichkeit, die wir aus Märchen und Mythen, vielleicht auch aus Visionen und Träumen kennen. In der Anderswelt ist alles anders – deshalb der Name. Die Anderswelt ist nicht mit dem normalen Alltagsbewusstsein zu erblicken; nur in veränderten Bewusstseinszuständen können Einblicke in die Anderswelt gewonnen, können fremde Wirklichkeiten erfahrbar, können Mythologien greifbar werden.

Pilze (deren Fruchtkörper) sind die Behausungen der Feen, Elfen, Kobolde und weiteren anderweltlichen Wesen. Pilze sind die Häuser der Bewohner der Anderswelt. Pilze sind die Tore zur Anderswelt.

Eine Fee, die nachts über ihrem Dorf aus Fliegenpilzen dahinschwebt. Malerei (2001) von Peter Pracownik (* 1951).

Folgende Doppelseite: In dem Science Fiction-Comic *Megalex 2* gibt es menschenartige Wesen, die in einem Dorf unter psychedelischen Pilzen *(Psilocybe azurescens)* im Wald leben. (© Les Humanoïdes Associés S.A.S., Paris)

Besonders auf den Britischen Inseln ist der Volksglaube erhalten geblieben, nach dem die Fairies, die »Feen« oder »Elfen« in Pilzhäusern wohnen.

»In Schottland, in einem Tal in den Hügeln um Comrie, standen acht Bäume im Kreis. In ihrer Mitte lag die Stadt der Feen – lauter kleine und große Fliegenpilze. Das Volk, das in diesem Städtchen lebte, spielte den ganzen Tag über; wenn die Nacht hereinbrach, flog es weg. Einige der Feen flogen in die Stadt zu den Menschen; sie stellten sich ans Fenster und betrachteten die schlafenden Kinder. Einige andere gingen auf der alten Brücke spazieren oder setzten sich aufs Geländer und sprachen mit den Fischen im Wasser. Sie alle waren glücklich, dass es auf Weihnachten zuging, es war für sie die schönste Zeit im Jahr.« – So heißt es in einem schottischen Märchen. (Kleinau 2005: 127)

Nicht nur in illustrierten Kinderbüchern und Comics aus aller Welt werden Fliegenpilze als Häuser der Wesen aus der Anderswelt dargestellt. Oftmals sind es ganze Pilzsiedlungen, in denen diese Wesen wohnen. In den Pilzen ist es anscheinend gemütlich und berauschend zugleich. Wenn man *fliegen* will, muss man nur in die Gebäudewand beißen.

»Der Fliegenpilz ist das Wahrzeichen der Pilze, kennt ihn doch jedes Kind aus der Welt der Sagen und Märchen in Kinderbüchern.« (FLÜCK 2001: 64)

In manchen Kinderbüchern über Feen, Elfen, Zwerge und Kobolde lebt der Arzt, Schamane oder Heiler der ätherischen Gemeinschaft in einem Pilz. Dort empfängt er seine Patienten, um sie mit Pilzen und Kräutern zu heilen. Manchmal haben auch die Herbergen der Anderswelt Pilzform.

In der Folklore wird öfter berichtet, dass Kinder, die sich im Wald verlaufen haben, von einem Kobold oder Nickel, einem Waldfräulein oder einer Elfe verkleinert und zum Schutz in ein Pilzhaus geschickt werden. Der Pilz, der uns so oft geradezu unwirklich erscheint, ist der ideale Aufenthaltsort für die mythologische Gesellschaft. Es heißt auch, dass die Zeit in so einem Pilzhaus wesentlich schneller oder entschieden langsamer verläuft als in der unbepilzten Umwelt. Kinder, die in so einen Elfenturm gekommen oder dorthin verschleppt wurden, erleben jahrelange Feste und Feiern im Kreise der Feen. Kommen sie wieder an die frische Luft, sind vielleicht nur drei Minuten Echtzeit vergangen. Es kann aber auch anders sein. Der Besuch im Pilzhaus kann auf den Besucher wie ein kurzer Augenblick wirken. Draußen sind jedoch Jahre vergangen. In den Pilzhäusern herrschen nämlich die Gesetze der Wunderwelt. Sie lassen sich zusammenfassen: Alles ist anders, gespiegelt, verdreht, auf den Kopf gestellt; und alles ist möglich – und noch viel mehr!

»Dieser Pilz *[Psilocybe cubensis]* ist ein transdimensionaler Eingang, den verschmitzte Feen ein wenig haben offenstehen lassen, damit ein jeder eintritt, der den Schlüssel finden kann und die Kraft zu benutzen wünscht – die Kraft der Vision –, diesen besonderen und natürlich vorkommenden psychoaktiven Komplex genauer zu erkunden.« (MCKENNA 1989: 75)

Oben: Ein Werbeprospekt für Ferienhäuser im Piemont. Dort landen die Touristen direkt in einem Fliegenpilzhaus, um die ganz besonderen Ferien zu genießen.

Rechts: Kinderbuch: *Die Schule im Wald* von Adolf Horst. (Oldenburg: Verlag Gerhard Stelling, 1931)

Gegenüber: Ein Pilzdorf im Zwergenwald. (Kinderbuchillustration von EMRICH HUBER, *Bei Tüddelwitt im Zwergenwald,* München: Obpacher Buch- und Kunstverlag, 1958)

Die kleine Zeitschrift der Goa-Psychedelic Trance-Szene trägt den bedeutungsschweren Namen *Mushroom*, »Pilz«. (Sticker)

Unten: Kunsthandwerk aus der Goa-Kultur: psychedelische Party-Pilze.

Pilzdörfer auf Goa-Partys

Seit Anfang der 1980er-Jahre haben sich – wie ein Lauffeuer – sogenannte Goa-Partys in der ganzen Welt verbreitet. Angefangen hat alles bei den Hippies in Goa (Westliches Indien). Dort wurde eine spezielle Musik, die bald als Techno oder Tekkno den Nerv junger Leute getroffen hat, entwickelt. Der typische Goa Sound: stampfende, blubbernde Bässe, überlagert mit Knorzelklängen und obertonreichen Höhenmelodien. Goa-Partys gibt es jeden Sommer, vor allem in Norddeutschland und in der Schweiz, aber auch in Portugal und Brasilien. Die Partys finden nachts in der freien Natur, auf Waldlichtungen oder auf Wiesen und Feldern zwischen Wald und Felsenburg statt. Im Laufe der Entwicklung der Goa-Szene sind die Errichtungen temporärer Dörfer und Siedlungen, bestehend aus Tipis, Jurten, Wohnwagen und Kashmiri-Zelten, immer häufiger geworden, geradezu typisch. Es hat sich auch eine eigene, eine Goa-Ikonografie entwickelt: Es werden Gestalten aus Märchen, Mythen und exotischen Religionen (Hindu, Buddhismus) in Leuchtfarben aufgestellt, die nachts mit dem sogenannten Schwarzlicht angestrahlt werden und in »trippigen« Farben leuchten. Da die Partygänger nicht nur gerne an der frischen Luft tanzen, sondern die Party auch mit eigenen Kräutern, Pillen und Pilzen würzen, die sie einnehmen, sieht man überall Hanfblätter und Nachbildungen von Zauberpilzen und Fliegenpilzen. Die aus verschiedenen Materialien (Plastik, Gips, Plastilin, Wachs) hergestellten Pilze stehen an den Eingängen der Zelte, manchmal gibt es sogar ganze Läden, die wie ein gigantischer Pilz aussehen. Wenn man nachts, im Mond- und Schwarzlicht, durch die Zirkel oder Reihen von Ständen läuft, gewinnt man den Eindruck, in die Zauberwelt der Märchen mit ihren Pilzdörfern der Feen und Elfen gelangt zu sein. Wenn das Publikum von der Party begeistert ist, ist sie gelungen. Ein magisches, unvergessliches Erlebnis in einer anderen Welt – einer magischen, einer bepilzten Märchenwelt.

Auf diesem Gemälde von RICHARD DOYLE (1824–1883) spielen Waldelfen Springbock auf einem Hexenring von Pilzen.

Unten: Der Fliegenpilz dient den Tieren als Jahrmarktskarussell. (Aus einer Kinderbuchillustration)

Zaubermärchen aus der ganzen Welt

Eigentlich sind alle Märchen Zaubermärchen. Denn im Märchen geht es märchenhaft zu. Die Märchenwelt funktioniert anders als unsere normale Alltagswelt. Dass Märchen nicht immer nur »schön«, »niedlich« oder andersweltlich sind, zeigt schon ihren besonderen Charakter. Mit der Märchenerzählung entsteht eine Zauberwelt, die der Märchenerzähler oder die Märchenerzählerin in der Fantasie der Zuhörer erzeugt.

Viele Pilze gehören in den Kreis der Zaubermärchen, vor allem aber der weltweit verbreitete Fliegenpilz. Er ist geradezu das Symbol der Zaubermärchen, die in der Anderswelt spielen. Fliegenpilze gelten weltweit als Türöffner in andere Wirklichkeiten. Sie werden mit Zwergen, Kobolden und Feen assoziiert. Sie sind der Stoff, aus dem Zaubermärchen geschmiedet werden.

Fliegenpilze und andere Pilzarten und Zauberpilze kommen auch oft in der englischen Malerei des victorianischen Zeitalters vor: Auf zahlreichen Gemälden sieht man die Pilze, oft im Reigen mit Elfen, Feen und Zwergen.

Der Tengu, der Fliegenpilzkobold

Der Tengu ist der Fliegenpilzgeist, der im Bewusstsein der japanischen Schamanen entstand. Sie haben ihn beschworen oder durch den Genuss des Fliegenpilzes gesehen. Er war ihr Geisthelfer und Verbündeter.

Der Tengu gehört seit dem 13. Jahrhundert zu den populärsten Gestalten der japanischen Mythologie und Folklore. Er hat seit seiner vermutlich frühesten Erwähnung im japanischen Schrifttum eine wandelnde Gestalt. Einmal erscheint er als vogelartiger Dämon oder Kobold, ein andermal als verwilderter einsiedlerischer Bergmönch. Mal spricht man von nur *einem* Tengu, in anderen Berichten gibt es viele Tengus, die sogar einen König haben. Mal gilt der Tengu als Gott, mal als Dämon, gelegentlich wird er als *kami* angesehen. Oft heißt es, der Tengu kann seine Gestalt wandeln – mal Mensch, mal Vogel –, kann durch die Lüfte fliegen, sich unsichtbar machen, Trugbilder erschaffen. Besonders populär ist der männliche Tengu, der eine knallrote, zum Teil weißgefleckte Haut und eine phallische Nase hat. Er gilt als Trickster, als sexueller Dämon, aber auch als Wohltäter. Über weibliche Tengus schweigen die meisten Volkserzählungen.

»Die Tengus lieben es, gemeinsam Partys auf Waldlichtungen zu feiern. Es heißt, dass sie sich dabei durch den Genuss gewisser Pilze berauschen.« (Imazeki 1973: 46)

Besonders auffällig ist seine folkloristische Beziehung zum Fliegenpilz. Er ist der Geist dieses Pilzes, den man am einfachsten antrifft, wenn man ein paar seiner Fruchtkörper verspeist hat. Dem Tengu zu Ehren wurden zahlreiche Bergschreine errichtet. Dort haben die japanischen Schamanen – meist Frauen – den Fliegenpilz verspeist und den Tengu beschworen.

Tengus leben in den Bergen; oft in der Nähe von Shinto-Schreinen. Es heißt, sie leben nur dort, wo es Nadelbäume, besonders Pinien bzw. Kiefern und Japanische Zedern *(Cryptomeria)* gibt. Die Kiefer oder Pinie gilt als »Baum des Tengu«. Fliegenpilze gedeihen in Japan auch nur dort, wo es Pinien gibt.

Das heute typische Bild des Tengus ist in der Edo-Periode erstmals literarisch in Erscheinung getreten. Der typische Tengu der Edo-Zeit hat lange schwarze Haare, einen struppigen Vollbart, starke Augenbrauen und pechschwarze Pupillen in gelben Augen. Besonderes Kennzeichen ist die überlange Nase oder der Vogelschnabel (anstelle der Nase) sowie die knallrote Haut. Der Körper ist menschlich, die Füße ähneln Tatzen oder Vogelklauen. Diese scharfen Klauen *(tengu-no-tsume)* brechen gelegentlich ab und können mit etwas Glück gefunden und verehrt werden. Auf dem Rücken hat der Tengu ein Paar Flügel, die aber nicht richtig befiedert sind. Deshalb kann er nicht richtig fliegen. Er kann gewaltige Sprünge vollführen oder sich von Erhebungen im Gleitflug herabstürzen. Mit seinen Flügeln kann er Dämonen töten. Tengus werden 200–1000 Jahre alt, manchmal sogar 3000. Sie ernähren sich nur von Wildfrüchten und Vögeln. Sie haben zwar Geschlechtsteile und Ausscheidungsorgane, diese werden aber kaum genutzt. Deshalb sieht man nie die Losung eines Tengus im Wald. Tengus sind für ihre grenzenlose Gier nach Sake (Reiswein) bekannt, deshalb soll man ihnen etwas Sake

Gegenüber: Tengumasken aus Japan. Sie leuchten in den Farben des Fliegenpilzes. Zum Neujahrsfest werden überall die typischen knallroten Tengumasken mit den charakteristischen langen, phallischen Nasen aufgehängt. Sie sollen das kommende Jahr vor dämonischen Kräften beschützen.

小面
¥3500
おかめ
¥8000
¥12000
仁王
¥4000
仁王
¥4000
¥8000
小面
¥8000
小面
¥1000
般若
¥1000
天狗
¥1000
おかめ
¥1000
ひょっとこ
¥1000

Japan ist sehr reich an Pilzen. Die Gattung *Amanita* ist dort mit vielen, zum Teil endemischen Arten vertreten. Alle drei psychoaktiven *Amanitas* der japanischen Mycoflora werden unter dem Namen *tengu take*, »Tengu-Pilz«, zusammengefasst:

tengu take	»Tengu-Pilz«	*Amanita pantherina* (DC.: FR.) KROMBH.
beni tengu take	»Roter Tengu-Pilz«	*Amanita muscaria*
ibo tengu take	»Scharlachroter Tengu-Pilz«	*Amanita strobiliformis* (PAUL.) QUELET

opfern. Tengus haben einen magischen Fächer oder ein Zauberblatt, mit denen sie Wind erzeugen und zaubern. Tengus sind nie böswillig, aber trickreich und manchmal niederträchtig. Sie beschützen die wilde Natur und bestrafen Menschen, die sich an der Natur vergehen.

Tengus werden genau wie Vögel aus Eiern geboren. Allerdings werden auch Pilze aus eierartigen Gebilden geboren. *P'an Ku,* der chinesische Urriese, aus dem die Welt geschaffen wurde und dessen Stimme der Donner ist, wurde ebenfalls aus einem kosmischen Ei geboren. (Auch in Japan gibt es eine Ursprungsmythe, bei der die Welt aus dem kosmischen Ei geschaffen wurde.) Nun wird die Entstehung von Pilzen im Allgemeinen, von Fliegenpilzen im Besonderen, weltweit auf Blitz und Donner zurückgeführt. Der Tengu ist also ein anthropomorphisierter Fliegenpilz! Er wird auf mehrfacher Ebene mit Pilzen assoziiert. Eines der auffälligsten Merkmale des Tengu ist die lange, deutlich phallische Nase. Im obszönen Wortschatz der Japaner bezeichnet das Wort *tengu* – auch – konsequenterweise einen großen erigierten Penis.

Oben: Tengumaske aus Japan.

Gegenüber: Psychoaktive Arten der Gattung *Gymnopilus* werden »Lachende Pilze« genannt.

In Japan ist der Fliegenpilz noch heute ein schamanisches Entheogen. Wer ihn verspeist, kann seinen Geist, den rot-weißen, langnasigen Tengu, einen andersweltlichen Kobold, damit beschwören. Deshalb heißt der Fliegenpilz auf japanisch *Beni-tengu-dake,* »Roter Koboldpilz«. Zum japanischen Neujahr werden in den Häusern und Höfen hölzerne Tengumasken als Glücksbringer für das neue Jahr aufgehängt. Die Fliegenpilzgeister gehören zu den populärsten Gestalten der japanischen Kultur. Früher erlernten die japanischen Schamanen Teile ihrer Kunst vom Tengu, nachdem sie Fliegenpilze verspeist hatten.

Legendäre Pilze

»Der Düngerling ist der perfekte Alchemist: Er verwandelt Mist in Gold, in das goldene Licht der Erleuchtung.« (GALAN O. SEID, *Die neue Alchemie*)

Legendäre Pilze sollten eigentlich solche sein, die der Mensch nicht aus der Natur, sondern lediglich aus Legenden und Erzählungen kennt. In altchinesischen und antiken Texten werden zahlreiche Pilzarten benannt und beschrieben, die bereits legendär gewesen sind. Die alten Autoren haben sie auch nur vom Hörensagen gekannt und in ihre pharmazeutischen oder naturhistorischen Werke aufgenommen. Manche dieser früh beschriebenen legendären Pilze konnten inzwischen durch ethnomykologische und medizinhistorische Forschungen als tatsächlich in der Natur existierende Arten identifiziert werden.

Lange hielt man den mexikanischen Teonanacatl für einen legendären oder sagenhaften Pilz. So lange, bis man ihn in der Natur fand und den indianischen Pilzkult entdeckte. Der Teonanacatl galt und gilt als sprechender Pilz; deswegen wurde seine tatsächliche Existenz angezweifelt.

Doch es gibt nicht nur »sprechende Pilze«, sondern auch »lachende Pilze«. In Japan waren sie legendär. Noch heute heißen dort bestimmte psychoaktive Pilze (zum Beispiel *Gymnopilus spectabilis,* Beringter Flämmling), die starkes Lachen verursachen, *waraitake,* »Lachende Pilze«.

Im mittelalterlichen Japan wurde im Buch *Konjaku monogatarishu* (»Geschichten aus alter Zeit«, 11. Jh.) eine Geschichte aufgezeichnet, aus der hervorgeht, dass psychoaktive Pilze schon sehr früh bekannt gewesen sein müssen. In dieser Geschichte treffen Holzfäller auf eine Gruppe von Nonnen, die singen und tanzen. Die Holzfäller halten die Nonnen für Manifestationen von Dämonen oder Kobolden. Die Nonnen erklären ihnen, dass sie von bestimmten Pilzen gegessen hätten, die sie zum Singen und Tanzen gebracht haben. Daraufhin probierten die Holzfäller auch von den besagten Pilzen. Auch sie tanzten und sangen dann. Als diese Begebenheit bekannt wurde, erhielt dieser Pilz den Namen *maitake,* »Tanzender Pilz«. In einem alten Wörterbuch wird dieser Pilz als *Polyporus frondosus (= Grifola frondosus)* identifiziert; allerdings mit dem Hinweis, dass der *maitake* der Konjaku-Geschichte eigentlich *waraitake,* »Lachender Pilz«, heißt. Der *waraitake* wiederum wird im *Nihon Bungaku Daijiten (Großes Lexikon der Literatur Japans)* als *Panaeolus papilionaceus* identifiziert. Von diesem Pilz heißt es im *Daijiten:* »Leute, die diesen Pilz essen, werden berauscht. Sie können sich extrem erregen, tanzen und singen, und sehen verschiedene Visionen. Andere Namen lauten *odoritake* ›Springender Pilz‹ und *maitake.*«

Aus einer taoistischen Quelle des 11. oder 12. Jh. geht hervor, dass aus dem Lachenden Pilz ein Lebenselixier (der sogenannte »Erdtrank«) gewonnen wurde.

Soma und Ambrosia: die Suche nach Unsterblichkeit

Der »frisch geborene« Fliegenpilz *(Amanita muscaria)* zeigt schon in seiner Gestalt, dass er ein Phallus Gottes ist. Viele Völker glauben, dass sich diese Pilzkraft auf den Genießer und sein Genital überträgt.

In der ältesten Geschichte der Menschheit, im Gilgamesch-Epos, wird erzählt, wie Gilgamesch auf die Suche nach der »Pflanze des Lebens« (auch: »Gras des Lebens«) geht. Diese wunderbare Pflanze bewirkt, dass sich der Mensch »verjüngt wie ein Adler«. Auf seiner abenteuerlichen Suche, die ganz an eine schamanische Geschichte erinnert, durchstreift Gilgamesch die verschiedenen Welten. Dabei gelangt er zu dem mächtigen Berg Mâschu, »dessen Gipfel zum Himmelsgewölbe reichen und dessen Brüste die Unterwelt berühren«.

Dieser Mythos hat sich von Mesopotamien über den Himalaya nach China verbreitet. Auch dort gibt es zahlreiche Geschichten von Göttern, Heroen oder Menschen, die auszogen, um die »Pflanze des Lebens« oder den Unsterblichkeitstrank zu suchen.

Der Unsterblichkeitstrank ist in der Himalaya-Region unter den Namen *Soma* und *Amrita* bekannt. R. Gordon Wasson hat vermutet, dass das altarische Entheogen Soma aus dem Fliegenpilz gewonnen wurde. In Asien gibt es aber auch andere Pilze, die zur Unsterblichkeit führen sollen.

Soma gilt heute nicht als der Name *einer* Pflanze oder *eines* Pilzes, sondern als ein Begriff für eine Pflanzenzubereitung, die rituell als Entheogen verwendet wurde. Wie alle Entheogene aphrodisisch wirken können, kann auch Soma als Aphrodisiakum agieren.

Im religiösen Zentrum der vedischen Kultur (circa 2. Jahrtausend v. Chr.), die im Indus-Tal blühte, stand die Verehrung von Soma. Soma war zugleich der Name für einen strahlenden Gott, für eine psychoaktive Pflanze und einen daraus gepressten Opfertrank. In der vedischen Kultur gab es keine sakrale Architektur. Der Tempel war der menschliche Körper. Und den Göttern opferte man den göttlichen Trank, indem man ihn in den eigenen Tempel schüttete. Die Wirkungen des Göttertrankes werden in mehr als hundert Hymnen des *Rig Veda* lobgepriesen.

Leider ist in postvedischer Zeit das Wissen um die botanische Identität der als Soma bezeichneten Pflanze(n) verloren gegangen oder unterdrückt worden. Vielleicht ist es auch ein zu gut gehütetes Geheimnis. Wer weiß schon, was heute noch in den Winkeln des Himalaya so alles geschieht? Obwohl die vedische Kultur verdrängt wurde, haben sich vedische Kulte über die Jahrtausende in Indien gehalten. Da die vedischen Pflanzen nicht mehr bekannt waren, wurden sie durch andere Somapflanzen ersetzt: Ephedrakraut *(Ephedra gerardiana)*, das heute in Nepal noch *Somalata*, »Soma-Pflanze«, heißt, Hanf *(Cannabis)*, Holzrose *(Argyreia nervosa)*, Sodomsapfel *(Calotropis gigantea* = Kronenblume), Steppenraute *(Peganum harmala)*, *Desmodium* spp., und andere.

Der Ethnomykologe R. Gordon Wasson identifizierte die »echte Somapflanze« – er glaubte, dass es eine Pflanze gab, die Soma hieß – als Fliegenpilz *(Amanita muscaria)*, und führte das Somaritual auf steinzeitliche Schamanenkulte aus Sibirien zurück (WASSON 1968). In der Tat gibt es im heutigen Indien eine vedische Sekte, die erklärtermaßen den Fliegenpilz als Soma verspeist.

Soma wurde in den vedischen Schriften als »Fürst der Heilkräuter« und als »Unsterblichkeitstrank« bezeichnet, und damit dem ayurvedischen Rasayana und Vajikarana gleichgestellt. Folglich waren alle Soma-Pflanzen lebensverlängernde

Der Buchumschlag des Werkes, in dem GORDON WASSON die These vertritt, die ursprüngliche Somapflanze sei der Fliegenpilz gewesen.

»Wir haben Soma getrunken, unsterblich sind wir geworden, gekommen sind wir zum Licht, aufgefunden haben wir die Götter.« *(Rig Veda* VIII 48.3)

»Soma heißt der Fürst der Heilkräuter, er hat fünfzehn Blätter, schwindet und nimmt zu wie der Mond.« *(Caraka-Samhita* I, 4/7)

Elixiere und Aphrodisiaka. In einem *Atharva-Veda-Samhita* (Buch III) ist ein Zauberspruch zur Eroberung der Liebe eines Mannes verzeichnet, der über die Soma genannte Pflanze gesprochen wird.

Soma ist das irdische Gegenstück zu *amrita,* dem Trank der Unsterblichkeit, der den Göttern im Himmel vorbehalten ist.

Der Mond (ursprünglich Soma genannt) ist die mit Ambrosia gefüllte Trinkschale der Götter. Bei Vollmond ist die Schale voll; bei Neumond ist sie geleert. Bei zunehmendem Mond füllt sie sich wieder. Der Mond ist in sechzehn Abschnitte aufgeteilt. Jeden Tag trinken die Götter einen Abschnitt aus. Der Mond ist der Herr der Pflanzen, die Gottheit, die alles pflanzliche Leben beschützt. Deshalb muss die Soma-Pflanze bei Mondlicht gesammelt werden und auf einem Gestell, das von zwei Ziegen gezogen wird, zum Opferplatz gebracht werden. Der Opferaltar bestand eigentlich nur aus *kusa*-Gras.

Es gab drei Soma-Zubereitungen, *asir* genannt: die mit Milch hieß *go,* die mit Sauermilch *dadhi* und die mit Gerste *yava.* Für die Herstellung des Trankes wurden die Stängel der Somapflanze zwischen zwei Preßsteinen zerdrückt. Übrig blieb »der Soma-Saft, der jegliche Sünden löscht« (VALMIKI 1983: 21); er wurde dann mit Wasser, Milch und anderen Zusätzen vermischt. Auch wird angenommen, dass es sich bei der Zubereitung mit Gerste um eine Art Bier gehandelt hat.

Der Somatrank wurde vom Priester am Feueraltar geopfert (Libationen) und getrunken. Der Trank wurde ebenfalls von Sängern und Dichtern konsumiert, weil er sie zu ihrer Kunst inspirierte. Der Trank wurde hauptsächlich dem Donnergott Indra geopfert, der als ewig von Soma berauscht angesehen wurde.

In den Veden heißt es auch, dass der Urin von Somaberauschten getrunken wurde und ebensolche Wirkung entfaltete. Weil auch in Sibirien der Urin von Fliegenpilzberauschten zur weiteren Berauschung getrunken wurde, hat Gordon Wasson die

Hypothese aufgestellt, dass es sich bei der ursprünglichen Somapflanze um *Amanita muscaria* gehandelt haben müsse. Die Hypothese von Wasson ist heftig umstritten. Besonders problematisch ist die Tatsache, dass es im Himalaya keine Fliegenpilze gibt. Wie sollten die vedischen Kultgemeinden also mit ihrer Droge versorgt worden sein?

Manche Autoren haben vermutet, dass Soma ein Met aus Honig, eine Art Wein oder sogar ein gehopftes Bier gewesen ist. Andere glauben, dass Soma ein fermentiertes Getränk aus Honig und dem ausgepressten Saft von in Milch eingeweichter *Ephedra* (Meerträubel) war.

Kürzlich kam die Theorie auf, dass Mutterkorn *(Claviceps)* von dem Gras aus der Gattung *Eleusine* als Substitut für Soma verwendet wurde. (GREENE 1993) In

Dieses indische Bild zeigt die *Samudra Manthan* – die Quirlung des Urozeans. Dabei wird Soma und Amrita geschaffen. Der kosmische Quirl hat die Gestalt eines Pilzes.
(Basholi, Pahari, ca. 1725/30)

In einem Brief vom 22.2.1774 schrieb der Arzt Sir Alexander Dick an James Boswell: »Als ich in London weilte, habe ich immer reichlich Pilze bei Covent Garden gefunden [...], da Pilze oft durch Blitze entstehen, und sie gut gekleidet zur Tafel erscheinen, haben wir sie als Ambrosia verspeist ...«
(zitiert in WASSON 1986: 85)

der Tat wird bis heute in Westbengalen Paspalum-Mutterkorn *(Claviceps paspali)* zum psychoaktiven Gebrauch benutzt.

Manche Autoren, wie zum Beispiel Terence McKenna, vermuten, dass die originale Somapflanze der reichlich auf Kuhdung – in Indien sind vielleicht deswegen Kühe heilig – wachsende Zauberpilz *Psilocybe cubensis* (oder eine andere *Psilocybe* sp.) war. Auch wurde eine Kombination von *Amanita muscaria* und *Peganum harmala* bzw. eine Kombination von *Psilocybe cubensis* und *Peganum harmala* als Soma vorgeschlagen. Von allen in Erwägung gezogenen Soma-Kandidaten wären die Psilocybe-Pilze die einzigen psychoaktiven Pflanzen, die Wirkungen hervorbringen, die mit den fantastischen Schilderungen im *Rig Veda* zusammenpassen: »Deine Säfte, O gereinigtes Soma, alles durchdringend, schnell wie Gedanken, bewegen sich von alleine wie die Nachkommen rasch dahineilender Stuten; die himmlischen, geflügelten, süßschmeckenden Säfte, Erreger großer Heiterkeit, erstrahlen im Gefäß ...« *(Rig Veda* IX)

Das Somaritual zu Ehren Indras hat bis heute in gewissen Stammesriten (Babo-Ritual) in Westindien überlebt. Ebenso hat das mit dem Soma-Opfer verbundene vedische Feuerritual sowohl in Indien als auch in Ostasien, sogar in Japan, überlebt.

Soma war wahrscheinlich als ein Oberbegriff, wie etwa heute die Wörter »Droge«, »Entheogen«, »Psychedelikum« usw. verwendet werden. Soma ist auch zum Symbol für die »perfekte Droge« geworden, wie in dem Roman *Schöne neue Welt* von Aldous Huxley (1958).

Zeus war als Blitz Vater der Pilze; und er war der Vater des Dionysos. Das wichtigste Symbol des Zeus war der Donnerkeil – der Donnerkeil, der die Erde befruchtet und die Pilze sprießen lässt! So war es denn auch eine verbreitete antike Vorstellung, dass Pilze dadurch entstehen, dass der Blitz die Erde befruchtet.

Der Dionysos war der Sohn des Blitzes. Als Semele, eine Sterbliche, von Zeus befruchtet worden war, verlangte sie von ihrem Geliebten, sich ihr in der wahren göttlichen Gestalt zu offenbaren. So erschien Zeus als Blitz und tötete dadurch Semele. Daraufhin entnahm er ihrem Leib den Dionysos-Fötus und nähte ihn in seinen Oberschenkel, um ihn darin auszutragen. Man hat mehrfach versucht, Dionysos mit Soma zu identifizieren; dafür sprechen Angaben im *Vajasaneyi Samhita* und *Taittiriya Samhita,* nach denen Gott Soma von den Göttern aufgefordert wurde, in den rechten Oberschenkel des Donnergottes Indra einzugehen.

Das vedische Soma wurde schon früh mit dem persischen *Haoma* identifiziert und mit dem griechischen *Ambrosia* gleichgesetzt. Durch Nektar (Trank) und Ambrosia (Speise) sind die unsterblichen Götter unsterblich; durch Wein und Pilze nähern sich die Menschen – temporär – den Unsterblichen an.

Vielfach wurde vermutet, dass der Nektar und das Ambrosia, die göttlichen Getränke der antiken Mythologie, durch deren Genuss die Götter erst zu Göttern werden, möglicherweise Met, der mit psychedelischen Pilzen versetzt war, gewesen sei.

»Die allerhöchste Weisheit wandelt im Narrenkleid! – Warum? Weil alles, was einmal als Kleid – und nur als ›Kleid‹ – erkannt und durchschaut ist – auch der Leib –, notgedrungen nur ein Narrenkleid sein kann. – Für jeden, der das wahre ›Ich‹ sein eigen nennt, ist der eigene Leib, so wie auch der der andern, ein Narrenkleid, nichts weiter. Glauben Sie, das ›Ich‹ könnte es in der Welt aushalten, wenn die Welt wirklich so wäre, wie sie der Menschheit auszuschauen scheint?«

(MEYRINK 1994: 100)

Links: Dass der Narr mit den Zauberpilzen assoziiert wird, die »närrisch machen«, weist auf einen Aspekt der Wirkung der *Psilocybe* hin. Sie lassen den Bepilzten oft närrische und humorvolle Erfahrungen machen. Die Narrenschwämme reizen nur allzuoft zu euphorischem Gelächter.

Rechts: Das neue Jahr wird in Europa oft mit einem fliegenpilzgestaltigen Feuerwerkskörper (Tischfeuerwerk) begrüßt und der Pilz als glücksverheißendes Symbol zu Silvester und/oder Neujahr betrachtet.

Narrenschwämme und Glückspilze

»Das körperliche Normalbewusstsein, also unser sogenanntes Tagesbewusstsein, ist ein Hindernis für okkulte Erfahrungen. Daher handelt es sich darum, ein anderes als das normale Bewusstsein zu erlangen, und das kann geschehen durch Anwendung gewisser Gifte und Reizmittel wie Haschisch, Bilsenkraut, Fliegenpilzabsud, das indische Soma (Asclepias acida) und viele andere, deren Zusammensetzung Geheimnisse der Priester primitiver Völkerschaften waren und sind.« (MEYRINK 1984: 162f.)

Der Narr ist kein Idiot oder geistig Behinderter, sondern ein hochintelligenter Kabarettist. Der Narr darf Dinge aussprechen, die sich manche nicht einmal zu denken trauen. Im Volksmund hat der Narr nicht nur seine sprichwörtliche Narrenfreiheit, sondern auch einen Pilz, dem er seinen Namen und seine Qualitäten verleiht. Der »Narrenschwamm« oder das »närrische Schwammerl« ist der volkstümliche Name für den in Europa heimischen Zauberpilz, den Spitzkegeligen Kahlkopf *(Psilocybe semilanceata)*. In manchen Gebieten heißt es von jemandem, der sich auffällig oder »bekloppt« benimmt: »Der hat wohl närrische Schwammerln gegessen.«

Der Pilz der Pilze ist der Fliegenpilz. Sein Fruchtkörper ist das archetypische Insigne des Pilzreiches. Sein Name wird manchmal in Bezug zur Fliege, einem Tier des Teufels, gestellt. »Der Teufel war der Herr der Fliegen, der Besessene galt als von Fliegen befallen. Der Fliegenpilz wurde auch Narrenschwamm genannt.« (KÜTTNER 2000: 86f.) Weil die Fliege als Inkarnation des Teufels gilt, heißt die *Amanita muscaria* ebenfalls »Teufelspilz«. – Wie kann es aber sein, dass ein als tödlicher Giftpilz gefürchteter Pilz zum Glückssymbol aufsteigen kann? Deshalb wird angenommen, dass sie einem geheimen Zauberpilzkult huldigten.

> »Jedes neue Jahr ist eine Wiederaufnahme der Zeit an ihrem Beginn, also eine Wiederholung der Kosmogonie.«
> (Eliade 1966: 49)

Der Glückspilz ist eines der großen geheimnisvollen Symbole unserer modernen Welt. Jeder benutzt dieses, aber keiner versteht es. Der berühmteste Glückspilz ist der Gewinner im Lotto. Der nächstbeste ist der Fliegenpilz, von dem die Allgemeinheit die irrige Vorstellung hat, er sei giftig. Ganz unbekannt sind aber die Glückspilze, die früher Narrenschwämme gescholten wurden.

»Prosit Neujahr!«

Alle Jahre wieder kommen die Fliegenpilze vor Silvester in unsere Supermärkte und Geschenkläden. Aber nicht die biologischen Fruchtkörper von *Amanita muscaria,* sondern ihre kulturellen Abbilder, Artefakte. Plötzlich begegnen uns Fliegenpilze auf Glückwunschkarten, in Blumengestecken, in der Werbung. Es gibt zahlreiche Nachbildungen des Fliegenpilzes für Dekorationszwecke, bis hin zu Feuerwerkskörpern (»Glückspilze«) für die Silvesterparty. Außerdem werden die schmucken Pilze gerne aus Schokolade und Marzipan reproduziert.

Oftmals finden wir in Zusammenhang mit den Fliegenpilzen weitere Glückssymbole: vierblättrige Glückskleeblätter, Hufeisen, Kröten, Schornsteinfeger, Schweinchen, Marienkäfer, Zwerge und Wichtel.

Ein Brauch, der schon in der Antike dokumentiert wurde, ist, seinen Mitmenschen zum neuen Jahr Glück zu wünschen. Im alten Rom verschenkte man dazu Glücksgebäck – so wie wir heute noch an Verwandte und Freunde Berliner verteilen. Auch unser Glückwunsch »Prost« oder »Prosit« stammt aus Rom. Das lateinische Wort *prosit* ist die 3. Person Singular Konjunktiv Präsens Aktiv von lateinisch *prodesse,* »nützen, zuträglich sein«. Prosit heißt also »es möge zuträglich sein«. Seit Beginn des 18. Jahrhunderts wird sich im deutschen Sprachraum mit dieser

Links: Glückspilze als Blumen und Gartendekoration.

Rechts: Die Noten des Liedes »Ein Männlein steht im Walde« mit einer Fliegenpilzillustration (aus einem Kinderbuch). Eigentlich handelt es sich um ein Kunstlied (Melodie vom Niederrhein), das volkstümlich popularisiert wurde. Der Text wurde von August Heinrich Hoffmann von Fallersleben (1798–1874) gedichtet.

Glückwunschkarte zum Geburtstag mit »Glückspilzen« (Deutschland 1999). Der Tag, an dem irgendwer geboren wurde, sein Geburtstag, ist immer etwas Besonderes. Der Geburtstag kehrt jedes Jahr wieder, genauso wie Weihnachten und Neujahr. All diese Begehungen sind Markierungen im zyklischen Lauf der Natur. Sie sind Marken der Zeit, des unentrinnbaren Geschehens, das alles Leben in Lebensräume bezwingt.

grammatikalischen Form zugeprostet. Der Gebrauch dieses eingedeutschten Wortes, eigentlich eine Wunschformel, stammt somit aus der akademischen Studentensprache.

Im Deutschen taucht das Wort »Glückspilz« ebenso erstmals im 18. Jahrhundert auf; zunächst in der Bedeutung »Emporkömmling, Parvenü«, dann als »Glückskind« nach dem Englischen *mushroom:* »Pilz; Emporkömmling«. Spätestens im 19. Jahrhundert wurde der Fliegenpilz zum Symbol des Glückspilzes.

Dass Pilze Glück bringen, zeigt sich in manchen volkstümlichen Vorstellungen dieser Zeit: »Wer auf dem Feld ›Glückshäfeli‹ [Pilze] trifft, dem lacht an jenem Tag das Glück, oder der Finder hat Glück in der künftigen Ehe.« (MARZELL 1935/36: 32) In südslawischen Gebieten glaubte man sogar, dass Pilze nicht nur das Eheglück sichern, sondern auch den »Folgen einer glücklichen Ehe«, den Nachkommen, Glück bringen: »Essen schwangere Frauen viel Pilze, so werden ihre Kinder von heiterer Lebensauffassung, leichtblütig und sanglustig, sie lernen das Gehen und das Sprechen sehr früh, werden gute Tänzer und finden immer viel Glück und Freude auf ihrem Lebensweg.« (HASENEIER 1992: 11) Es werden »Glückskinder«.

In der Zeit des Jugendstils wurde der Fliegenpilz in Europa zum wesentlichen Motiv der Neujahrswunschkarten und avancierte so zum »Glückspilz« schlechthin. Der holländische Kulturanthropologe Ton Lemaire hat eine ausgezeichnete Sammlung von Neujahrsgrußkarten mit Fliegenpilzmotiven in seinem Buch *Götterspeise oder Teufelsbrot? Auf der Spur des Fliegenpilzes* veröffentlicht. Sie stammen aus dem Zeitraum 1900 bis 1930 und sind in verschiedenen europäischen Ländern gedruckt worden (Niederlande, Belgien, Frankreich, Osteuropa, Norwegen, Deutschland usw.). Sie genossen zur Jugendstil-Zeit besondere Popularität. Erst nach dem Ersten Weltkrieg nahm ihre Bedeutung und ihr Gebrauch ab. Lemaire vermutet, dass der Ursprung der Bedeutung des Fliegenpilzes als »Glückspilz« und als Glückssymbol in Deutschland liegt. Dazu zitiert er das deutsche Volkslied »Ein Männlein steht im Walde«, das eine Art Rätsel ist, da am Ende die Lösung heißt »Glückspilz! Fliegenpilz!«. (LEMAIRE 1995: 121).

Der Glückspilz ist ein beliebtes Symbol für den Geburtstag; der Geburtstag eines Menschen wird mit dem Neujahr, dem »Geburtstag« des Jahreslaufes, assoziiert. Dem liegt wohl auch die Naturbeobachtung der »Geburt« des phallischen Pilzes aus dem »Hexenei« zugrunde.

»Ein Glückspilz / wer mit heiterem / Streben das Beste / macht aus seinem Leben!« – So definiert eine Geburtstagsglückwunschkarte den »Glückspilz«.

Obwohl jedes Kind *glaubt,* dass der Fliegenpilz giftig, sogar tödlich giftig sei, *weiß* es doch, dass der »Pilz aller Pilze« ein Glücksbringer ist. Wieso kann ein mutmaßlicher »Giftpilz« ein glücksverheißendes Emblem für das neue Jahr und die Geburt sein? – »Wer die Wirkung von Fliegenpilz kennt, der versteht, warum man zur Wintersonnenwende Geister sah oder warum Tiere sprechen konnten.

Glückwunschkarte von 1929, mit Wichteln, die Fliegenpilzhüte tragen.

Noch heute gilt der Fliegenpilz, der sich getrocknet auch rauchen lässt, als ein Glückssymbol für das kommende Jahr.« (MADEJSKI und RIPPE 1997: 166)

Glück ist oft mit veränderten Bewusstseinszuständen assoziiert oder sogar damit identifiziert. Visionen und mystische Erfahrungen werden oft als Ursache oder Quelle des Glücks beschrieben. Dass die Assoziation von Glück und psychoaktiver Wirkung zur Namensgebung einer Pflanzendroge führt, zeigt sich auch an einem volkstümlichen Namen der stark halluzinogen wirksamen *Radix Mandragorae.* Die alkaloidreiche Wurzel der Alraune *(Mandragora)* heißt »Glücksmännchen«.

Der Fliegenpilz ist gar nicht »giftig« im Sinne von schädlich oder tödlich. Sein Genuss kann aufgrund seiner Wirkstoffe stark veränderte Bewusstseinszustände bewirken, die seit alters her von Schamanen weltweit, aber vor allem in der nördlichen Hemisphäre für Heilrituale und Wahrsagereien genutzt werden. Der Fliegenpilz gilt in vielen Kulturen als heilig, als göttliches Wesen; als Aphrodisiakum und Liebesmittel, aber auch als Heilmittel, sogar als Speisepilz!

Der rituelle Gebrauch des Fliegenpilzes als Entheogen, Räucherstoff und Knasterzusatz steht fast immer in Zusammenhang mit schamanischen Riten. Besonders die sibirischen und zentralasiatischen Völker (Tungusen, Korjaken, Kamtschadalen usw.) aßen den Fliegenpilz, um in eine schamanische Trance zu verfallen oder in einen hellsichtigen, prophetischen Zustand zu entrücken. In allen frühen Berichten von Sibirienreisenden wird berichtet, dass der Fliegenpilzrausch Empfindungen von Glück, Liebe, Reichtum, Zufriedenheit und höherem Wissen auslöst. Im ersten deutschsprachigen »Drogenbuch«, *Die narkotischen Genussmittel* (1855), heißt es: »Die Fantasie wird durch den Fliegenschwamm ähnlich angeregt, wie es beim Opium und Haschisch der Fall ist. Der Effekt tritt aber meist erst nach ein oder zwei Stunden ein. Dann legen sich die Trinker auf den Rücken, singen und schwärmen von Glück und Liebe, Reichtum und Ansehen und bilden sich, wie es heißt, ein, wohlbeleibt und fett zu sein, was also, wie es scheint, bei jenen Völkern ein erwünschter Zustand ist.« (BIBRA 1855: 136)

Der Fliegenpilz ist also ein Glückspilz und ein schamanisches *Reisemittel,* ein Entheogen: »Dieser Pilz kann dem wissenden Nutzer im schamanischen Kontext das Glück der Hellsichtigkeit, der Gottesnähe, der Einigkeit mit der universellen Natur und die Erkenntnis der Seele eines jeden Gegenstands oder Lebewesens geben.« (ROHDE 2003: 173)

Viele haben vergessen, dass der Fliegenpilz ein Tor in die Märchenwelt und die Anderswelt sein kann. Viele haben in der psychotropen Wirkung ein gefährliches Gift erkannt. Und viele haben vergessen, den Fliegenpilz als »Augenöffner« rituell zu verspeisen. Er wurde, wie fast alle Entheogene der heidnischen Kulturen, als »Teufelswerk« dämonisiert. Viele erinnern sich nur an den glücksverheißenden Aspekt des Symbols.

Schließlich gilt der Fliegenpilz in vielen Kulturen als kräftiges Aphrodisiakum; er spendet somit Glück für die Liebe. Na dann: Prosit Neujahr!

Merkwürdige Pilzgeschichten

»MEINE STIMME WIRD DER WIND; PILZE SAMMELN.« SHIKU, *Haiku* (19. Jh.)

So merkwürdig Pilze auch erscheinen mögen, so merkwürdig sind ihre biologischen Eigenschaften, und ebenso merkwürdig sind die folkloristischen Geschichten, die ihnen anhaften. Am merkwürdigsten ist das, was der Volksmund und die Scholastik als »Aberglauben« bezeichnet. Aber Aberglauben ist alter Zauberglauben. Der Pilz steht für Fantasie; er ist das Symbol für die mythologische Projektion.

Psychedelischer Pilz, ein Werk der Fantasie.

»Man muss auch einen merkwürdigen Glauben der Tewa, östlicher Pueblo, erwähnen; wenn sie Pilze aßen, legten sie einen Stock quer über den Topf, da sie fürchteten, ohne diese Vorsichtsmaßnahme das Gedächtnis zu verlieren ... die sogenannten *crazy dancers* der Arapaho [trugen] Pilze als Ohrgehänge. Da die Arapaho von den Apache Jicarilla nur durch die Tewa getrennt sind, bei denen wir sahen, dass die Pilze eine apotropäische Rolle spielten, könnte diese Gegend des Kontinents hinsichtlich der Ethnomykologie eine besondere Bedeutung gewinnen.« (LEVI-STRAUSS 1992: 265)

Goldene Hüte und Kahlköpfe

Die heutigen Halloween-Hexen tragen breitkrempige, hohe Spitzhüte, eben Hexenhüte. Warum? – Die Zauberer der Märchen tragen hohe spitze Hüte, eben Zauberhüte. Warum? – Sollte der spitze Hut ein Zeichen sein? Ein Zeichen für den Zugang zur Anderswelt? Woher stammen diese magischen Zauberhüte?

Die alteuropäischen Goldhüte, um 100–800 v. Chr. (Historisches Museum der Pfalz, Spreyer) Es hat seit dem ersten Fund (1835, bei Schifferstadt) sehr lange gedauert, bis diese Objekte als Hüte gedeutet wurden. Früher hielt man sie für Köcher, Gefäße, Pfahl- oder Kultstelenbekrönungen, oder sogar für Phallusdarstellungen ...

Einen Hinweis oder eine mögliche Antwort bietet der römische Naturkundler Plinius der Ältere (23–79 n. Chr.) in seiner *Naturalis historia* (= Naturgeschichte) im Abschnitt über Pilze. Neben den essbaren und giftigen Pilzen nennt Plinius Pilze *(boleti)*, die er als ungenießbar, aber nicht als schädlich klassifiziert. Darunter finden sich »die weißen, wie mit der spitzen Priestermütze *[apex]* des Flamen [ein römischer Sonderpriester] auf ihren kennzeichnenden Strünken« (XXII, 96). Diese Priestermütze ist eine kegelförmige, aus dem Fell eines Opferlammes gefertigte Kopfbedeckung, die mit einem wolleumwundenen Olivenzweig geziert war. Sie war das Kennzeichen des *Flamen Dialis,* das ist der höchste Jupiterpriester (seit etwa 300 v. Chr.)! Möglicherweise kannte Plinius die Spitzkegeligen Kahlköpfe, die dann wohl mit einem Zeus- bzw. Jupiter-Kult in Zusammenhang standen.

Spitze hohe Hüte mit Krempe sind in Europa aber viel älter als der *Apex des Flamen Dialis.* Im Bereich der »Westlichen Urnenfelder« (von Zentral- und Westfrankreich bis Südwestdeutschland) sind vier sogenannte »Goldene Hüte« gefunden worden. Sie stammen aus der Bronzezeit (2200 bis 800 v. Chr.). Es sind hohe, kegelig spitz zulaufende Kopfbedeckungen (bis zu 90 Zentimeter!), die aus Gold getrieben und reichlich mit Ornamenten verziert wurden. Die Ornamente sind umlaufende Rippen mit konzentrischen Kreisbuckelmotiven. Sie werden neuerdings als »komplexes kalendarisches Zahlenwerk und abstraktes Abbild der kosmischen Ordnung« gedeutet. Insofern sind sie weniger Insignien der Macht, sondern Ritualobjekte; wahrscheinlich Schamanen- oder Priesterhüte. Vielleicht stellen sie die Spitzkegeligen Kahlköpfe, die Reisepilze der Schamanen und Visionäre dar, die den kosmischen Einblick ermöglichen. Sie sehen jedenfalls wie Pilzhüte, Zauberhüte oder Hexenhüte aus. Vielleicht sind die »Goldenen Hüte« Zeichen eines bronzezeitlichen Pilzkultes.

Psychoaktive Pilze sind in Europa schon lange verbreitet. In Italien sind die häufigsten psychedelischen Pilze die Spitzkegeligen Kahlköpfe *(Psilocybe semilanceata)*. Man nimmt an, dass sie dort seit 10 000–12 000 Jahren heimisch sind. In Norditalien (Monte Bego, Valcamonica) gibt es verschiedene spätneolithische Felsbilder, die Darstellungen von Pilzen in schamanischen Zusammenhängen zeigen.

Kuriosa

»Kuriosa«: Merkwürdigkeiten, Exotika, Seltsames – alles das verbirgt sich hinter diesem Lehnwort aus dem Lateinischen. Im Römischen bedeutete *curiosus* »sorgfältig; interessiert, aufmerksam, wissbegierig, neugierig, vorwitzig; pedantisch«. Das substantivierte *Kuriosum* heißt »Seltsamkeit, wunderliche, ausgefallene Sache«. In der Tat gibt es unzählige kulturelle Kuriosa, die mit Pilzen im Allgemeinen und mit Fliegenpilzen im Besonderen zu tun haben. Es sind Artefakte des »normalen« Lebens, des Alltäglichen, Gegenstände, mit denen wir arbeiten, spielen oder unsere Zeit vertreiben. Gegenständliche Gegenwartskunst, Pop-Art, Kleinkunst, Kleinkram, Marginalien des Lebensstromes.

Wer kommt eigentlich auf solche Ideen, Kugelschreiber mit Fliegenpilzhüten zu produzieren? Oder Schmuckstöckchen für Blumengestecke mit Fliegenpilzdarstellungen? – Solche Kuriosa oder Kuriositäten scheinen genug Konsumenten zu erhaschen, die die Produktion solcher Artefakte lukrativ macht.

Warum kaufen Menschen, die nichts mit Psychedelik oder Schamanismus zu tun haben, ein Fliegenpilzkaleidoskop, das Einblicke in andere Schattierungen der Wirklichkeit ermöglicht? Warum gibt es jedes Jahr mehr Weihnachtsschmuck in der Gestalt von Fliegenpilzen? Ist solch bepilzter Weihnachtsschmuck eine vorüberziehende Mode oder drückt sich beim Käufer ein archaisches Gefühl, eine Art magische Anbindung an den entheogenen Fliegenpilz aus? Auf Weihnachtsmärkten, manchmal auch in anderer Saison, werden Kerzen in Pilzgestalt, vor allem Fliegenpilzkerzen angeboten – und reichlich gekauft. Ist hier so etwas zu vermuten wie eine archaische Erinnerung an das »Licht der Erde«, an den lichtbringenden Zauberpilz?

Noch skurriler oder kurioser sind Gebrauchsgegenstände, die Pilz- oder Fliegenpilzmotive aufnehmen. Es gibt handbemalte Zahndosen für zahnende Kinder, deren Deckel mit Fliegenpilzen geziert sind. Es gibt Schlüsselanhänger oder Lesezeichen aus Leder, in die Abbildungen des Fliegenpilzes eingeprägt sind.

Besonders merkwürdig ist die Assoziation vom Fliegenpilz, der im Herbst fruktifiziert, mit dem Osterhasen. So gibt es Darstellungen von Osterhasen zusammen mit Fliegenpilzen, die am Rande ihres Ostereiernestes oder ihnen zu Füßen wachsen. Die Hersteller solcher Ostersachen haben anscheinend kein wirkliches Naturverständnis. Der Pilz wird wohl nur wegen seiner Schönheit mit dem bunten Ostern verbunden.

Ein besonderes Kuriosum, zumal in Deutschland, sind die Gartenzwerge, mittelgroße Figurinen aus Keramik, Holz oder Plastilin. Deutschland hat fast eine Gartenzwergkultur. In Vorgärten, Gartenanlagen, in Schrebergärten und öffentlichen Plätzen stehen sie: die Gartenzwerge. Oft haben diese Kera-

»Auch der Fliegenpilz ist zu einem Konsumobjekt und zur Ware geworden. Kaum eine andere Pflanze findet sich so häufig dargestellt und nachgeformt: In Illustrationen von Kinderbüchern, als Spielgerät auf dem Kinderspielplatz, als Praline mit ›geistigem‹ Inhalt, als Spardose oder Strickliese, in der Werbung wie in Comics, als Dekorationsmaterial oder Glücksemblem – überall und immer trifft man in unserem Alltag auf den Fliegenpilz, selbst die Welt der Gartenzwerge ist voll von ihnen, ja manche von ihnen kann man kaum von diesen unterscheiden. Und zu dieser immensen Verbreitung als Artefakt tritt eine feste Vorstellung von zumindest einer natürlichen Eigenschaft des Fliegenpilzes, die in überraschender Widersprüchlichkeit zu seiner Popularität zu stehen scheint: seine Giftigkeit, von der schon jedes Kind weiß.«
(Fehr 2000: 195)

Links: Ein tulpenförmiger Kerzenständer, an dem der Osterhase sitzt und einen Fliegenpilz als Zepter hält. Immerhin ist der Hase ein altes Hexentier und der Fliegenpilz ein Hexenpilz. Außerdem soll Ostern – das alte heidnische Frühjahrsfest zu Ehren der Liebesgöttin Ostera (der Frühlingsaspekt der Freya) – ein besonderer Tag im Hexenkalender sein. Dann treffen sich die fliegenden, die fliegenpilzberauschten Hexen auf ihrem Tanzplatz.

Mitte: Ein anthropomorphisierter Pilz dient als Dekoration für den Garten.

Rechts: Schlüsselanhänger aus Leder mit dem Bild eines Fliegenpilzes.

Gegenüber: Sticker für Fenster- oder Windschutzscheiben mit fantastischen Pilzmotiven. (USA)

mikfiguren Fliegenpilze in der Hand oder sie kauern unter dem Schirm eines Pilzes. Sind die industriell gefertigten Gartenzwerge Erinnerungen an kulturelle Epochen, in denen die Menschen noch an Zwerge geglaubt haben und sie mit ein paar Opferspeisen, zum Beispiel etwas Hafer oder einen Keks, ver- oder geehrt haben? – Sind die Gartenzwerge nicht eine mythologische Anbindung an die graue Vorzeit, die Zeit, bevor die Menschen die Erde unterjocht und überbevölkert haben? Bieten die Gartenzwerge ein mythologisches Zuhause oder sind sie reiner Dekor? Wahrscheinlich bewegen sie sich zwischen diesen beiden Polen hin und her.

Pilze spielen auch in Spielen eine Rolle. So gab es ein Pilzquartett für Jugendliche, die beim Spielen etwas über Pilze lernen sollten. Es gibt auch Gesellschaftsspiele, wie *Willi, der Waldwichtel,* die nach Mensch-ärgere-dich-nicht-Manier aufgebaut sind. Was man vom Waldwichtel lernen kann, kommt jedoch in diesem Spiel kaum zum Zuge. Gesellschaftsspiele dienen den sozialen Bindungen, schüren Hass oder Liebe, Misstrauen oder Erfolg. Ganz wie in der Menschenwelt.

»Es kann davon ausgegangen werden, dass Fliegenpilz und Zwerg ein und dasselbe sind.«
(Rohde 2003:173)

Ganz oben und Mitte: Gestickte Äufnäher mit Pilzmotiven aus Nepal. Sie werden auf T-Shirts, Jacken und Hosen genäht. Sie sind vor allem bei den Touristen, die psychedelische Pilzerfahrungen haben, beliebte Zierde. Wer derartige Aufnäher trägt, zeigt seine Verbundenheit zur berauschenden Pilzwelt. Pilze werden zu einem wichtigen ikonografischen Element der Hippie-Kultur.

Rechts: Ein Pilzquartett. (Vermutlich erste Hälfte des 20. Jh.)

Rechts außen: Kerzen in Pilzgestalt.

Rechts: Pilzförmige Souvenirs aus Stein (Mexiko). In Mexiko hat man für solche Artefakte gute Absatzmöglichkeiten: Viele Touristen sind Pilztouristen – auf der Suche nach bepilzten Schamanen.

Mitte links: Pilzkorken für Getränkeflaschen.

Oben Mitte: Visitenkarte in Fliegenpilzform – Werbung für einen Smartshop, in dem legale psychoaktive Pflanzen verkauft werden. Der Fliegenpilz suggeriert die Begegnung mit anderen Welten.

Oben rechts: Fliegenpilzgruppe, in Ton modeliert. (Aus Amsterdam, Holland)

Rechts: Eine hölzerne Zahndose für zahnende Kinder, mit dem Fliegenpilz verziert.

Rechts außen: Feuerzeuge mit Fliegenpilzdekor.

Links: Geschirrhandtuch mit Fliegenpilzmuster.

Rechts: Deutsches Nippes: eine aus getrockneten Baumschwämmen gefertigte Maus.

Gegenüber: Gartenschirme als Bewässerungsanlage in Gestalt von Fliegenpilzen. (Naxos, Griechenland)

Ist nicht eigentlich die Menschenwelt das Kuriosum? Sind es nicht die Waldwichtel, die fliegenbepilzten Gartenzwerge, die die menschlichen Seltsamkeiten auftischen und eine Spiegelwelt generieren?

Kuriosa sind Artefakte, die zum einen das Kuriose oder Seltsame, zum anderen aber Einblicke in die menschliche Kultur zulassen. Diese Artefakte zeigen uns die vielen Stellen unserer Kultur, die von Pilzen »infiziert« sind. Sie schießen wie Pilze aus dem Boden, aus dem kulturellen Myzelium.

Oben und gegenüber: Briefmarken mit Pilzen als Sujet. Besonders beliebt sind Pilzmotive für Briefmarken in dem südostasiatischen Staat Kambodscha. Die dortige Bevölkerung ist anscheinend mykophil.

Philatelie

Philatelie heißt die Liebe zu den Wertzeichen zur Versendung von Geschriebenem, Päckchen oder Paketen. Es gibt eine ganze Reihe von Briefmarkenstaaten, die zur Aufbesserung ihres Bruttosozialprodukts ständig neue Briefmarkenserien und Sondermarken herausgeben und sie an eifrige Briefmarkensammler immer gut verkaufen.

Deshalb haben sich viele Staaten (Kleinststaaten) darauf spezialisiert, Briefmarkenserien mit Motiven, die bestimmte Sammler ansprechen, zu drucken. So gibt es Briefmarkensammler, die aus aller Welt Motive sammeln, die zum Beispiel mit Conchyliologie (Muschelkunde) oder Schifffahrt zu tun haben. Viele Briefmarkenstaaten haben auch bemerkt, dass es weltweit viele Sammler von Pflanzenmotiven auf Postwertmarken gibt; besonders häufig gibt es – neben den Conchyliensammlern – Pilzfreunde.

Die Philatelie ist ein gutes Geschäft: Für ein kleines bedrucktes Stückchen Papier kann man tüchtig Devisen einfahren.

Viele Briefmarkenstaaten haben schnell begriffen, dass sie mit Pilzmarkenserien gute Geschäfte machen können, wenn sie speziell psychoaktive bzw. psychedelische Pilzarten als Motive für ihre Wertmarken verwenden.

Unter den auf Briefmarken abgebildeten Pilzen findet sich auffällig oft der Fliegenpilz. Ansonsten werden meist Pilzarten gezeigt, die in dem betreffenden Land häufig vorkommen und dafür besonders typisch sind. Es werden gleichermaßen Speisepilze, Giftpilze sowie ungenießbare Pilze abgebildet. In Kambodscha wurde sogar der Zauberpilz *Psilocybe cubensis* als Motiv benutzt.

Pilze in der Kunst

Rechts: Eine der ältesten Darstellungen eines Pilzes auf einem altägyptischen Relief.

Gegenüber rechts: Hinter dieser Szene könnte eine Anspielung auf den Fliegenpilz und dessen Beziehung zur Kröte versteckt sein: links liegt ein abgesetzter rot-weißer Hut, daneben sitzt, wie auf einem Stuhl, ein ins Unendliche blickender Mann, den man oberflächlich betrachtet durchaus als kopflose Alraunenwurzel oder aber als Pilzstiel wahrnehmen könnte. Rechts davon befindet sich eine Kröte – eindeutig an der warzigen Haut zu erkennen. Aus ihrem Maul kommt eine Art Fontäne. Bespuckt sie damit den Mann? Oder entzieht sie diesem merkwürdig steifen Wesen eine Essenz, die Seele oder gar ein Gift? Zeigt sich in dieser Darstellung die antike Vorstellung, dass Pilze durch Berührung mit Kröten giftig werden? Diese Szene ist ein Detail eines Fragments, eines unvollendeten Gemäldes, des Malers Hieronymus Bosch (um 1450–1516), das unter dem Namen *Das jüngste Gericht* bekannt ist.
(Entstanden zwischen 1506 und 1508; heute aufbewahrt in der Alten Pinakothek, München)

Was aussieht wie ein Pilz, ist auch ein Pilz bzw. dessen Abbildung. So sollte man eigentlich denken. Aber dem ist leider nicht immer so. In manchen Kunstwerken sehen bestimmte Gebilde der Landschaft wie Pilze aus, sind aber eigentlich abstrakte Darstellungen von Bäumen. Dennoch treten Pilze als ikonografische Elemente seit dem Mittelalter in der europäischen Kunst auf – vor allem in der Malerei. Doch es gibt schon einige antike Wandmalereien, auf denen Pilze zu erkennen sind. Eine der frühesten Darstellungen eines Pilzes findet sich auf einem Relief in der Tiergartenhalle des ägyptischen Pharaos Thutmosis III. (circa 1490–1436 v. Chr.) in den Tempelanlagen von Karnak bei Luxor in Ägypten. Ein Fresko von Pompeji, das 79 n. Chr. durch den Vesuvausbruch zerstört wurde, zeigt eine Triade dreier toter Vögel und mehrerer Pilzkörper, die als Echter Reizker *(Lactarius deliciosus)* gedeutet werden (vgl. Lelley 1997: 15).

Pilze in der Malerei

Der niederländische Maler Hieronymus Bosch (ca. 1450–1516) ist vor allem durch sein Tryptichon *Der Garten der Lüste* bekannt geworden – sicherlich eines der bedeutendsten Kunstwerke der europäischen Kunstgeschichte. Auf diesem und auf

Links: Ausschnitt aus *Der Garten der Lüste,* Gemälde, um 1500, von HIERONYMUS BOSCH (um 1450–1516) . Museo del Prado, Madrid.

anderen Gemälden hat Bosch eine Anzahl psychoaktiver Pflanzen sowie alchemistischer Geräte und Prozesse porträtiert. Neben den »Magischen Erdbeeren« tauchen angeblich Alraunenfrüchte *(Mandragora),* möglicherweise Stechäpfel *(Datura)*[1] und ein »Zauberpilz« auf. Die beiden Menschenfiguren auf dem Pilzkopf (es könnte sich um eine *Boletus*-Art handeln) scheinen eine Art Yoga-Übung oder Trance-Haltung auszuführen. Kannte Bosch das Geheimnis der einheimischen psilocybinhaltigen Pilze? Ist der *Garten der Lüste* ein dionysisches Pilzritual?

Fast wäre Bosch wegen Ketzerei und Sektenzugehörigkeit (Adamiten) angeklagt worden. Dieses Tryptichon *Der Garten der Lüste* hatte auch nicht viel mit der kirchlichen Auffassung des Christentums zu tun. Im Zentrum stand der Garten der Lust (oder der Wollust). Die Szenerie wirkt wie eine visionäre, alchemistische Darstellung der dionysischen Mysterien.

Über diesen Künstler, dessen Biografie im Dunklen liegt, dessen überlieferte Malereien kryptisch sind und zu unsicheren Interpretationen verführen, kursieren heutzutage allerlei Annahmen, Mutmaßungen und Legenden. Zum Beispiel sollen die Bilder von Hieronymus Bosch, der wegen seiner grausig-gespenstischen Bilder der Höllenstrafen auch »Teufelsbosch« genannt wurde, unter dem Einfluss von Fliegenpilz entstanden sein. – Das ist alles nur Spekulation! Eine hübsche Geschichte, aber wer weiß schon, was daran wahr ist.

[1] Allerdings ist dies schwer vorstellbar, denn nach unserer bisherigen Kenntnis ist Datura erst zu Anfang des 16. Jahrhunderts in Europa eingeführt und erstmals von Leonard Fuchs beschrieben und im Holzschnitt dargestellt worden.

Gegenüber: *Die Gärten des Pan*, Aquarell mit Airbrush-Technik von FRED WEIDMANN (* 1938)

Seite 198: Dieses Zauberpilzgemälde von Nana Nauwald (* 1947) heißt *Amazon Dancing.*

Seite 199: Gemälde von Alex Grey (* 1953); »The Visionary Origin of Language«, 1991–98.

Unten lnks: Eine Jugendstillampe in der Form von Zauberpilzen der Gattung *Psilocybe*.

Unten rechts: Manche Pilze der Gattung *Psilocybe* sehen schon von Natur aus wie Lampenschirme. (Foto: Paul Stamets)

Eines der kostbarsten Kunstwerke der europäischen Geschichte ist der Isenheimer Altar von Matthias Grünewald (ca. 1480–1528), der sich im Antoniter-Kloster von Colmar im Elsaß befindet. Das Altarbild, ein Tryptichon, hat zwei Bezüge zu Pilzen. Zum einen wird ein am Antoniusfeuer Leidender lehrbuchmäßig abgebildet. Zum anderen befinden sich Darstellungen von Baumpilzen oder Zunderschwämmen auf der linken Altartafel.

Viele heutige Künstler lassen sich durch visionäre Erfahrungen mit den Pflanzen der Götter, Zauberpilzen oder isolierten Halluzinogenen inspirieren. Meist bringen sie ihre Ideen erst nach der Erfahrung zu Papier. Fred Weidmann ist da eine Ausnahme. Er hat viele Gemälde unter dem Einfluss von Zauberpilzen *(Psilocybe cyanescens)* gemalt. Er hat seine Vision sozusagen auf das Papier projiziert und einfach abgemalt. Sein ganzes Werk ist von Pilzen durchdrungen.

Die Künstlerin Nana Nauwald hat in ihren visionären Bildern ebenfalls oft Zauberpilze in einer andersweltlichen Gestalt dargestellt. Ihre Kunst ist durch veränderte Bewusstseinszustände und Trance geprägt.

Der US-amerikanische Künster Alex Grey hat viele seiner bestechenden und präzisen Bilder durch psychedelische Inspirationen gemalt. Er spricht auch gerne darüber. Er kann sogar Angaben machen, welches Gemälde von welcher Zauberpflanze oder von welchem Zauberpilz inspiriert wurde. Psychedelisch Erfahrene können dies sogar wiedererkennen. Es ist kein Wunder, dass die Bilder von Alex Grey in der Goa-Party-Szene als Flyer-Motive, Standdekorationen und T-Shirt-Aufdrucke verwendet werden. Diese Bilder signalisieren die Anderswelt.

Viele Künstler, die psychedelische Pilzerfahrungen hatten, haben versucht, ihr visionäres Erleben malerisch festzuhalten. Diese Bilder des Phantastischen Realismus sprechen meist für sich selbst. Allerdings verneinen und verbergen die meisten solcher visionären Künstler den Quell ihrer Inspiration. Bepilzte Maler haben kaum einen Marktwert im Kunsthandel. Deshalb werden sie auch hier nicht genannt. Aber wer schon einmal die visionäre Wucht der Zauberpilze erfahren hat, der kann bepilzte Gemälde auch ohne das Outing der Künstler erkennen bzw. wiedererkennen.

ALEX GREY
91-93

Stillleben mit Pilzen

Von Claudia Müller-Ebeling

Stillleben bezeichnen ein malerisch wiedergegebenes Arrangement unbewegter, stiller Objekte aus Kunst und Natur (und nicht deren stilvolle Komposition). Im Französischen heißt dieses Genre, das im 17. Jahrhundert in der niederländischen Kunst aufkam, *nature morte* – tote Natur. Eigentlich treffen die beiden kunsthistorischen Begriffe auf Bilder zu, auf denen tatsächlich tote Gegenstände dargestellt sind, wie etwa Musikinstrumente, gedeckte Tafeln, auf küchenfertige Zubereitung harrende Fische oder waidmännisch erlegtes Wild. Auf den sogenannten Blumen- oder Waldstücken jedoch sind Blumen in blühender Pracht zu sehen, lebendige Insekten und Reptilien und an Baumwurzeln sprießende, keineswegs vertrocknete Pilze.

Dennoch ist der deutsche und französische kunsthistorische Gattungsbegriff nicht falsch. Er verweist allerdings weniger auf das, was auf den Bildern zu sehen ist, sondern vielmehr auf das, was dahinter steht. Denn die verborgene moralische Botschaft aller Stillleben lautet: Vanitas – Eitelkeit. Das soll heißen: Macht und Besitztümer sind vergänglich. *Memento mori* – Sei Dir des Augenblicks des Todes bewusst und erkenne die Sterblichkeit allen Lebens.

Wenn Maler in diesem Kontext Pilze darstellten, ging es ihnen weder um deren Schönheit noch um mykologische Genauigkeit. Vielmehr um eine christlich gefärbte moralische Botschaft. Zum Beispiel im Bild *Blumen an einem Baumstamm*, gemalt von der niederländischen Malerin Rachel Ruysch(1664–1750). Wir blicken auf einen steinigen, bemoosten Waldboden. Das spärliche Licht trifft auf einen abgestorbenen Stamm, der in der oberen Hälfte mit voll erblühten oder noch knospigen weißen und roten Rosen, gelben und weißen Lilien sowie blaublütigen Ackerwinden garniert ist. Garniert, in der Tat, denn derartige Blumen sind wohl kaum im Unterholz eines Waldes zu finden.

An der linken unteren Bildecke sind eine Kröte und eine kleine Schlange oder Blindschleiche abgebildet, darüber zwei Schnirkelschnecken. Rechts gegenüber erkennt man im stark nachgedunkelten Firnis nur mühsam eine weitere Kröte und eine Eidechse. Die kleine Eidechse, die sich auf dem Felsen im schwachen Sonnenlicht wärmt, hebt sich gut vor dem hellgrauen Hintergrund ab. Unter der nach unten geneigten voll erblühten roten Rose am rechten Bildrand lauert eine weitere Schlange, vermutlich eine Kreuzotter. Darüber nähert sich eine Heuschrecke einer weiteren Rosenblüte. Dem Blütenbogen nach links folgend sind ein

Hirschhornkäfer zu sehen und ein gelber Zitronenschmetterling, der sich auf der Spitze einer geschlossenen Lilienknospe niederlässt. Die Sphäre des linken Bildrandes bleibt weitgehend im Dunkeln. Bei dem Felsen befinden sich am Fuß eines knorrigen Baums zwei Pilze, offensichtlich Tintlinge, rechts unten am Bildrand ist ein mattbrauner Bovist zu sehen.

Soweit die reine Bildbeschreibung. Die für dieses Waldbiotop artfremden Rosen und Lilien legen nahe, dass es der Künstlerin Rachel Ruysch – Hofmalerin des Kurfürsten Johann Wilhelm von der Pfalz in Düsseldorf 1708–1716 und Tochter des Anatomen und Insektenforschers Frederick Ruysch – wohl kaum um biologische Genauigkeit ging. Um die Bedeutung der Pilze

Blumen an einem Baumstamm, Gemälde von Rachel Ruysch (1664–1750); Staatliche Kunstsammlungen, Kassel, Schloss Wilhelmshöhe
Unten: Ausschnitt mit Tintlingen
Gegenüber: Ausschnitt mit mattbraunem Bovist

zu verstehen, ist die verborgene christliche Aussage hilfreich, die hinter den einzelnen Motiven steht.
Die christliche Heilslehre unterteilte die natürlichen Erscheinungen in positive und negative Symbole.
Auf der positiven Seite stehen die Blüten, die neben den christlichen Tugenden auch die Reinheit Mariens und die Gaben des Heiligen Geistes symbolisieren.
Der Schmetterling auf der Lilienknospe verweist auf die unbefleckte Empfängnis Mariä und auf die Auferstehung der Seele.
Im Gegensatz dazu verkörpern Insekten, Amphibien und Reptilien laut Bibel »unreine Tiere« und die dort nicht explizit genannten Pilze die Fäulnis der Natur.
Der zeitgenössische Betrachter verstand diese Naturszene als Mahnung, dass überall böse Mächte lauern. Dass die blühende Pracht unweigerlich von Schnecken, Nattern und Heuschrecken zerstört wird. Im dunklen Waldgrund lauern von giftigen Schlangen und ekligen Kröten Gefahren. Die Pilze sind ein Symbol von allgegenwärtiger Zersetzung und von Zerfall. Gleichzeitig spendete dieser von der Malerin präsentierte Blick auf die Natur durch die Gegenwart des Schmetterlings auch den Trost, dass letztlich die Reinheit des Glaubens siegen und die Seele wieder auferstehen werde.
In vielen Stillleben, auf denen Pilze zu sehen sind – meist in Assoziation mit Schlangen und Kröten – verbirgt sich eine ähnliche Symbolik.

Ganz oben: Aufkleber in Fliegenpilzgestalt, aber in erdachten Färbungen.

Oben: Der Reporter Tim (= Tintin) steht vor einem fantastischen Pilz aus dem Weltraum – ein erdachter Pilz. (Umschlag des Comics von Hergé; Hergé/Moulinsart 2010)

Pilze beflügeln die Fantasie. Nicht nur biologisch tatsächlich existierende Arten wie Fliegenpilze, Zauberpilze oder Ling-shi usw. *Der Pilz als Archetypus* findet in der Imagination, der Vorstellungskraft und der kreativen Fantasie immer wieder seine Früchte.

Erdachte Pilze tauchen immer wieder in der Literatur, Lyrik, in der Science-Fiction, in Krimis und Comics auf. Das merkwürdige Verhalten der Pilze und deren ebenso merkwürdige, vielseitige Eigenschaften machen sie zu idealen literarischen

> Der Pilz *(Psilocybe cubensis)* – die »kosmische Flaschenpost« – spricht: »Mein Myzelgeflecht hat weder Organe noch Hände, um die Welt zu bewegen; aber höhere Tiere mit manipulativen Fähigkeiten können Partner meines Sternenwissens werden und können, wenn sie in gutem Glauben handeln, zusammen mit ihrem demütigen Pilzlehrer zu den Millionen Welten zurückkehren, deren Erben alle Bürger unseres Sternenhimmels sind.«
>
> (Terence und Dennis McKenna)

Objekten. Die Autoren orientieren sich bei ihren erdachten Pilzen an den Eigenheiten bestimmter realer Pilzarten. Oft werden sie so geschildert, als basierten ihre Beschreibungen auf mykologischer Forschung. Sie sind aber erdacht, imaginiert, literarisch angepasst oder satirisch überzeichnet. Oft erkennt der mykologisch gebildete Leser, von welchen Pilzen oder Pilzgeschichten sich die jeweiligen Autoren haben inspirieren lassen.

Vielleicht war der berühmte Jules Verne (1828–1905), der »Vater der Science-Fiction«, einer der ersten Autoren, die erdachte Pilze in einem Roman zum Sprießen gebracht haben. Jules Verne gehört sicherlich zu den einflussreichsten Autoren der modernen Welt. Wer kennt nicht seine visionär erscheinenden Romane *20 000 Meilen unter dem Meer, Reise zum Mond, In 80 Tagen um die Welt, Paris im 20. Jahrhundert* usw.? Eines seiner berühmtesten Bücher ist *Die Reise zum Mittelpunkt der Erde.* In diesem spannenden Abenteuerroman schickt der Autor eine kleine Gruppe von versponnenen Forschern durch einen Vulkaneingang ins Innere der Erde. Die Abenteurer haben einige Schwierigkeiten zu überstehen, bis sie schließlich, fast verhungert, in einen Wald riesiger, das heißt baumhoher Pilze gelangen. Mutig brechen sie Stücke aus den mächtigen Pilzen und sind über deren Wohlgeschmack sehr begeistert. Kurz darauf gelangen sie an einen Strand eines unterirdischen Meeres. Auf dem Weg dahin sehen sie allerlei Dinosaurier und Ungeheuer. Da ihnen nichts geschieht, könnte man vermuten, dass ihre Pilzmahlzeit halluzinatorische Kräfte hatte. Sie bauen sich ein Floß, weil sie wissen, dass der Mittelpunkt der Erde im Zentrum des Meeres liegen muss. Da liegt er tatsächlich. Das heißt, eigentlich ist es ein ungeheurer Strudel – so etwas wie ein schwarzes

Loch. Die bepilzten Abenteurer werden aber nicht in das Nichts gestrudelt, sondern wieder an Land geschleudert, treffen auf die Ruinen von Atlantis und werden in einer atlantischen Schale auf einem Lavastrom wieder auf die Oberfläche der Erde geschleudert.

Ist diese Geschichte von eigenen Erfahrungen des drogenliebenden Jules Verne – er mochte besonders Kokain (in Weinform) und Morphin – inspiriert? Kannte Jules Verne etwa die psilocybinhaltigen Pilze, um diese Geschichte zu schreiben? Wer weiß. Manche Pilzfanatiker sind davon überzeugt. Manche Literaturgeschichtler halten das für pure Fantasie.

Das Buch *Alice im Wunderland* hat zahlreiche Illustratoren dazu angeregt, die Wasserpfeife rauchende Raupe auf dem Pilz darzustellen.

Im Jahr 1865 erschien erstmals eines der bekanntesten Bücher der Neuzeit: *Alice im Wunderland* von Lewis Carroll (1832–1898). Darin gerät ein kleines Mädchen, geführt von einem weißen Kaninchen, in eine andere Wirklichkeit. Bei der Erkundung dieser Welt, in der alles anders ist als im normalen Leben, trifft die kleine Alice auf einen sonderbaren Pilz:

»Nicht weit von ihr wuchs ein großer Pilz, ungefähr so groß wie sie selbst, und als sie ihn von unten, von hinten, und von beiden Seiten betrachtet hatte, fiel ihr ein, dass sie ebensogut einmal nachsehen könnte, was obendrauf war. Sie stellte sich auf die Zehenspitzen und spähte über den Rand, und alsbald traf ihr Blick den einer großen Raupe, die mit verschränkten Armen dort oben saß und ruhig aus einer langen Wasserpfeife schmauche, ohne von ihr oder von irgend etwas anderem auch nur die geringste Notiz zu nehmen.« *(Alice im Wunderland)*

Schmauchte die Raupe Tabak, Knaster, Haschisch oder Opium? Oder gar getrocknete Teile des Pilzes, auf dem sie sich rekelte? Was auch immer, die Raupe wirkt ziemlich psychotrop berauscht.

Und dann gibt es im *Wunderland* noch zwei Zauberpilze, die die kleine Alice mit der Information erhält, wenn sie von dem einen äße, würde sie riesig groß, beim Genuss des anderen Pilzes winzig klein werden. Was sie auch erfolgreich ausprobiert.

Von den Ethnomykologen werden diese Zauberpilze als irgendeine in England heimische *Psilocybe*-Art gedeutet. Tatsächlich hat der Mykologe Paul Stamets auf der Wiese vor Carrolls Haus, die ihn zu seiner Wunderland-Geschichte inspirierte, hundert Jahre später reichlich viele psychedelische *Liberty Caps (Psilocybe semilanceata)* gefunden. Die Hippies sind überzeugt davon, dass Carroll sein Wunderland auf einem Zauberpilztrip entdeckt hat. Die Literaturhistoriker und notorischen Kinderschützer halten dies für ausgeschlossen. Aber ist es nicht eigentlich egal? Ob Carroll nun Pilze gegessen hat oder von Natur eben »drauf« war oder ob er das zwei Jahre vor *Alice im Wunderland* publizierte Buch *A Plain and Easy Account of British Fungi* von Mordecai Cooke (1862) gelesen hat, ist gleichgültig. Denn jeder Leser projiziert seine eigenen Sichtweisen in den Text. Carrolls Pilzszenen haben seither jedenfalls unendlich viele Buchillustratoren, Künstler, Comiczeichner und Filmemacher inspiriert.

©92 Ellis

Die Buchillustration von J. A. KAMPE zu JOHN URI LLOYDS Roman *Etidorpha* (1901): Ein gigantischer Wald aus Zauberpilzen.

Gegenüber: Die Szene aus *Alice im Wunderland,* bei der das kleine Mädchen die rauchende Raupe auf dem Pilz trifft, ist hier als Motiv auf einem T-Shirt zu sehen.

Leo Perutz (1882–1957) nimmt in seinem 1933 erschienenen Roman *St. Petri-Schnee* auf eigentümliche Weise die Entdeckung des LSD aus dem Mutterkorn vorweg. Darin beschreibt er ein Experiment, bei dem ein Chemiker aus einem Getreidepilz eine Gottesdroge isolieren soll, die mystische Erfahrungen ermöglicht: »Dieser Dionysos [Areopagita] erzählt in seinen Schriften, dass er den Mitgliedern seiner Gemeinde, die sich nach der wirklichen Gegenwart Gottes sehnten, ein zweitägiges Fasten auferlegt und dass er sie dann mit dem ›aus heiligem Mehl bereiteten Brot‹ bewirtet habe. – ›Denn dieses Brot‹ – schreibt er – ›führt zur Vereinigung mit Gott und lässt das Unendliche begreifen‹. – [...] Die römischen Ackerpriester kannten wie alle Priester das Geheimnis des Rauschgiftes, das die Menschen in jenen Zustand der Ekstase versetzt, in dem sie ›sehend werden‹ und ›die Macht des Gottes erkennen‹. Der weiße Frost – das war keine Getreideart, sondern eine Getreidekrankheit, ein Parasit, ein Pilz, der in die Getreidepflanze eindringt und sich von ihrer Substanz ernährt. [...] In Spanien hieß sie ›die Magdalenenflechte‹, im Elsaß ›der Arme-Seelen-Tau‹. Das ›Ärztebuch‹ des Adam von Cremona beschrieb sie unter dem Namen ›Misericordia-Korn‹, in den Alpen war sie als ›St.Petri-Schnee‹ bekannt. In der Umgebung von St. Gallen nannte man sie den ›Bettelmönch‹ und im nördlichen Böhmen die ›St. Johannis-Fäule‹. Hier bei uns im Westfälischen, wo sie besonders oft auftrat, hieß sie bei den Bauern ›Muttergottesbrand‹.« (PERUTZ 1960: 119, 120, 121)

Der US-Amerikaner Ian Watson lässt wundersame Pilze in seinem Buch *Das Babel-Syndrom* (1983) auftauchen. In diesem »bepilzten« Science-Fiction-Roman greift der Autor auf Berichte von Jesuiten zurück, die im 17. und 18. Jahrhundert die inzwischen ausgerotteten Yurimagua-Indianer im peruanischen Amazonasgebiet missionieren wollten. Es heißt, diese Indianer hätten aus Pilzen, die an Bäumen wachsen, einen stark berauschenden Trank hergestellt. Vermutlich benutzten sie dazu die *Psilocybe yungensis,* eine in Amazonien verbreitete Zauberpilzart mit starker psychedelischer Wirksamkeit. Tatsächlich habe ich bei meinen Forschungen amazonische Schamanen getroffen, die diese Art kennen und schamanisch benutzen.

Auch Walter Moers schreibt in seinen Büchern *Käpt'n Blaubär – Die Stadt der Träumenden Bücher* von »berauschenden Wüstenpilzen«.

Echte Pilze in der Literatur

Es gibt Romane und Novellen, Kurzgeschichten und Gedichte, in denen es um Pilze geht, und zwar um Pilze, die es in der Natur tatsächlich gibt. Viele Autoren haben meist durch eigene Erfahrungen mit Zauberpilzen *(Psilocybe, Panaeolus)* oder Fliegenpilzen inspirierte Werke verfasst, in denen es sich genau um diese Pilze dreht. Unter diesen Literaten gibt es auch einige, aber wahrscheinlich die wenigsten, die sich ihr Pilzwissen lediglich angelesen haben. Pilzerfahrene Leser merken meist sofort, ob der Autor Selbsterfahrungen gemacht hat oder nur Wissen aus zweiter Hand weitergibt. Hier einige Beispiele.

Ein psychedelisch sehr erfahrener Autor war der Engländer Aldous Huxley (1894–1963). In seinem Roman *Eiland* (1962) hat er seine persönlichen Pilz- und Psilocybinerfahrungen literarisch verarbeitet. Der Roman spielt auf einer Insel im Indopazifik. Dort leben die Ureinwohner mit anderen Menschen in friedlicher Eintracht. Die Insulaner nehmen mindestens einmal im Jahr Zauberpilze, die Moksha-Medizin, ein. Dadurch erhalten sie sich ihre tiefen Einsichten in das Sein und in das Wirken der Welt. Es ist ein Pilzkult des Friedens und des Verständnisses. An anderer Stelle schreibt er: »Die *moksha*-Medizin vermag euch bloß eine Folge seliger Einblicke, die eine oder andre Stunde der Erleuchtung und befreienden Gnade zu schenken. An euch ist es, ob ihr mit dieser Gnade zusammenwirken und euch jene Gelegenheiten zunutze machen wollt.« (HUXLEY 1984: 205) Der britische Psychiater Humphry Osmond, der Mann, der den Begriff »psychedelisch« erfunden hat, erinnert sich an den treuen Freund: »Während er an *Eiland* arbeitete, erfuhr ich, dass er unheilbar an Krebs erkrankt war ... [Er] las mir das Kapitel aus *Eiland* vor, das sich mit der *moksha*-Medizin befasst, mit dem Gebrauch von Drogen, die den Menschen helfen sollen, sich auf eine im Wandel begriffene Welt einzustellen, sie lehren sollen, sich selbst zum Besseren zu verändern und sich auf das Sterben vorzubereiten. Das Buch ist angefüllt mit seinen besten Gedanken, die einer gründlichen Beschäftigung und Erwägung wert sind und die in vollem Umfange noch zu würdigen sind.«

Der deutsche Nobelpreisträger für Literatur, Günter Grass (geb. 1927), hat in seinem Roman *Der Butt* über Fliegenpilze, deren Anwendung und Wirkung sachkundig geschrieben: »Vom Weltgeist zu Pferde war damals die Rede. Dem sind wir nie in den Wäldern begegnet. Nur immer uns. Deshalb haben wir Fliegenpilze gesammelt. Die sind besonders. Die machen Bilder. Die zahlen die Zeit zurück. Die muss man mit Haupt und Pusteln in Scheiben schneiden, trocknen, zu Pulver stoßen, das man an Süppchen, Kuchenteig, Sülze rührt. Oder man stößt nichts zu Pulver, verwahrt die lederzähen Stücke fingernagelgroß, nimmt ab und zu am Morgen oder gegen Abend ein Stück und kaut am Fliegenpilz, bis Bilder kommen, bis die Zeit sich rückzahlt, bis wir kindlich wieder mit Sophie tief in die Pilze gehen und eine Idee haben.« (GÜNTER GRASS, *Der Butt,* Darmstadt 1977, S. 461)

Robert Shea (geb. 1933), der dereinst mit Robert Anton Wilson die psychedelische Trilogie *Illuminatus!* (1975) geschrieben hat, beginnt seinen Roman *Der weiße Schamane* (über einen indianischen Zauberer aus Nordamerika) mit einem Pilztrip. – Übrigens hat Noah Gordon seinen Bestseller *Der Schamane* (1992) von Sheas Buch abgeschrieben, er hat aber die Pilze ausgelassen.

Der Schweizer Schriftsteller Martin Suter (geb. 1948) hat in seinem erstaunlich erfolgreichen Roman *Die dunkle Seite des Mondes* (2000) einen Pilztrip beschrieben, obwohl er noch nie Zauberpilze zu sich genommen hatte. Seine Beschreibungen der »magischen Pilzzirkel« sind erdacht und angereichert mit angelesenem Halbwissen. Durch solche Bücher werden viele Fantasien über die entsprechenden Pilze verbreitet, die sich in den Köpfen der Unerfahrenen als kognitive Muster ablagern. Denn eines weiß jeder, der einmal einen Zauberpilz verspeist hat: dass es unmöglich war, sich vorher dessen unglaubliche Wirkungen vorstellen zu können. – Suter hat bei seiner Festrede zum 100. Geburtstag von Albert Hofmann gestanden, dass er nun, also nach dem Roman, *erfahren* sei. Diese Erfahrungen schlagen sich in seinem Roman *Der Teufel von Mailand* (2006) nieder.

Die Comic-Figuren von den Schlümpfen werden auch als kleine Figuren hergestellt. Hier liegt ein berauschter Schlumpf in seinem Fliegenpilzbett.

Pilze in Comics und Filmen

Es gibt zahlreiche Comics, von einspaltigen Zeitungscomics bis zu ledergebundenen Prachtausgaben ganzer Geschichten oder Serien in bester Druckqualität.

Comics sind für viele »gebildete« Menschen nichts weiter als Schund, verblödender Mist und fantasiebetäubender Unsinn. Für viele andere Menschen sind Comics eine Kunstform, Ausdruck von Popkultur und begeisternde Lektüre. Bei Comics ist es anscheinend ähnlich wie bei Pilzen: die einen sind *comicophob,* die anderen *comicophil.* Kulturanthropologisch betrachtet ist dies natürlich ein wunderbares Forschungsfeld; Comics sind kulturelle Artefakte. Aber das ist ein anderes Thema.

Früher dachte man, dass Comics nur etwas für Kinder mit wenig Fantasie und Leseschwierigkeiten seien. Heute gibt es ganze Comicläden mit großen Abteilungen für »Comics für Erwachsene«. Auch gibt es Studiengänge für heranreifende Comickünstler. Im Schillerjahr 2005 wurde sogar ein Comic über Schiller vom Goethe-Institut herausgegeben. Das Institut, das die deutsche Kultur unter die Menschen im In- und Ausland verbreitet, hat das Genre Comic entdeckt und zum offiziellen Kulturgut gemacht.

In vielen Comics, ganz gleich ob für Kinder, Erwachsene oder für beide, gibt es reichlich viele Referenzen zu Pilzen. Die Comics wimmeln nur so von erdachten Pilzen. Warum sollte man die Pilze malen, die es in der Natur gibt? Dennoch orientieren sich die meisten Künstler an echten Pilzen, die sie nach Belieben so darstellen und charakterisieren können, wie sie wollen. Denn die Comicwelten sind fast immer erdachte Welten, Fantasien von kreativen Zeichnern und Textern.

Vom Mittelpunkt der Erde bis zum Schatzplaneten: Walt Disney (1901–1966), der Vater des Zeichentrickfilms, hatte schon früh den Unterhaltungswert von Pilzen, von Comicpilzen, entdeckt. In seinem sensationellen Film *Fantasia* (1940) lässt er ein Ringelreihen oder Ballett von anthropomorphen Pilzen mit roten Hüten auftreten – zu klassischer Musik.

Oben und rechts: Peyo, Die Schlümpfe; *Schlumpfissimus, König der Schlümpfe,* Hamburg: Carlsen, 1979

Ganz rechts: Peyo, Johann und Pfiffikus: *Die Schlümpfe und die Zauberflöte,* Hamburg: Carlsen, 1979

Gegenüber: DVD-Cover des Zeichentrickfilms *Der Schatzplanet,* ein ferner Planet, der rundherum mit Pilzen bewachsen ist. (© Disney)

Jahrzehnte nach seinem Tod brachte die nach ihrem Gründer benannte Filmwerkstatt einen Zeichentrickfilm namens *Der Schatzplanet* (2002) heraus. Die Geschichte dieses ungewöhnlich fantastischen Films basiert auf einem der berühmtesten Jugendbücher: *Die Schatzinsel* von H.G. Wells (1866–1946). Sie wird in eine science-fiction-artige Abenteuergeschichte im Weltraum übertragen. Die Schatzinsel ist dort ein geheimnisvoller Schatzplanet. Und dieser Planet ist vollkommen von einem Pilzwald bewachsen. Nur Pilze, sonst nichts. Irgendwo im Innern ist noch ein Berg Gold, aber sollte nicht der Pilzwald der eigentliche Schatz sein?

SPECIAL
Walt Disney
MEISTERWERKE
COLLECTION
Der
Schatzplanet
dts
THX
Disney
DVD

Bepilzte Musik

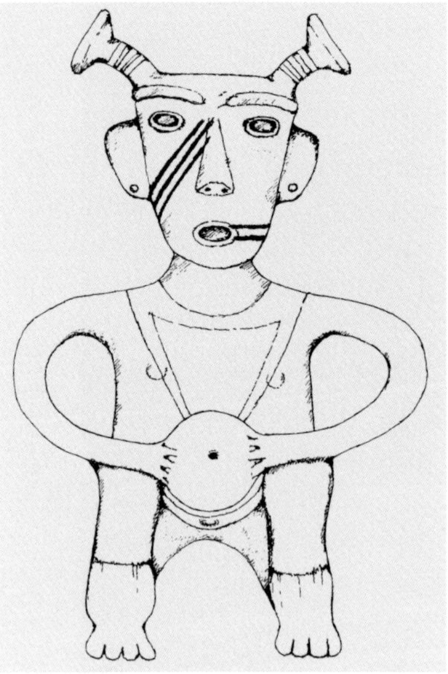

Diese Statue aus dem alten Mexiko zeigt einen Trommler, dem Pilze aus dem Kopf wachsen.

Viele Menschen, die psychedelisch wirkende Pilze *(Psilocybe, Panaeolus)* verspeist haben, hören Musik – nicht von der Stereoanlage oder von Anwesenden gespielt, diese Musik kommt vielmehr aus den Tiefen des eigenen Bewusstseins. Sie ist meist derart betörend schön, dass man glaubt, man hätte noch niemals so schöne Musik vernommen. Man hört die Musik des eigenen Seins. Man kann Musik hören, die einen glauben lässt, die Barden am Eingang des Paradieses zu vernehmen. Diese eigene, innere Musik kann wunderschön oder aber auch abscheulich sein – je nach Geschmack. Diese innere Musik kann sich auch synästhetisch in Bilder, in Visionen verwandeln. Man kann von den Pilzen auch eine Melodie verliehen bekommen, die man sein Leben lang behält; und mit der man sein Leben lang die psychedelischen Wunderreiche der Zauberpilze heraufbeschwören kann.

Viele Menschen machen solche visionär-akustischen Erfahrungen, wenn sie eine gute Dosis psilocybinhaltiger Pilze gegessen haben. Sie bekommen von den Pilzgeistern die Melodien und Klänge als Geschenk. Echte Musiker können diese bepilzte Musik umsetzen und in ihre Kompositionen oder Improvisationen einbauen.

Wenn man auf einer *Reise* keine eigene Musik empfängt, sondern der Musik, die der Schamane von sich gibt oder die aus einem Ghettoblaster kommt, lauscht, wird man akustisch konditioniert. Hört man dieselbe Musik wieder, der man auf einer psychedelischen Reise begegnet ist, werden sofort die Erinnerungen an die Pilzwelten geweckt. Viele Pilzgenießer nutzen diesen Effekt. Wenn man sich an die ungeheuerlichen Erfahrungen unter dem Pilzeinfluss erinnert, kann man sie besser verstehen. Wenn man sich an eine Pilzerfahrung erinnern möchte, entzündet man am besten ein Räucherwerk und legt die entsprechende Musik auf. Diese Musik kann, vor allem kombiniert mit dem Duft des Räucherwerkes, tiefste Erinnerungen an wichtige Erfahrungen erwecken.

Derartige Meditationen – olfaktorisch und akustisch – helfen bei der Verarbeitung der Pilzerfahrung und können das aus dieser Erfahrung gewonnene Potenzial stärken.

Es gibt auch Musiker, die es schaffen, sich an die unter Pilzeinfluss empfangene Musik zu erinnern und in Noten niederzuschreiben, das heißt sie kodiert zu manifestieren. Es gibt viele Musiker, vor allem aus den Bereichen Rockmusik und Metal, die Stücke über ihre Pilzerfahrungen geschrieben haben. Viele Musiker versuchen, die akustischen Visionen der Zauberpilze in Kompositionen festzuhalten. Es gibt aber auch Musiker, die durch ihre eigenen Pilzerfahrungen inspiriert Stücke schreiben oder Musik komponieren, die anderen Menschen bei einer Pilzerfahrung eine wertvolle Begleitung sein können. Manche Acid Rock oder Krautrockbands wie The Grateful Dead und Guru Guru, haben nicht nur im Studio unter Pilzeinfluss musiziert, sondern auch »auf Pilz« Konzerte gegeben. Das ist allerdings eher die Ausnahme.

Musik spielt in allen schamanischen Traditionen eine wichtige Rolle. So kann es sein, dass der Schamane oder die Schamanin Lieder singt, die entweder wichtige

Der Fliegenpilz gehört zu den beliebtesten Motiven auf LP- oder CD-Covern.

Texte oder außergewöhnliche Klänge haben. Oder es wird gerasselt, getrommelt, geflötet. Es kann geschehen, dass alle Teilnehmer an einer *velada* ein Musikinstrument nehmen und miteinander musizieren. Dabei kommt es oft vor, dass angeblich unmusikalische Menschen die schönsten Rhythmen oder Melodien von sich geben. So als würde der Pilz ihren Körper benutzen, um sich akustisch auszudrücken.

Es gibt zahlreiche Schallplatten und CDs, die den Zauberpilzen gewidmet sind. Dabei können die Musikstile so vielfältig wie die möglichen Pilzerfahrungen sein. Viele Rockbands haben sich an musikalische Verarbeitungen von psychedelischen Pilzerfahrungen gewagt, die vom Stil, der Kompositionsform und der Instrumentierung völlig unterschiedlich sind. Manch ein Hörer wird dies nur widerwillig ertragen, andere werden in kosmisch-meditative Ekstasen verfallen. Aber jeder wird im breiten Angebot der bepilzten Musik etwas Geeignetes finden.

Musiker der verschiedensten Genres haben ihre Pilzerfahrungen vertont. In Rockballaden, Popsongs, Bluesstücken, Jazz, Elektronik, Techno, Psychedelic Trance, Punk, Gothic, Heavy Metal. – Überall trifft man die Zauberpilze. Oft sind auf Schallplatten- oder CD-Covern Pilze zu sehen; manchmal nennen sich Rockbands nach Pilzen, manchmal steht explizit auf dem Cover »Für entheogene Rituale geeignet«.

Bibliografie

In dieser kleinen Bibliografie ist neben den zitierten Werken vor allem ethnomykologische Literatur zu den Themen dieses Buches versammelt.
Für deutschsprachige Leser kann ich auf die Fachzeitschrift *Der Tintling* verweisen (ISSN 1430–595 X).
Eine umfangreiche Bibliografie bietet ALLEN, John W. und Jochen GARTZ, 2001 *Teonanácatl – A Bibliography of Entheogenic Fungi,* CD-ROM, Kassel: Treibhaus (www.treibhaus.de).

ADELAARS, Arno: 2003 *Alles über Psilos: Handbuch der Zauberpilze* (3. überarbeitete Neuauflage), Solothurn: Nachtschatten Verlag [1. Aufl., 1999].

ADHIKARI, Mahesh Kumar: 2000 *Mushrooms of Nepal,* Kathmandu: Selbstverlag (e-mail: mycologist@mahesh.wlink.com.np).

AIGREMONT, Dr. [Pseudonym]: 1987 *Volkserotik und Pflanzenwelt,* Berlin: Express Edition (Reprint der beiden Bände von 1907/1910 in einer Ausgabe).

AMELANG, Norbert: 2003 »Pilze in Westsibirien – eine Kostprobe«, *Der Tintling* 8(2):15–21.

BAUER, Wolfgang: 1992 »Der Fliegenpilz in Zaubermärchen, Märchenbildern, Sagen, Liedern und Gedichten«, Integration 2&3: 39–54.

BAUER, Wolfgang, Edzard KLAPP und Alexandra ROSENBOHM:
– 1991 *Der Fliegenpilz: Ein kulturhistorisches Museum,* Köln: Wienand-Verlag.
– 2000 *Der Fliegenpilz: Traumkult, Märchenzauber, Mythenrausch,* Aarau: AT Verlag.

BENÍTEZ, Fernando: 1995 *Les Champignons hallucinants,* Paris: Éditions du Lézard.

BERENDT, Joachim-Ernst: 1985 *Nada Brahma – Die Welt ist Klang,* Reinbek: Rowohlt.

BIBRA, Baron Ernst von: 1855 *Die narkotischen Genußmittel und der Mensch,* Nürnberg: Verlag von Wilhelm Schmid.

BLYTH, R. H.: 1973 »Mushrooms in Japanese Verse«, *The Transactions of the Asiatic Society of Japan* (Third Series)11: 1–14.

BOERICKE, William: 1992 *Handbuch der homöopathischen Materia medica,* Heidelberg: Haug.

BÖTTCHER, Helmuth M.: 1959 *Wunderdrogen: Die abenteuerliche Geschichte der Heilpilze,* Köln, Berlin: Kiepenheuer & Witsch.

BORNEMAN, Ernest: 1974 *Sex im Volksmund: Der obszöne Wortschatz der Deutschen,* Reinbek: Rowohlt.

BRESINSKY, Andreas und Helmut BESL: 1985 *Giftpilze,* Stuttgart: WVG.

BRINTON, Daniel G.: 1898 »Mushroom-shaped Images«, *Science* N.S. 8(187): 127.

BOURKE, John Gregory: 1913 *Der Unrat in Sitte, Brauch, Glauben und Gewohnheitsrecht der Völker,* übersetzt und neubearbeitet v. Friedrich S. Krauss und H. Ihm; Geleitwort v. Sigmund Freud, Leipzig: Ethnologischer Verlag (Reprint: Frankfurt/M.: Eichborn, 1996)

CARL, Helmut: 1995 *Die deutschen Pflanzen- und Tiernamen* (Reprint der 1. Aufl. von 1957), Heidelberg, Wiesbaden: Quelle & Meyer.

CASO, Alfonso: 1963 »Representaciones de hongos en los códices«, *Estudios de Cultura Náhuatl* 4: 27–38.

CASTANEDA, Carlos: 1973 *Die Lehren des Don Juan,* Frankfurt/M.: Fischer.
– 1975 *Eine andere Wirklichkeit: Neue Gespräche mit Don Juan,* Frankfurt/M.: Fischer.

CHAMISSO, Adelbert von: 1987 *Illustriertes Heil-, Gift- und Nutzpflanzenbuch,* Berlin: Dietrich Reimer.

CHAMPION, H.: 1976 »Feuermachen vor 5000 Jahren«, *Helvetia Archaeologica* 7(27/28): 70–74.

CHAPUIS, Jean-Robert: 1985 »Die Verwendung von Pilzen als Arzneimittel«, *Schweizerische Zeitschrift für Pilzkunde* 63(5/6): 110–114.

COSACK, Ralph: 1995 »Die anspruchsvolle Droge: Erfahrungen mit dem Fliegenpilz«, *Jahrbuch für Ethnomedizin und Bewußtseinsforschung* 3(1994): 207–241, Berlin: VWB.

EISNER, Betty Grover: 1996a »Huautla – Place Where Eagles are Born«, *Jahrbuch für Ethnomedizin und Bewußtseinsforschung* 4(1995): 13–33.
– 1996b »Ein Abenteuer in Huautla«, in: Roger LIGGENSTORFER und Ch. RÄTSCH (Hg.), *María Sabina – Botin der heiligen Pilze,* Solothurn: Nachtschatten Verlag, S. 117–131.

ELIADE, Mircea: 1966 *Kosmos und Geschichte: Der Mythos der ewigen Wiederkehr,* Reinbek: Rowohlt.

EMBODEN, William A.: 1981 »Pilz oder Seerose – literarische und bildliche Zeugnisse von Nymphaea als rituellem Psychotogen in Mesoamerika«, in: G. VÖLGER (Hg.), *Rausch und Realität,* Bd.1: 352–357, Köln: Rautenstrauch-Joest Museum.
– 1983 »The Ethnobotany of the Dresden Codex with Special Reference to the Narcotic *Nymphaea ampla*«, *Botanical Museum Leaflets* 29(2): 87–132.

ENDRES, Franz Carl und Annemarie SCHIMMEL: 1986 *Das Mysterium der Zahl,* Köln: Diederichs.

ESTRADA, Alvaro: 1980 *Maria Sabina – Botin der heiligen Pilze,* München: Trikont-Dianus.

– 1989 *Vida de María Sabina, la sabia de los hongos* (korrigierte Fassung; 7. Aufl.), México, D.F.: Siglo Veintiuno Editores.

– 1996 *Huautla en tiempo de hippies,* México, D.F.: Editorial Grijalbo.

FAZZIOLI, Edoardo: 1989 *Des Kaisers Apotheke,* Bergisch Gladbach: Lübbe.

FEHR, Michael: 2000 »Der Baum der Erkenntnis: Ansatz zu einem ökologischen Museum«, in: Wolfgang BAUER et al. (Hg.), *Der Fliegenpilz,* Aarau: AT Verlag, S. 193–197.

FLÜCK, Markus: 2001 *Welcher Pilz ist das?,* Stuttgart: Franckh-Kosmos Verlag.

FRAENGER, Wilhelm: 1973 *Bosch,* Dresden: VEB Verlag der Kunst.

– 1983 *Grünewald,* München: C.H. Beck.

FULDER, Stephen: 1985 *Tao der Medizin,* Basel: Sphinx.

GANN, Thomas W.: 1911 »Exploration Carried On in British Honduras During 1908–9«, *Annals of Archaeology and Anthropology* 4: 72–87.

GARTZ, Jochen: 1993 *Narrenschwämme,* Neu-Allschwill/Basel: Editions Heuwinkel.

– 1999 *Narrenschwämme* (überarbeitete Neuausgabe), Solothurn: Nachtschatten Verlag.

GASSNER, Jutta: 1993 *Phallos: Fruchtbarkeitssymbol oder Abwehrzauber?,* Wien usw.: Böhlau.

GIMBUTAS, Marija: 1982 *The Goddesses and Gods of Old Europe: 6500–3500 bc – Myths and Cult Images* (2., erw. Aufl.), Berkeley und Los Angeles: University of California Press.

GOLOWIN, Sergius: 1985 *Die Magie der verbotenen Märchen: Von Hexendrogen und Feenkräutern* (5. Aufl.), Gifkendorf: Merlin [zuerst 1973 Merlin Verlag, Hamburg].

GREENE, Mott: 1993 *Natural Knowledge in Preclassical Antiquity,* Baltimore: Johns Hopkins University Press.

GUZMAN, Gastón: 1978 »The Species of *Psilocybe* known from Central and South America«, *Mycotaxon* 7: 225–255.

– 1983 »Los hongos de la Península de Yucatán«, *Biotica* 8: 71–100.

– 1984 »El uso de los hongos en Mesoamérica«, *Ciencia y Desarrollo* 59: 17–27.

HARTWICH, Carl: 1911 *Die menschlichen Genußmittel,* Leipzig: Tauchnitz.

HASENEIER, Martin: 1992 »Der Kahlkopf und das kollektive Unbewußte«, *Integration* 2&3: 5–38.

HEIM, Roger und R. Gordon WASSON: 1958 »Les champignons hallucinogènes du Mexique«, *Archives du Muséum National d'Histoire Naturelle,* Septième Série, Tome VI, Paris.

HEINRICH, Clark: 1998 *Die Magie der Pilze: Psychoaktive Pflanzen in Mythos, Alchemie und Religion,* München: Diederichs.

HIRSCHBERG, Magnus und Richard LINSERT: 1930 *Liebesmittel: Eine Darstellung der geschlechtlichen Reizmittel (Aphrodisiaca),* Berlin: Man Verlag.

HOFMANN, Albert: 1964 *Die Mutterkornalkaloide,* Stuttgart: Enke.

– 1987 »Die heiligen Pilze in der Heilbehandlung der Maria Sabina«, in: Adolf DITTRICH und Christian SCHARFETTER (Hg.), *Ethnopsychotherapie,* Stuttgart: Enke, S.45–52.

– 1993 LSD – *Mein Sorgenkind* (korrigierte Neuauflage, mit einem neuen Vorwort zum LSD-Jubiläum), München: dtv.

– 1993 »Maria Sabina und die heiligen Pilze«, in: C. RÄTSCH (Hg.), *Naturverehrung und Heilkunst,* Südergellersen: Verlag Bruno Martin, S. 213–222.

– 2000 »Bemerkungen zur Wiederveröffentlichung«, in: *Die Mutterkornalkaloide,* Solothurn: Nachtschatten Verlag, S. III-IV [Reprint von 1964].

HUDLER, George W.: 1998 *Magical Mushrooms, Mischievous Molds,* Princeton: Princeton University Press.

HUMMEL, K.: 1959 »Aus welcher Pflanze stellten die arischen Inder den Somatrank her?«, *Mitteilungen der Deutschen Pharmazeutischen Gesellschaft* 29: 57–61.

HUXLEY, Aldous: 1983 *Moksha: Auf der Suche nach der Wunderdroge,* herausgegeben von Michael HOROWITZ und Cynthia PALMER, München und Zürich: R. Piper & Co. Verlag.

– 1984 *Eiland,* München und Zürich: R. Piper & Co. Verlag.

IMAZEKI, Rokuya: 1973 »Japanese Mushroom Names«, *Transactions of the Asiatic Society of Japan* (Third Series)11: 26–80.

JUNG, C.G. und K. KERÉNYI: 1980 *Einführung in das Wesen der Mythologie,* Hildesheim: Gerstenberg.

KAPLAN, Reid W.: 1975 »The Sacred Mushroom in Scandinavia«, *Man* N.S. 10: 72–79.

KELLENBERGER, Richard und Friedrich KOPSCHE: 1980 *Mineralstoffe nach Dr. Schüssler,* Aarau: AT Verlag.

KENJI, Nakagami: 1994 *Mandala der Lüste* (Roman, Aus dem Japanischen und mit einer Nachbemerkung von Siegfried Schaarschmidt), München, Wien: Carl Hanser Verlag.

KENT, James Tyler: 1985 *Kent's Arzneimittelbilder* (5. Auf.), Heidelberg: Haug.

KLEINAU, Tilmann: 2005 *Weihnachtsspuk: Weihnachtliche Geschichten aus Schottland* (3. Aufl.), München: dtv.

KÖHLER, Ulrich: 1976 »Mushrooms, Drugs, and Potters: A New Approach to the Function of Precolumbian Mesoamerican Mushroom Stones«, *American Antiquity* 41 (2): 145–153.

KÜTTNER, Michael: 2000 *Der Geist aus der Flasche: Psychedelische Handlungselemente in den Märchen der Brüder Grimm,* Löhrbach: Edition Rauschkunde.

LA BARRE, Weston: 1972 »Hallucinogens and the Shamanic Origins of Religion« in: Peter T. FURST (Hg.), *Flesh of the Gods,* S. 261–278, New York: Praeger.

LANGE, Morten und F. Bayard HORA: 1963 *Mushrooms & Toadstools,* mit 96 Farbtafeln aus der *Flora Agaricina Danica* von Jakob E. LANGE (1864–1941), London: Collins.

LELLEY, Jan: 1997 *Die Heilkraft der Pilze: Gesund durch Mykotherapie,* Düsseldorf, München: Econ.

LEMAIRE, Ton: 1995 *Godenspijs of duivelsbrood: Op het spoor van de vliegenzwam,* Baarn: Ambo. [ndl. »Götterspeise oder Teufelsbrot? Auf der Spur des Fliegenpilzes«]

LEVI-STRAUSS, Claude: 1992 »Die Pilze in der Kultur«, in: *Strukturale Anthropologie* II, Frankfurt/M.: Suhrkamp.

LIGGENSTORFER, Roger und Christian RÄTSCH (Hg.): 1996 *María Sabina – Botin der heiligen Pilze: Vom traditionellen Schamanentum zur weltweiten Pilzkultur,* Solothurn: Nachtschatten Verlag (Edition Rauschkunde).

– 1998 *Pilze der Götter,* Aarau: AT Verlag (Neuausgabe von LIGGENSTORFER und RÄTSCH 1996).

LIPP, Frank J.: 1990 »Mixe Concepts and Uses of Entheogenic Mushrooms«, in: Thomas J. (Hg.) RIEDLINGER, *The Sacred Mushroom Seeker: Essays for R. Gordon Wasson,* S.151–159, Portland, Oregon: Dioscorides Press.

– 1991 *The Mixe of Oaxaca: Religion, Ritual and Healing,* Austin: University of Texas Press.

LONICERUS, Adamus: 1679 *Kreuterbuch.* Frankfurt: Matthäus Wagner.

LOWY, Bernard: 1972 »Mushroom Symbolism in Maya Codices«, *Mycologia* 64: 816-821.

– 1974» *Amanita muscaria* and the Thunderbolt Legend in Guatemala and Mexico«, *Mycologia* 66(1): 188–191.

– 1980 »Ethnomycological Inferences from Mushroom Stones, Maya Codices, and Tzutuhil Legend«, *Revista/ Review Interamericana* 10(1): 94–103.

MADEJSKY, Margret und Olaf RIPPE: 1997 *Heilmittel der Sonne,* München: Verlag Peter Erd.

MARKALE, Jean: 1989 *Die Druiden,* München: Goldmann Verlag.

MARZELL, Heinrich: 1935/1936 »Pilze«, in: *Handwörterbuch des Deutschen Aberglaubens,* Bd. 7: 28–33, Berlin und Leipzig: de Gruyter.

MATTHIOLUS , Pierandrea: 1626 *Kreutterbuch,* Frankfurt/M.: J. Fischers Erben.

MAYER, Karl Herbert: 1975 »Die heiligen Pilze Mexikos«, *Ethnologia Americana* 11(6): 603–608.

– 1977 *The Mushroom Stones of Mesoamerica,* Ramona, CA: Acoma Books.

MCKENNA, Terence: 1988 »Hallucinogenic Mushrooms and Evolution«, *ReVision* 10(4): 51–57.

– 1989 *Wahre Halluzinationen,* Basel: Sphinx Verlag.

– *1991 The Archaic Revival,* San Francisco: Harper Collins.

– 1992 *Food of the Gods: The Search for the Original Tree of Knowledge,* New York usw.: Bantam.

MCKENNA, Dennis J. und Terence K. MCKENNA: 1975 *The Invisible Landscape: Mind, Hallucinogens, and the I Ching,* New York: The Seabury Press, A Continuum Book. (Revised and Updated Edition: San Francisco: Harper, 1993)

MERKELBACH, Reinhold: 1988 *Die Hirten des Dionysos,* Stuttgart: Teubner.

METZNER, Ralph (Hg.): *2004 Teonanácatl: Sacred Mushroom of Visions,* El Verano, CA: Four Tree Press, Green Earth Foundation.

MEYRINK, Gustav (1868–1932): 1984 *Das Haus zur letzten Latern 2: Das Zauberdiagramm,* Rastatt: Moewig.

– 1994 *Walpurgisnacht – Phantastischer Roman* (3. Aufl.) Nachwort von Joachim Schreck, Berlin: Verlag der Nation [im Jahre 1917 verfasst].

MONTAG, Karin: 1999 *Tödliche Pilze,* Schmelz: Der Tintling.

– 2003 »Editorial zum Jahresende«, *Der Tintling* 8(4): 5–7.

MOST, Georg Friedrich: 1843 *Encyclopädie der gesammten Volksmedicin,* Graz: Akademische Druck- und Verlagsanstalt (Reprint 1973).

MOSTAR, Katinka und Herrmann: 1956 *Was gleich nach der Liebe kommt: Katherlieschens Kochbuch,* Hamburg: Verlag der Sternbücher.
MUNN, Henry: 1973 »The Mushrooms of Language«, in: M. Harner (Hg.), *Hallucinogens and Shamanism,* London usw.: Oxford University Press, S. 86–122.

NEUBERT, Hermann, Wolfgang NOWOTNY und Karlheinz BAUMANN: 1993 *Die Myxomyceten,* Gomaringen: Karlheinz Baumann Verlag.

OSIANDER, Johann Friedrich: 1826 *Volksarzneimittel und einfache, nichtpharmazeutische Heilmittel gegen Krankheiten des Menschen,* Heidelberg: Haug (Reprint).
OTT, Jonathan: 1976 »Psycho-Mycological Studies of Amanita – From Ancient Sakrament to Modern Phobia«, *Journal of Psychedelic Drugs* 8(1): 27–35.
OTT, Jonathan und Jeremy BIGWOOD: 1978 *Teonanácatl: Hallucinogenic Mushrooms of North America,* Seattle: Madrona.

PERUTZ, Leo: 1960 *St. Petri-Schnee,* Wien, Hamburg: Paul Zsolnay Verlag.
PÖDER, Reinhold, Ursula PEINTNER und Thomas PÜMPEL: 1992 »Mykologische Untersuchungen an den Pilz-Beifunden der Gletschermumie vom Hauslabjoch«, in: *Der Mann im Eis, Band 1: Bericht über das Internationale Symposion 1992 in Innsbruck* (2., durchgesehene Aufl.), S.313–320, Veröffentlichungen der Universität Innsbruck (187).

RÄTSCH, Christian: 1995 »Die Klauen des Tengu«, *Dao* 1/95: 18–20.
– 1995 »Äh kib lu'um: ›Das Licht der Erde‹ – Der Fliegenpilz bei den Lakandonen und im alten Amerika«, *Curare* 18(1): 67–93.
– 1998 *Enzyklopädie der psychoaktiven Pflanzen,* Aarau: AT Verlag.
– 2000 »Tengu – Der Geist des Fliegenpilzes«, in: Wolfgang BAUER et al. (Hg.), *Der Fliegenpilz: Traumkult, Märchenzauber, Mythenrausch,* Aarau: AT Verlag, S. 66–71.
– 2002 »War der Weihnachtsmann ein Schamane? Glückspilze unterm Tannenbaum«, *KGS* 12/02: 14–15.
RÄTSCH, Christian und Claudia MÜLLER-EBELING: 2003 *Lexikon der Liebesmittel: Pflanzliche, mineralische, tierische und synthetische Aphrodisiaka,* Aarau: AT Verlag.
– 2003 *Weihnachtsbaum und Blütenwunder: Die Geheimnisse unserer Weihnachtspflanzen,* Aarau: AT Verlag.
RANKE-GRAVES, Robert von: 1984 *Griechische Mythologie: Quellen und Deutung,* Reinbek: Rowohlt.
– 1985 *Die Weiße Göttin: Sprache des Mythos,* Reinbek: Rowohlt.
REMANN, Micky: 1989 *SolarPerplexus: Achterbahn für die Neunziger,* Basel: Sphinx.
RICE, Miriam C.: 1980 *Mushrooms for Color,* (2. Aufl.), Eureka, CA: Eureka Printing Company.
RIEDLINGER, Thomas J. (Hg.): 1990 *The Sacred Mushroom Seeker: Essays for R. Gordon Wasson,* Portland, Oregon: Dioscorides Press.
ROHDE, Hartwin: 2003 »Pilze in Märchen, Medizin und Religion«, in: Felix VON BONIN (Hg.), *Schamanismus und Märchen: Eine schamanische Reise durch den Zauberwald der Seele,* Ahlersfeld: Param Verlag, S. 165–176.
ROTH, Frank, Hanns FRANK und Kurt KORMANN: 1990 *Giftpilze – Pilzgifte: Schimmelpilze, Mykotoxine,* Landsberg am Lech: ecomed.
RUCK, Carl A. P.: 1981 »Mushrooms and Philosophers«, *Journal of Ethnopharmacology* 4: 179–205.
– 1983 »The Offerings from the Hyperboreans«, *Journal of Ethnopharmacology* 8: 177–207.

SAHAGÚN, Bernardino de: 1927 *Einige ausgewählte Kapitel aus dem Geschichtswerke des Fray Bernardino de Sahagun* (hrsg. von Eduard Seler), Stuttgart: Strecker und Schröder.
– 1963 *Florentine Codex, Book 11 – Earthly Things.* Santa Fe: The University of Utah. (Hrsg. von Charles E. DIBBLE und Arthur J. O. ANDERSON)
– 1989 *Aus der Welt der Azteken,* Frankfurt/M.: Insel (Auswahl).
SAMORINI, Giorgio: 1992 »The Oldest Representations of Hallucinogenic Mushrooms in the World (Sahara Desert, 9000–7000 b.c.)«, *Integration* 2&3: 69–78.
– 2001 *Funghi allucinogeni: Studi etnomicologici,* Dozza (BO): Telesterion.
SANFORD, James H.: 1972 »Japan's Laughing Mushrooms«, *Economic Botany* 26: 174–181.
SAPPER, Carl: 1898 »Pilzförmige Götzenbilder aus Guatemala und San Salvador«, *Globus* 73(20): 327.
SCHENK, Gustav: 1954 *Buch der Gifte,* Berlin: Safari-Verlag.
SCHMID, Helmuth und Wolfgang HELFER: 1995 *Pilze: Wissenswertes aus Ökologie, Geschichte und Mythos,* Eching bei München: IHW-Verlag.

SCHNEIDEWIND, Friedhelm: 1999 *Das Lexikon rund ums Blut,* Berlin: Lexikon Imprint Verlag.

SCHULTES, Richard Evans: 1939 »Plantae mexicanae II: The Identification of Teonanacatl, A Narcotic Basidiomycete of the Aztecs«, *Botanical Museum Leaflets* 7(3): 37–54.

– 1940 »Teonanacatl: The Narcotic Mushroom of the Aztecs«, *American Anthropologist* N.S. 42: 429–443.

SCHULTES, Richard Evans und Alec BRIGHT: 1979 »Ancient Gold Pectorals from Colombia: Mushroom Effigies?«, *Botanical Museum Leaflets* 27(5–6): 113–141.

SCHULTES, Richard E. und Albert HOFMANN: 1980 *The Botany and Chemistry of Hallucinogens,* Springfield, Ill.: Charles C. Thomas.

SPERBER, Lothar: 2005 *Goldene Zeichen: Kult und Macht in der Bronzezeit,* Speyer: Historisches Museum der Pfalz.

STAMETS, Paul: 1978 *Psilocybe Mushrooms & their Allies,* Seattle: Homestead.

– 1999 *Psilocybinpilze der Welt,* Aarau: AT Verlag.

STAUFFER, Karl: 1988 *Klinische Homöopathische Arzneimittellehre,* Regensburg: Johannes Sonntag.

SUTER, Martin: 2000 *Die dunkle Seite des Mondes* – Roman, Zürich: Diogenes.

SWANEBURG DE VEYE, G.D.: o.J. *Paddenstoelen,* Naarden: Littera Scripta Manet.

THIJSSE, Jac. P.: 1929 *Paddenstoelen,* Zaandam: Verkade's Fabrieken.

URMES, Dietmar: 2004 *Handbuch der geographischen Namen,* Wiesbaden: Marixverlag.

VALMIKI: 1983 *Erinnerungen eines indischen Vampirs,* Frankfurt/M.: Fischer Verlag.

VILLOLDO, Alberto und Stanley KRIPPNER: 1986 *Heilen und Schamanismus: Dokumente anderer Wirklichkeiten,* Basel: Sphinx.

VIOLA, Severino: 1972 *Die Pilze,* München: Hirmer Verlag.

WALDSCHMIDT, Eberhard: 1992 »Der Fliegenpilz als Heilmittel«, *Integration* 2 & 3: 67–68.

WASSON, R. Gordon: 1957 »Seeking the Magic Mushroom«, *Life* (13 May 1957) 42(19): 100–120.

– 1961 »The Hallucinogenic Fungi of Mexico: An Inquiry into the Origins of the Religious Idea Among Primitive Peoples«, *Botanical Mueseum Leaflets,* Harvard University 19(7): 137–162.

– 1967 »Fly Agaric and Man«, in: D.H. Efron (Hg.), *Ethnopharmacological Search for Psychoactive Drugs,* S. 405–414, Washington: U.S. Government Printing Office.

– 1968 *Soma: Divine Mushroom of Immortality,* New York: Harcourt Brace Jovanovich.

– 1972 »The Death of Claudius or Mushrooms for Murderers«, *Botanical Museum Leaflets* 23(3): 101–128).

– 1973 »Mushrooms in Japanese Culture«, *Transactions of the Asiatic Society of Japan* 11: 5–25.

– 1973 »The Role of ›Flowers‹ in Nahuatl Culture: A Suggested Interpretation«, *Botanical Museum Leaflets* 23(8): 305–324.

– 1980 *The Wondrous Mushroom: Mycolatry in Mesoamerica,* New York: McGraw-Hill.

– 1983 *El hongo maravilloso teonanacatl: Micolatría en Mesoámerica,* México, D.F.: Fondo de Cultura Económica.

– 1986» Lightningbolt and Mushroom«, in: R.G. Wasson et al., *Persephone's Quest: Entheogens and the Origins of Religion,* S. 83–94, New Haven and London: Yale University Press.

WASSON, R. Gordon, George und Florence COWAN, Willard RHODES: 1974 *Maria Sabina and her Mazatec Mushroom Velada,* New York und London: Harcourt Brace Jovanovich.

WASSON, R. Gordon und Valentina P. WASSON: 1957 *Mushrooms, Russia, and History,* New York: Pantheon Books.

WASSON, R. Gordon, Albert HOFMANN & Carl A. P. RUCK: 1984 *Der Weg nach Eleusis: Das Geheimnis der Mysterien,* Frankfurt/M.: Insel.

WERNER, Helmut: 1993 *Die Magie der Zauberpflanzen, Edelsteine, Duftstoffe und Farben,* Wiesbaden: Fourier.

WILSON, Peter Lamborn: 1999 *Ploughing the Clouds: The Search for Irish Soma,* San Francisco: City Lights.

WOHLBERG, Joseph: 1990 »Haoma-Soma in the World of Ancient Greece«, *Journal of Psychoactive Drugs* 22(3): 333–342.

WOLF, Markus: 1995 *Geheimnisse der russischen Küche,* Hamburg: Rotbuch Verlag.

WOLTERS, Bruno: 2006 »Traditionelle Nutzung von Pilzen im indigenen Amerika«, *Ethnologia Americana* Band XXI (Sonderheft Nr. 5).

ZEHFUSS, Hans D.: 2004 »Zunderschwamm – Lunte – Flamme (oder Hut?): Die archaische Methode, ein Feuer zu entfachen«, *Der Tintling* (9)3: 16–19.

– 2005 »Der Apothekerschwamm«, *Der Tintling* (10)4: 67–71.

Bildnachweis

Archiv für Kunst und Geschichte, Berlin: 62, 157, 195
Bauer Wolfgang, Frankfurt/Main: 48
Baumli Othmar, Meggen: 126
Biblioteca Apostolica Vaticana, Rom: 104
Biblioteca Medicea Laurenziana, Rom: 102
Bibliothèque Royal de Belgique, Bruxelles: 33
Dennis Kunkel Microscopy, Inc. Kailua: 65 o
Disney Company, München: 209
EMB-Archiv, Adligenswil: 92/93
Grey Alex, New York: 199
Hergé/Moulinsart SA, Bruxelles: 202 u
Historisches Museum der Pfalz, Speyer, F.: Peter Haag-Kirchner: 185
Institut für Archäologien, Universität Innsbruck, F.: Gerhard Sommer: 31 u
Lelley Jan I., Krefeld: 194
Les Humanoïdes Associés S.A.S., Paris: 166/167
Museumslandschaft Hessen, Kassel: 200, 201
Oronoz, Madrid: 99 l
Pfahlbaumuseum, Uhldingen-Mühlhofen: 31 o
Pracownik Peter, www.peterpracownik.com: 165
Réunion des Musées nationaux, Paris: 74
Rice Miriam C., Mendocino: 88
Sächsische Landes- Staats- und Universitätsbibliothek Dresden, Deutsche Fotothek: 99 r, 162
Tintling, Schmelz, www.tintling.com: 82 l, 154, 155
F.: Kasparek Fredi: 77 o
F.: Röger Frank: 44 u
F.: Schulz Wilhelm: 43 l
Waldvogel Fred: *Pilze Champignons Funghi* AT Verlag, 2001: 24/25
Weidmann Fred, München: 9 l, 79 r, 130, 196

Aus Büchern:
Fazzioli, Edoardo: *Des Kaisers Apotheke* 1989 Gustav Lübbe Verlag, Bergisch Gladbach: 49, 55
Jelen, Richard und Hannelore: *Einsteigen! Wir fahren ins Zwergenland,* Mitteldeutsche Druckerei und Verlagsanstalt, o.J., Magdeburg: 38 u
Lange, J. E. und Lange M.: *Pilze,* BLV Verlagsgesellschaft, München 1970: 4/5, 14 r, 17 l, 21 l, 35, 78
Thijsse, Jac. P.: 1929 *Paddenstoelen,* Uitgave Verkade's Fabrieken N.V., Zaandam: 14 l, 16, 17 r, 19, 75 r, 77 u, 94, 118, 145 l
Swanenburg de Veye, G. D.: *Paddenstoelen,* C. V. Uitgeverij Littera Scripta Manet, Naarden: 20 u, 21 or, 41

Nicht erwähnte Bilder sind aus dem Archiv des Autors.

Die Quellen einiger Bilder konnten nicht ausfindig gemacht werden. Rechteinhaber wenden sich bitte an EMB-Service für Verleger, CH-6043 Adligenswil.

Register

Fett gedruckte Zahlen beziehen sich auf Bildlegenden.

Impressum

Christian Rätsch
Pilze und Menschen

Nachtschatten Verlag
Kronengasse 11
CH-4500 Solothurn
www.nachtschatten.ch
info@nachtschatten.ch

Eine Produktion von EMB-Service für Verleger, Adligenswil/Luzern

Neuauflage des 2010 im AT-Verlag erschienenen Titels.

Lektorat: Petra Holzmann, München
Gestaltung: Franz Gisler, Adligenswil/Luzern
Satzherstellung: EMB-Service für Verleger, Adligenswil/Luzern
Bildbearbeitung: Photolitho AG, Gossau-Zürich Druck
Umschlaggestaltung: Nina Seiler, Zürich
Druck: Druckerei & Verlag Steinmeier GmbH & Co. KG, Deiningen

ISBN: 978-3-03788-654-0
Printed in Germany

High Quality Mycoextracts from
Lions mane, Ganoderma lucidum & Wild Chaga
www.strohente.ch
Living Cultures of:
Reishi
Lion's mane
Pleurotus djamor
Pleurotus eryngii
Pleurotus pulmonarius
King tuber (Slerotiaformer)
Available as:
Harvest Blades,
Petri Dishes,
Grain Spawn,
Mycelium Syringe
Cordyceps militaris & sinensis also Available as
Liquid Cultures and Petri Dishes
Feel free to ask... send your mail order request to:
quaaak@strohente.ch
Myco Revolution